KB213705

PHP, ASP
쇼핑몰 실무 따라하기

윤형태 지음

홍릉과학출판사

머리말

컴퓨터의 발전은 하루가 다르게 발전하고 있다. 얼마 전에 신제품이 나오는 가 싶으면, 얼마 되지 않아 새로운 컴퓨터 모델이 나오는 실정이다. 소프트웨어도 하드웨어 못지 않게 급속도로 발전하고 있다. 또한 Giga급 초고속망은 물론이고, 고속 무선통신망까지 우리의 일상 구석구석 스며들어 인터넷을 회사, 집할 것 없이 야외 어디서든지 마음대로 사용하고 있다. 이러한 변화는 우리의 경제생활 패턴도 변화시켰으며, 그중 하나가 전자상거래를 통한 경제활동이라고 할 수 있을 것이다. 많은 사람들이 인터넷 온라인시장을 이용하여 물건들을 구매하고 있으며, 또한 많은 사람들이 소규모 자본으로 인터넷 창업을 시도하고 있다. 이러한 인터넷을 이용한 전자상거래에 대한 기본 교육은 이미 오래전부터 하고 있다. 이미 초등학교부터 전자상거래 구축의 기초라 할 수 있는 홈페이지 제작에 대한 기본 교육을 하고 있으며, 다양한 도구를 이용하여 웹페이지를 제작하는 교육을 하고 있다. 그러나 전자상거래 구축은 불행히도 Html만으로는 만들 수가 없다. 쇼핑몰과 같은 전자상거래 구축을 하기 위해서는 Html은 물론이고, 그 밖에도 Javascript, Database, Web Server, CGI 언어, 그래픽, Flash 등 다양한 분야의 전문적인 지식들이 필요하다. 또한 이 지식들을 토대로 실무적인 작업을 해야 한다. 국내에 대형 서점을 가면, 쇼핑몰을 구축에 관련된 다양한 책들을 볼 수 있다. 그러나 대부분의 책들은 설명이 없는 소스위주의 책이거나, 소스 없는 이론위주의 책, 아니면 간단한 예제 프로그램만 소개한 책들이 많다. 쇼핑몰의 실제 제작과정을 시작부터 마지막 작업까지 단계적으로 내용을 다룬 책은 매우 드문 것 같다. 따라서 필자는 쇼핑몰 구축을 하는 방법을 배우기 원하는 사람들을 위해 실무적인 내용을 빠르게 배울 수 있는 교재의 필요성을 느꼈다. 이 책은 초보자를 위한 책이 아니다. 앞서 언급했듯이 이 책은 이미 전산분야에 대하여 어느 정도 공부를 한 사람들이 쇼핑몰에 대한 제작 과정을 경험하고 배울 수 있도록 구성된 책이다. 이 책에서 나오는 모든 화면과 테크닉은 독자가 만들려는 쇼핑몰의 기본모델과 방향을 제시해주리라 생각되며, 이를 원하는 사람들에게 좋은 지침서가 되었으면 한다. 이 책이 나오기까지 도움을 준 많은 분들에게 감사하며, 특히 사랑하는 아내에게 고마움을 전한다. 이 책은 2014년도 인덕대학교 학술연구비에 의한 수행된 과제이다.

윤 형 태

차례

⟳ Chapter 03 PHP주소록프로그램

⟳ Chapter 04 PHP 회원관리

Chapter 07 PHP 게시판

Chapter 08 ASP 쇼핑몰

ix

⟳ Chapter 12 ASP 제품관리

Chapter 08

책 구성에 대하여

먼저 이 책을 진행하기 전에 이 책의 구성과 주요 특징에 대해 설명하도록 하겠다.

① **실무위주 교재** : 이 책의 첫 번째 특징은 실무위주의 교재라는 점이다. 이론적인 내용보다는 웹서버 환경에서 기본적인 구조의 쇼핑몰을 만드는 모든 과정을 처음부터 마지막 과정까지 소개한 책이다. 따라서 이 책의 작업을 하다보면 쇼핑몰의 구조와 테크닉, 그리고 MySQL 데이터베이스, PHP 언어, 그리고 MS-SQL 데이터베이스, ASP 언어 등을 자연스럽게 익힐 수 있도록 구성되어 있다.

② **PHP 개발환경 (Linux 서버와 Window 환경)** : 웹서버 컴퓨터가 없는 독자를 위하여 Window용 APM 환경은 물론이고, 실제 Linux서버 환경에서의 작업에 관한 설명도 되어 있다. 따라서 양쪽의 차이점과 작업을 이해할 수 있도록 구성되어 있다.

③ **ASP 개발환경 (PC Window 환경)** : Microsoft사의 Window Server가 없는 독자를 위하여 Window용 IIS환경에서의 작업할 수 있도록 구성되어 있다.

④ **쇼핑몰 관련 PHP, ASP 소스 없음** : 쇼핑몰에 관한 프로그램 소스는 전혀 제공하지 않는다는 점이다. 대신에 성적프로그램에 관련된 기본 PHP, ASP 소스를 자세하게 설명하였으며, 이 프로그램 소스를 기초로 하여 나머지 쇼핑몰들을 만들 수 있도록 구성하였다. 쇼핑몰 소스가 없는 점, 독자들에게는 죄송하다는 말을 드리고 싶다. 막히는 부분이 있겠지만 이 책은 학생들이 스스로 문제를 해결할 수 있는 힘을 키우는데 목적이 있기 때문에 소스를 제공하지 못하는 점 죄송하게 생각한다.

⑤ **쇼핑몰 HTML 디자인 소스 제공** : 쇼핑몰 구축작업에 필요한 모든 쇼핑몰의 Html, Javascript 소스와 이미지를 부록에 제공하여, 독자는 제공된 Html 소스에 PHP, ASP 작업만 하면 되도록 구성하였다.

⑥ **작업지시서 구조** : 이 책은 1부 PHP를 이용한 쇼핑몰 실무, 2부 ASP를 이용한 쇼핑몰 실무로 나누어져 있으며, 각 부는 실험실습 책처럼 작업지시서와 같은 구조로 구성되어 있다. 쇼핑몰을 만드는 전체 과정이 단계별로 진행이 되며, 각 과정은 1) 실습목표, 2) 실습이론, 3) 실습순서 형식으로 진행되도록 구성되어 있다.

⑦ **초보자용 책이 아님** : 이 책은 처음 프로그램을 배우는 사람을 위한 책이 아니다. Html, Javascript, 데이터베이스 개념, 기초 SQL 언어, CGI 언어, 웹서버 개념 등을 어느 정도 배운 웹프로그래머를 위한 전문실습교재다.

이 책의 특징들에 대해 이해하였다면, 이제는 각 장에서 어떤 내용들을 배우고 작업하는지 알아보겠다.

1장은 PHP 쇼핑몰 실습에 필요한 유틸리티 사용법에 대해 소개한다.

① **Editplus 편집기** : 원격서버 작업을 위해 FTP 기능을 지원하는 편집기 프로그램 사용법에 대해 소개한다.

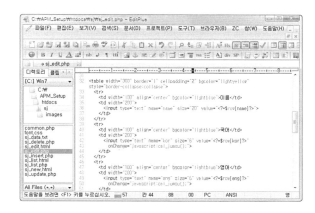

② **Kitty 프로그램** : 원격서버접속용 telnet 프로그램 소개와 사용법에 대해 설명한다.

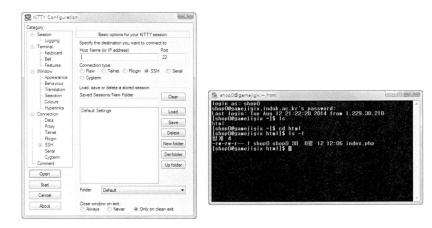

③ **알드라이브** : 서버와 클라이언트 간에 파일 업로드와 다운로드를 할 수 있도록 도와주는 FTP 프로그램 사용법에 대해 소개한다.

④ **Linux용 APM 프로그램** : PHP 쇼핑몰 실습에 필요한 Linux용 APM 프로그램 설치에 대해 소개한다. 원래는 Linux서버를 이용하여 작업을 해야 하지만, 여기서는 윈도우용 Linux Apache Server, PHP, MySQL 데이터베이스 프로그램을 설치하는 방법과 사용법에 대해 소개한다.

제2장 : 성적프로그램

2장에서는 PHP 언어를 이용하여 MySQL 데이터베이스와 연동하는 기초 프로그램에 대해 소개하고 있다. 이 프로그램은 추가, 삭제, 수정 그리고 검색, 페이지 기능이 있는 간단한 성적프로그램을 통해 정형화된 구조의 PHP 프로그램에 대해 공부한다.

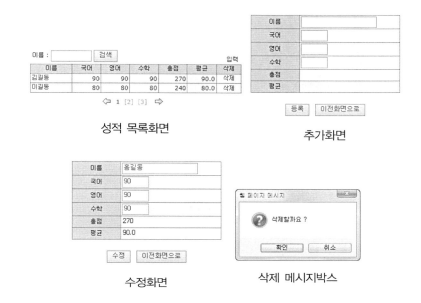

성적 목록화면

추가화면

수정화면

삭제 메시지박스

제3장 : 주소록프로그램

3장은, 2장의 성적프로그램과 거의 동일한 화면구성을 갖는 주소록프로그램을 만드는 과정을 소개한다. 이 과정의 작업은 2장의 소스를 최대한 이용하여 작업하도록 구성되어 있으며, 2장의 내용에 대한 응용 및 복습이라 할 수 있다.

주소록 목록화면

추가화면

수정화면

삭제 메시지박스

4장부터는 본격적인 쇼핑몰 작업을 시작한다. 회원가입, 회원정보수정, 로그인, ID암호분실 처리, 우편번호 검색처리, 관리자용 회원관리 등 쇼핑몰에서 필요한 회원관리에 관련된 모든 내용과 작업에 대해 소개한다. 다음 그림은 앞으로 작업할 쇼핑몰의 주요 화면들이다.

로그인   회원가입

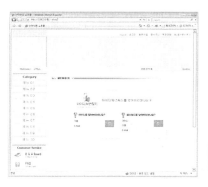

ID/암호 분실 조회   우편번호찾기

관리자용 회원목록   관리자용 회원 상세정보

⟳ **제5장 : 제품관리**

5장은 제품에 관련된 화면들로서, 메인화면과 메뉴별 상품 진열화면, 상품 상세정보화면, 상품검색화면, 그리고 관리자용 상품관리화면 등이 있다.

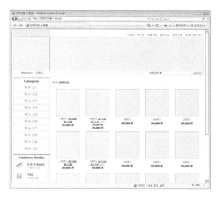
메인

카테고리별 상품진열

상품 상세정보

상품검색

관리자용 상품목록

관리자용 상품등록

제6장 : 주문관리

6장은 주문에 관련된 화면들로서, 장바구니에 담은 상품을 주문정보를 입력하고 온라인 상에서 카드나 무통장 입금으로 주문할 수 있는 화면, 그리고 주문한 상품의 주문내역을 확인할 수 있는 화면들과 관리자용 주문관리 화면들로 구성되어 있다.

장바구니 화면

주문정보 입력화면

결제정보 입력화면

주문조회 화면

관리자용 주문목록

관리자용 주문상세정보

7장은 관리자에게 문의를 위한 응답형 Q&A 게시판과 자주 묻는 FAQ 게시판에 관련된 내용에 대해 소개하고 있다.

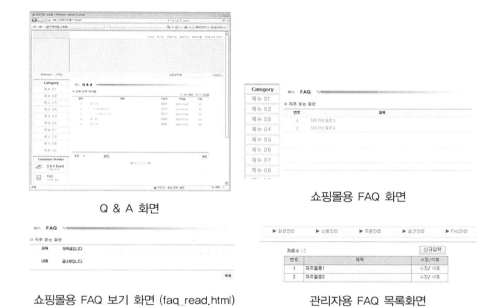

Q & A 화면

쇼핑몰용 FAQ 화면

쇼핑몰용 FAQ 보기 화면 (faq_read.html)

관리자용 FAQ 목록화면

그 밖에도 제품의 옵션관리, 고객용 주문조회 등 다양한 화면 등을 만드는 과정이 각 장 마다 소개되어 있다.

Part 1

Chapter 01

PHP 쇼핑몰

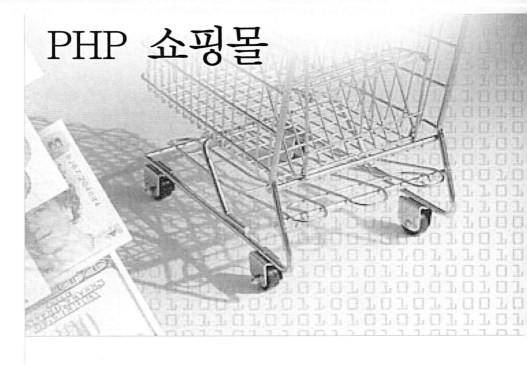

1.1 PHP 쇼핑몰 개발환경

1.1.1 쇼핑몰 구축환경

전자상거래를 위한 인터넷 쇼핑몰을 만들기 위해서는 먼저 어떤 환경에서 만들 것인지 결정해야 한다. 결정해야 할 사항은 다음과 같이 운영체제와 해당 운영체제에서 사용할 수 있는 데이터베이스 프로그램, 그리고 개발언어일 것이다.

1) 운영체제 (Unix, Linux, NT, …)
2) 데이터베이스 (MySQL, MS-SQL server, Oracle, …)
3) 개발언어 (PHP, ASP, JSP, …)

사실 개발자입장에서는 개발환경이 달라도 쇼핑몰을 구축하는 과정과 내용은 거의 동일하다. 달라지는 점은 앞서 설명한 개발언어나 데이터베이스에 따라 프로그램이 달라진다는 점일 것이다. 그러나 개발비용을 부담할 회사입장에서는 이야기가 달라질 수 있다. 회사입장에서는 적은 비용에 문제를 해결하기를 원할 것이고, 이 경우 리눅스 운영체제와 프로그램 환경이 적합할 것이다. Linux 운영체제에서 가장 많이 사용하고 있는 데이터베이스는 아마 MySQL이고 개발언어는 PHP일 것이다. 이전에는 MySQL과 PHP 언어는 Linux에서만 사용이 가능했었다. 따라서 공부를 하는 입장에서는 실제로 Linux 서버를 이용해야 하므로, 많은 어려움이 있었다. 그러나 최근에는 윈도우 버전이 출시되면서 이러한 문제는 해결되어 MySQL과 PHP를 공부하고자 하는 사람에게 매우 편리해졌다. 따라서 이 책에서는 쇼핑몰을 구축할 서버 환경을 다음과 같이 실제 Linux 환경과 윈도우 환경에서의 개발과정에 대해 설명하도록 할 생각이다.

1) 자신의 PC에 윈도우용 APM을 설치하여 사용하는 방식
2) 도메인을 갖는 원격 Linux 서버 환경

따라서 독자는 위 2가지 사항 중 자신이 실습 가능한 환경을 선택하여 작업을 진행하길 바란다.

1.1.2 Window용 APM 설치

책 부록에 있는 APM(Apache Web Server, PHP, MySQL) 프로그램을 자신의 PC에 설치하여라.

○ 실습이론

[1] **Window용 APM** : 앞서 언급했지만 MySQL 데이터베이스와 PHP 언어는 Linux 환경에서만 사용할 수 있었던 소프트웨어였었다. 그러나 최근에는 Linux 서버의 Linux용 Apache Web Server가 윈도우용으로 개발되면서 양쪽 운영체제에서 모두 사용할 수 있게 되었다. 더불어 윈도우용 MySQL과 윈도우용 PHP 언어가 나옴으로서, 이제는 윈도우에서도 Linux환경에서와 마찬가지로 모든 작업이 가능하게 되었다. 이 3가지 소프트웨어 Apache Web Server와 MySQL 데이터베이스, PHP 언어를 APM(Apache, PHP, MySQL)이라 하며, 최근에는 이 APM 프로그램을 초보자도 쉽게 설치할 수 있는 여러 프로그램이 나오고 있으며, 그 중 하나를 자신의 컴퓨터에 설치하는 방법에 대하여 알아보도록 하자. 이 책의 프로젝트를 진행하기 전에 먼저 설치해야 할 APM 프로그램은 본 책에서 제공하는 부록에 있는 APMSetup 7 버전 프로그램을 이용하여 실습하면 된다. 만약 APM에 관한 최신 정보와 파일을 받기 원한다면, www.apmsetup.com 홈페이지에서 관련된 파일을 다운 받아 설치를 하면 될 것이다. 이 프로그램은 기능제한이나 사용제한이 없는 프로그램으로 누구나 사용할 수 있다.

http://www.apmsetup.com

② **Linux용 APM** : Linux용 APM은 보통 Suselinux, 데비안, 우분투, CentOS, Fedora Core와 같은 Linux 운영체제를 컴퓨터에 설치하면 자동으로 APM프로그램도 설치된다. 따라서 원한다면 직접 프로그램을 구하여 설치를 해보길 바란다. 보다 자세한 내용은 다른 Linux 책들을 참고하길 바라며, 여기서는 책의 범주를 벗어나는 내용이므로 더 이상 설명은 하지 않고 이미 Linux 환경을 갖추었다는 가정하에 설명하겠다.

STEP 01 **APM 설치하기**

① **APM 설치 시작** : 부록에 있는 APMSetup7_2010010300.exe 프로그램을 더블클릭하여 설치를 시작한다.

② **업데이트 취소** : 업데이트를 하겠냐는 창이 열리면, "아니요" 버튼을 클릭한다.

"예"를 선택하면 업데이트되지 않고 프로그램이 종료되므로, "아니요"를 선택한다.

③ **설치 확인** : 설치완료 후, 화면 하단 🔘아이콘에서 마우스 오른쪽버튼을 클릭하여 나타나는 팝업메뉴에서 [내 홈페이지]메뉴를 클릭한다.

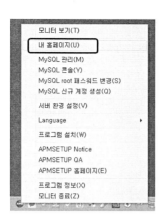 

웹브라우저가 열리면서 PHP 설치정보가 화면에 표시되면, 성공적으로 APM을 설치한 것이다. APM은 아래 그림과 같이 c:₩APM_Setup 폴더에 설치가 되며, 홈페이지가 있는 폴더는 **c:₩APM_Setup₩htdocs** 가 된다. 그리고 이 폴더 안에 index.html이나 index.php 파일이 있으면, 웹브라우저 주소란에 도메인명을 입력했을 때 자동으로 실행이 된다. 만약 개인 IP나 도메인명이 없는 경우에는 도메인명 대신에 127.0.0.1이라는 IP주소를 입력하거나 localhost를 입력하면 된다.

APM 프로그램의 홈페이지 주소 및 폴더

홈페이지 폴더 : c:₩APM_Setup₩htdocs
홈페이지 주소 : http://127.0.0.1 혹은 http://localhost

그 밖에 아래 그림과 같이 아이콘위에서 마우스 왼쪽 버튼을 클릭하면 서버에 대한 환경설정 및 다양한 정보를 얻을 수 있다.

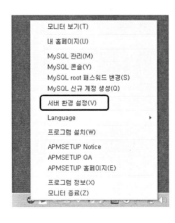 

16

Linux인 경우의 APM 설치

Linux OS 프로그램의 종류는 Suselinux, 데비안, 우분투, CentOS, Fedora Core 등이 있으며, 이 프로그램들을 설치할 때 원하는 옵션을 선택하면, Apache, PHP, MySQL 프로그램도 자동으로 설치가 된다. 리눅스에서 설치하는 방법은 해당 전문서적을 참고하길 바란다. 참고로 이 책에서 사용한 Linux는 Fedora Core 버전이며, fedoraproject.org에 가면 무료로 구할 수 있다.

Window용 APM 프로그램을 다시 실행하려면 바탕화면에 있는 APMSETUP Monitor 아이콘을 더블 클릭하여 실행을 해야 한다.

APM 재기동

STEP 02 MySQL 환경설정 수정하기

① **MySQL 설정 수정** : 아래 그림과 같이 화면 하단의 ⊕아이콘을 마우스 오른쪽버튼으로 클릭한 후, 〈APMSETUP 서버설정〉창에서 "MySQL 설정" 탭을 선택한다. 아래 그림과 같이 "utf8"을 "euckr"로 내용을 수정한다. 그리고 "저장"버튼을 클릭한다.

```
... ... ...

# The following options will be passed to all MySQL clients
[client]
default-character-set=euckr
init_connect=SET NAMES euckr
port     = 3306


# Here follows entries for some specific programs


# The MySQL server
[MySQLd]
default-character-set=euckr
init_connect=SET NAMES euckr
port     = 3306
skip-locking
... ... ...
```

MySQL에서 사용하는 문자코드는 기본적으로 다국적 언어를 지원하는 유니코드 UTF-8이다. 이 경우 MySQL이나 웹브라우저 상에서 한글이 깨져 나오는 경우가 발생될 수 있다. 따라서 이 책에서는 UTF-8 대신에 EUC-KR 을 사용할 수 있도록 설정을 수정하였다. 설정에 관한 자세한 내용은 다른 Linux 책을 참고하길 바란다.

② **my.ini 복사** : 아래 그림과 같이 "c:\APM_Setup\Server\MySQL5\Data" 폴더에 있는 "my.ini"파일을 복사한다. 그리고 "c:\APM_Setup\Server\MySQL5" 폴더에 "my.ini"파일을 붙여넣기를 한다.

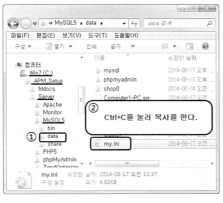 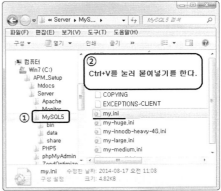

문자코드를 euckr로 수정하는 경우, ①번 과정과 같이 환경설정을 변경해도 웹브라우저에서 MySQL 데이터가 깨져 나온다. 이 문제를 해결하기 위해서는 MySQL환경설정 파일인 my.ini를 c:₩APM_Setup₩Server₩MySQL5 폴더에 복사를 해야 한다.

③ **서비스 다시 시작** : 아래 그림과 같이 화면 하단의 ⓐ아이콘을 마우스 오른쪽버튼을 클릭한 후, [모니터 보기]메뉴를 선택한다. 그리고 MySQL5의 "STOP" 버튼을 클릭하여 중지시킨 후, 다시 "START"버튼을 클릭하여 재실행한다.

MySQL 재실행

1.2 Editplus 편집기

1.2.1 Editplus 설치 및 설정

○ **실습목적**

책 부록에 있는 Editplus 프로그램을 자신의 PC에 설치하여라.

○ **실습이론**

① **Editplus 편집기** : 이번에는 프로그램을 작성할 때 이용할 편집기 프로그램을 설치해 보자. 윈도우 자체에도 메모장이나 워드패드와 같은 편집용 프로그램이 있지만, 이 프로그램들에는 원격기능이 없으며, 사용자가 사용하는 컴퓨터 언어에 따라 단어의 색을 표시하는 기능이 없다. 따라서 보다 편한 프로그램 작업을 하기위해서는 필자가

추천하는 편집기 프로그램을 이용해보길 바란다. 물론 독자가 사용하고 있는 원격기능이 있는 편집기 프로그램이 있다면, 그 프로그램을 이용해도 무방하다. 프로그램은 본 책에서 제공하는 부록의 Editplus 프로그램을 이용하거나 www.editplus.co.kr/kr에서 최신 버전의 프로그램을 다운 받을 수 있다.

http://www.editplus.co.kr/kr/

STEP

① **Editplus 설치 시작** : 부록에 있는 Editplus 설치 프로그램 Epp370.exe를 더블클릭하여 설치한다.

② **Editplus 환경설정** : [도구]➜[기본설정]메뉴를 클릭한다.

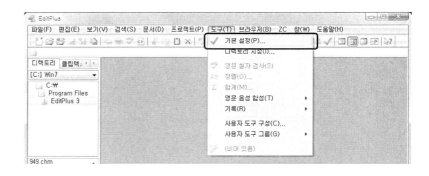

③ **글꼴 설정** : 〈항목〉에서 "글꼴"을 선택한 후, 〈글꼴〉은 "굴림체"를 선택한다.

④ **현재 줄 색상 설정** : 〈항목〉에서 "색상"을 선택한 후, 〈영역〉에서 "현재 줄"을 선택한다. 그리고 기본값 체크박스를 해제(□)한 후, 〈바탕색〉 콤보상자를 선택한다. "확장…" 버튼을 클릭하고, 적당한 색을 선택한다.

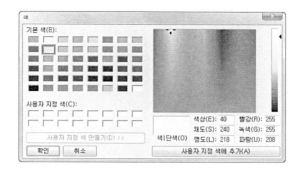

⑤ **탭/들여쓰기 설정** : 〈항목〉에서 "설정 및 구문강조"를 선택한 후, "탭/들여쓰기" 버튼을 클릭한다. 〈탭〉과 〈들여쓰기〉를 각각 "2", "2" 로 수정한다.

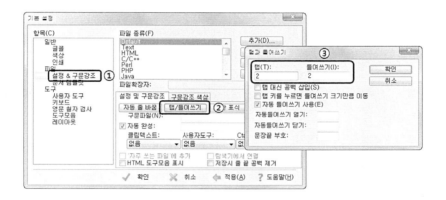

⑥ **원격 도구모음 설정** : 〈항목〉에서 "도구모음"을 선택한다. 〈명령〉의 "원격 열기"와 "원격 저장"을 그림과 같이 〈도구모음〉으로 드래그하여 등록한다.

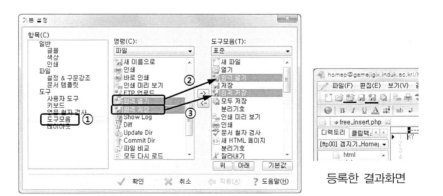

등록한 결과화면

1.2.2 홈페이지 수정 (Window)

⟳ 실습목적

Editplus를 이용하여 앞서 보여준 PHP 정보화면대신에 아래 그림과 같이 자신의 이름이 표시되는 PHP 프로그램을 작성하여라.

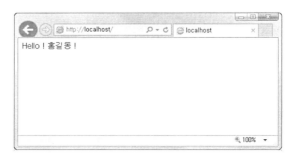

⟳ 실습이론

☐ **⟨? php프로그램 ?⟩** : PHP 파일은 파일 확장자가 *.php이며, 프로그램 표시는 "⟨?" 로 시작하여 "?⟩"로 끝난다.

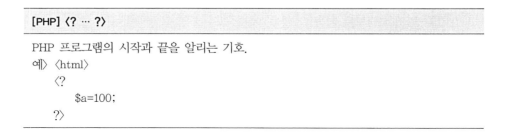

[PHP] ⟨? … ?⟩

PHP 프로그램의 시작과 끝을 알리는 기호.
예⟩ ⟨html⟩
      ⟨?
         $a=100;
      ?⟩

☐ **echo 함수** : echo 함수는 웹브라우저로 html tag를 출력시키는 함수로서, echo 대신에 print를 사용해도 된다.

[PHP] echo("문자열") 혹은 echo "문자열"

지정된 문자열을 웹브라우저에 출력시킨다. 만약 문자열에 PHP변수나 함수가 있는 경우는 해당 값을 출력한다. echo 대신에 print 를 사용해도 되고 괄호는 생략할 수 있다.

예〉 echo("홍길동");   ➡ 홍길동
    echo "〈b〉홍길동〈/b〉";   ➡ **홍길동**
    $a="홍길동"; echo("$a");   ➡ 홍길동

③ **127.0.0.1 혹은 localhost** : 개인 IP가 없거나, 인터넷을 사용하지 않아도 모든 PC는 로컬(local)상태에서 기본적으로 127.0.0.1 이라는 내부 IP를 갖으며, 127.0.0.1 대신에 "localhost"라는 이름을 사용해도 된다. 따라서 Window용 APM을 이용하는 독자의 경우, 웹브라우저에 입력할 홈페이지 주소는 127.0.0.1 이나 localhost를 입력하여 실습을 하면 된다. 홈페이지 주소는 다음과 같다.

홈페이지 폴더 ➡ c:\APM_Setup\htdocs
홈페이지 주소 ➡ http://127.0.0.1 혹은 http://loccalhost

STEP ◉

① **index.php 읽기** : 아래 그림과 같이 c:\APM_Setup\htdocs폴더에 있는 "index.php" 프로그램 위에서 오른쪽 마우스 버튼을 이용하여 프로그램을 읽는다.

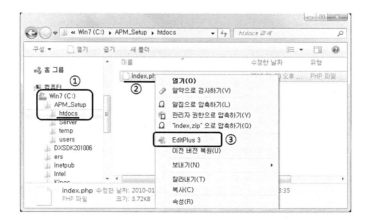

② **프로그램 수정** : 아래 그림과 같이 프로그램을 수정한다.

```
<?
    echo("Hello ! 홍길동 !");
?>
```

③ **실행** : 웹브라우저 주소란에 **"127.0.0.1"**이라고 입력하여 실행시켜 결과를 확인한다.

1.2.3 홈페이지 수정 (Linux)

실습목적

Editplus 편집기를 이용하여 원격 Linux 서버에 접속하여 아래 그림과 같이 자신의 이름이 표시되는 PHP 프로그램을 작성하여라. (이 실습은 Linux 원격서버 환경을 이용할 수 있는 독자인 경우에만 해당된다. 아닌 경우에는 다음 절로 넘어가길 바란다.)

실습이론

① **Editplus 편집기 원격접속 설정** : 실제 Linux 원격서버에 있는 계정 홈페이지의 프로그램을 편집하려면, Editplus를 이용하여 원격접속을 할 줄 알아야 한다. 원격서버에 접속하기 위해서는 웹서버의 도메인주소, 관리자로부터 부여받은 계정ID와 계정암호와 같은 3가지 정보가 필요하다.

1	도메인 주소(IP주소)	이용가능한 도메인
2	계정ID	shop0 (가상계정ID)
3	계정암호	1234 (가상계정암호)

이 책에서는 이 3가지 정보 중 계정ID는 shop0, 계정암호는 "1234"라는 가정 하에 설명을 하도록 하겠다.

STEP 01 원격서버 접속정보 설정하기

① **원격열기 클릭** : 바탕화면의 Editplus를 실행한 후, Editplus 화면 상단의 "원격열기 "를 클릭한다.

② **서버정보 등록** : "설정", "추가"버튼을 클릭한 후, 아래와 같이 입력한다.

1	설명	shop0	2	FTP서버	도메인 이름이나 IP주소
3	Username	계정ID	4	Password	계정암호

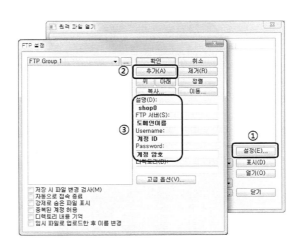

〈설명〉은 Editplus 프로그램에 등록되는 이름이므로, 아무 이름이라도 관계없지만, FTP설정에서 사용한 도메인이름, 계정ID, 계정암호는 서버에 실제로 존재하는 정보를 입력해야 한다.

③ **FTP옵션 설정** : "고급 옵션"버튼을 클릭한 후, 〈암호화〉를 "sftp"로 변경한다. 그리고 "확인"버튼을 클릭한다.

최근에는 Linux에서 보안문제 때문에 기존의 FTP를 사용하지 않고 Secure FTP를 사용한다. 따라서 최근 Linux버전을 사용한다면 SFTP를 이용해야 한다.

④ **html 폴더 확인** : html 폴더를 더블클릭하거나 "열기"버튼을 클릭하여 html안의 내용을 확인한다.

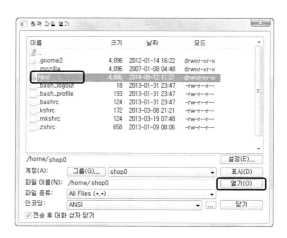

STEP 02 홈페이지 수정

① **새 문서 만들기** : [파일]➔[새 파일]➔[보통 문서]메뉴를 선택한다. 그리고 아래와 같은 프로그램을 입력한다.

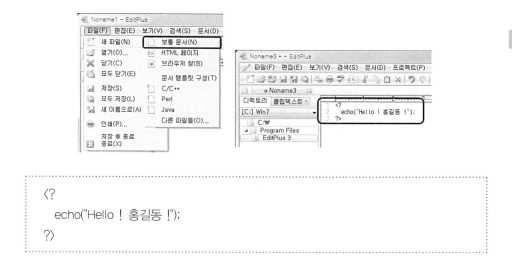

```
<?
    echo("Hello ! 홍길동 !");
?>
```

② **원격저장** : "원격저장 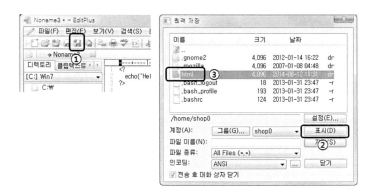"을 클릭한 후, "표시"버튼을 클릭한다. 그리고 반드시 "html"폴더를 더블클릭하여 폴더 안으로 들어간다.

③ **index.php로 원격저장하기** : 파일이름을 "index.php"로 입력한 후, "저장"버튼을 클릭한다.

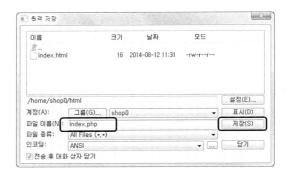

④ **실행 및 결과확인** : 웹브라우저의 주소란에 "http://도메인이름/~계정ID"를 입력하여 결과를 확인한다.

일단 서버에 한번 연결이 되면, 아래 그림과 같이 디렉토리 탭에 등록이 되며 연결된 서버의 폴더와 파일들이 표시된다. 따라서 이후에는 해당 파일을 더블클릭함으로서 바로 읽을 수 있어 대단히 편리하다.

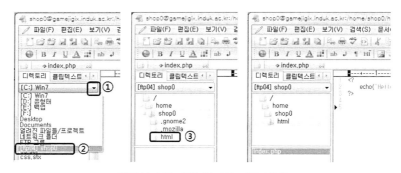

원격서버의 파일 읽기의 다른 방법

1.3 Kitty (Linux)

실습목적

원격서버를 접속하여 서버를 제어할 수 있는 telnet 프로그램을 이용하여 자신의 계정에 접속하여라. (이번에 설명할 유틸리티는 원격서버를 이용하는 경우에 필요한 프로그램이다. Window용 APM을 이용하는 독자는 이 실습을 하지 않아도 된다.)

실습이론

① kitty 프로그램 : kitty 프로그램은 서버를 원격으로 접속하여 서버의 관리 및 운영 작업을 할 수 있게 해주는 telnet 프로그램 중 하나다. 이 프로그램은 기능제한이나 사용제한이 없으며, 책 부록에 있다. 이 프로그램은 설치과정이 필요 없으며, 바로 실행하여 사용할 수 있다. 만약 이 프로그램에 대한 최신 정보와 파일을 원한다면, www.9bis.net/kitty 홈페이지에서 얻을 수 있다.

http://www.9bis.net/kitty

STEP

① Kitty 프로그램 복사 : 부록안에 있는 kitty.exe 프로그램을 바탕화면에 복사를 한 후, 더블클릭하여 실행한다.

② **가로/세로 길이 지정** : 〈Category〉에서 "Window"를 선택한 후, 창의 가로 글자 수
(columns)를 "132", 세로줄(rows)를 "40"으로 지정한다. (꼭 변경할 필요는 없다.)

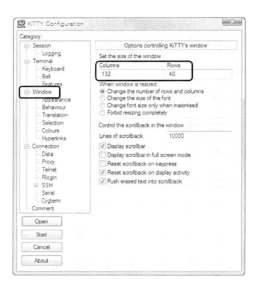

③ **글꼴 지정** : 〈Category〉에서 "Appearance"를 선택한 후, "Change"버튼을 클릭한다.
그리고 〈글꼴〉을 "굴림체", 〈스크립트〉를 "한글"로 변경한다.

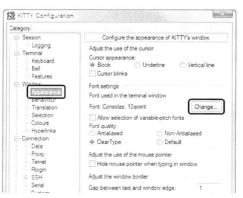

④ **서버정보 등록** : 연결할 서버정보를 아래와 그림과 같이 등록을 한 후, ⌜Save⌟버튼을 이용하여 저장한다.

1	Host Name	연결할 도메인이름
2	Saved Sessions	shop0

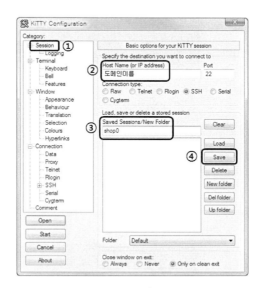

〈Host Name〉에 접속할 서버의 도메인이름이나 IP를 입력하고, 〈Saved Session〉은 입력한 정보를 kitty 프로그램에 등록할 이름이다. 따라서 다음부터는 해당 이름 등록된 shop0를 더블클릭함으로서 바로 접속할 수 있다.

⑤ **접속** : "shop0"를 더블클릭하여 서버에 접속한다. 보안경고 관련창이 열리면 "예"버튼을 클릭한다.

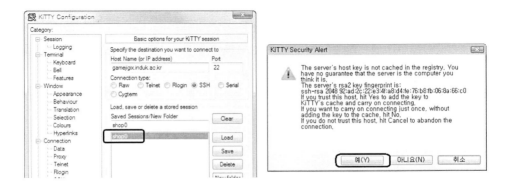

⑥ **Linux 계정ID와 암호 입력** : 계정ID와 계정암호를 입력하여 서버에 접속한다.

여기서 사용하는 계정ID와 암호는 Linux에서 관리자로부터 받은 계정ID와 암호로
서, 이 책에서는 Linux계정 ID는 "shop0", 계정암호는 "1234"라고 가정하여 설명하
도록 하겠다.

⑦ **작업시작** : Linux 명령어로 원하는 작업을 한다.

위 그림은 폴더 내용을 확인하기 위하여 Linux 명령어인 ls명령어를 실행한 후, cd
명령어를 이용하여 html 폴더로 들어간다. 그리고 html 폴더 내용을 자세히 보기 위
해 ls -l 명령을 실행한 결과 그림이다. 당연한 이야기겠지만 Linux 환경에서 작업을
하려면 Linux에서 사용하는 기초 리눅스명령어는 공부를 해야 할 것이다. 다음 표는
자주 사용하는 Linux 명령어를 요약해 놓은 표이다. 각 명령어나 프로그램의 자세한
사용법은 다른 Linux 서적을 참고하길 바란다.

주요 명령어	설 명
ls	폴더내의 파일이름, 크기, 날짜, 권한 등 을 확인하는 명령어.
cd	지정된 폴더로 변경시키는 명령.
rm	파일을 삭제하는 명령어.
cat	텍스트 파일의 내용을 확인하는 명령어.
cp	파일을 복사하는 명령어.
mv	파일이나 폴더를 이동시키거나 이름을 변경하는 명령어.
chmod	폴더나 파일의 권한을 변경시키는 명령어.
chown	파일이나 폴더의 소유자나 그룹을 변경시키는 명령어.
mkdir	폴더를 생성하는 명령어.
rmdir	폴더를 삭제하는 명령어.
passwd	계정 암호를 변경시키는 명령어.
tar, gzip 프로그램	윈도우의 zip처럼 파일의 크기를 압축시켜주는 프로그램.
mc 프로그램	윈도우의 탐색기와 같은 역할을 하는 프로그램.
vi 에디터	간단한 편집기 프로그램.

Linux 명령어

1.4 알드라이브 (Linux)

실습목적

클라이언트에서 원격서버로 파일을 전송할 수 있는 FTP 프로그램인 알드라이브를 이용
하여 자신의 계정으로 접속하여라. (이번에 설명할 유틸리티도 원격서버를 이용하는 경우
에만 필요한 프로그램이다. Window용 APM을 이용하는 독자는 이 실습을 하지 않아도
된다.)

실습이론

1 **알드라이브** : FTP 프로그램은 클라이언트에서 원격서버의 자기 계정으로 파일을
upload, download 및 관리를 해주는 유틸리티이다. 여기서는 개인 사용자에게는 무
료인 이스트소프트사의 알드라이브 를 소개하도록 하겠다. 알드라이브의 최신 프로

그램과 정보는 www.altools.co.kr에서 구할 수 있다.

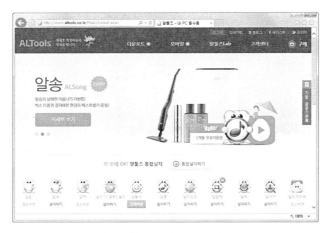

http://www.altools.co.kr

STEP ◐

① **알드라이브 설치** : 부록에 있는 ALDrive122.exe 프로그램을 이용하여 설치를 한다.

② **연결할 서버 정보 등록** : 알드라이브 프로그램을 실행하면 사이트맵 창이 열린다. 이
창에서 먼저 "추가" 버튼을 클릭한 후, 그림과 같이 "shop0"라는 이름을 입력한다.
그리고 〈일반〉탭에서 "SFTP(SSH File Transfer Protocol)"를 선택한 후, 〈호스트〉
에 "도메인 이름", 〈아이디〉와 〈비밀번호〉를 입력한다. 여기서는 아이디와 암호를
"shop0"와 "1234"라고 입력하였다.

1	등록이름	shop0	2	접속방법	SFTP
3	호스트	도메인이름	4	아이디	shop0
5	비밀번호	1234			

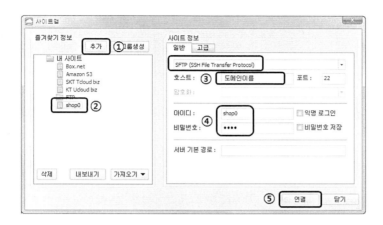

Kitty 프로그램과 마찬가지로 여기서 사용하는 계정ID와 암호는 Linux에서 관리자로부터
받은 계정ID와 암호이다.

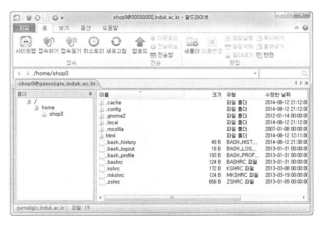

연결된 화면

실습목적

이 책에서 사용할 쇼핑몰 html 소스 및 데이터 파일들을 부록에서 자신의 홈페이지로 모두 복사하여라.

실습이론

① **실습용 파일 준비** : 다음부터 시작할 웹프로그래밍 작업을 위한 실습용 파일들을 홈페이지에 복사하는 작업을 해보자. Window용 APM 사용자인 경우는 부록안의 html 폴더에 있는 모든 파일들을 홈페이지 폴더인 c:₩APM_Setup₩htdocs 폴더로 복사를 하면 된다. Linux 서버 사용자인 경우는 알드라이브 프로그램을 이용하여 자신의 계정 홈페이지가 있는 폴더로 복사를 하면 된다.

STEP 01   Window용 APM 사용자인 경우

① **부록 파일 복사** : 부록 파일의 html 폴더 안에 있는 모든 파일을 선택한다. 그리고 "Ctrl+C"를 눌러 모두 복사를 한다.

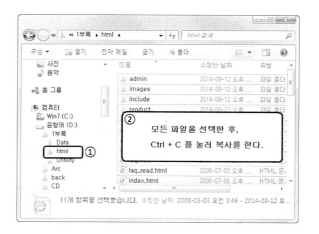

② **htdoc 폴더에 붙여넣기** : 복사한 모든 파일을 c:₩APM_Setup₩htdocs 폴더 안에서 "Ctrl+V"를 눌러 "붙여넣기"를 한다.

STEP 02 Linux용 APM사용자인 경우

① **Linux 자기계정 연결** : 알드라이브를 이용하여 "shop0"에 연결한다.

② **html폴더로 이동** : 서버 계정의 html 폴더를 더블클릭하여 폴더 안으로 이동한다.

PHP, ASP 쇼핑몰 실무 따라하기

③ **부록안의 실습용 파일 복사** : 아래 그림과 같이 부록의 html 폴더 안에 있는 모든 파일들을 드래그하여 shop0의 html 폴더에 복사를 한다.

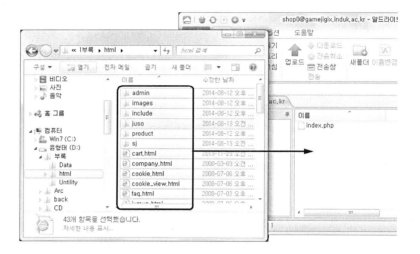

알드라이브를 이용하여 부록 파일의 html 폴더에 있는 모든 파일들을 원격서버의 자신의 shop0 계정 홈페이지가 있는 html 폴더로 모두 복사를 한다. Linux 서버인 경우 일반적인 개인계정의 홈페이지 폴더는 원래 public_html이지만, 이 책에서는 html 폴더라고 가정하여 설명하도록 하겠다.

1.6 MySQL과 Phpmyadmin

이번에 소개할 프로그램은 데이터를 관리, 운영 해주는 데이터베이스 프로그램 MySQL이다. 이 프로그램은 원래 Linux용으로 개발된 프로그램이지만, 최근에는 윈도우용 MySQL 프로그램도 나오고 있다. 앞에서 Window용 APM 프로그램을 설치할 때, MySQL과 phpmyadmin도 같이 설치가 된다. 따라서 여기서는 MySQL과 phpmyadmin 사용법과 쇼핑몰에서 사용할 데이터베이스 shop0를 만들어 보도록 하겠다. Linux인 경우, phymyadmin은 Linux를 설치할 때 기본설치가 아니므로, 옵션선택을 해야 설치가 된다.

1.6.1 MySQL Root암호 설정하기

⟳ 실습목적

MySQL의 관리자(root)의 암호를 설정하여라.

⟳ 실습이론

1️⃣ **MySQL과 Phpmyadmin** : MySQL을 이용하여 데이터베이스나 테이블을 만들려면, 아래 그림과 같이 명령프롬프트(도스)창에서 MySQL 프로그램을 실행시켜 command방식의 작업을 해야 한다. Linux인 경우에도 마찬가지로 Kitty를 이용하여 동일한 방식으로 작업을 해야 한다.

```
gamejigix.induk.ac.kr - KiTTY
Microsoft Windows [Version 6.0.6000]
(C) Copyright 1985-2005 Microsoft Corp.

C:\Users\YHT>mysql -uroot -p mysql
Enter password: ****
Welcome to the MySQL monitor.  Commands end with ; or \g.
Your MySQL connection id is 2
Server version: 5.0.45-community-nt MySQL Community Edition (GPL)

Type 'help;' or '\h' for help. Type '\c' to clear the buffer.

mysql> create database shop0;
Query OK, 1 row affected (0.03 sec)

mysql> _
```

window인 경우, MySQL 작업화면

이러한 command방식의 MySQL 작업은 복잡하고 번거롭다. 그러나 php로 만들어진

phpmyadmin이라는 유틸리티 프로그램을 이용하면 MySQL에 관련된 작업을 아주 쉽게 할 수 있다. 이 프로그램은 Window용 APM을 설치하면 자동으로 설치가 되므로 따로 설치를 할 필요는 없다. 반면에 Linux인 경우에는 Linux OS를 설치할 때, 설치옵션으로 선택하거나 관리자가 따로 설치와 설정을 해주어야 사용할 수 있다. 처음 phpmyadmin을 실행하면, 제일 먼저 해 주어야 할 작업은 아무나 MySQL을 접근하지 못하도록 관리자 root의 암호를 변경하는 작업이다. 그러나 Linux서버인 경우에는 root관리자만 사용할 수 있으므로, 일반사용자는 이 암호변경 작업을 할 수 없다.

STEP 01 root 암호 변경하기 (Window용 APM인 경우)

① **phpmyadmin 프로그램 실행** : 아래 그림과 같이 바탕화면 하단 🔴아이콘위에서 마우스 오른쪽 버튼을 이용하여 "MySQL 관리"메뉴를 실행한다.

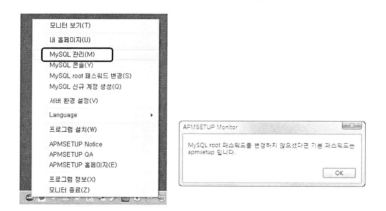

MySQL 관리자ID는 "root"이며, 초기 root 계정암호는 "apmsetup"이다. Linux인 경우는 root계정 암호는 설정되어 있지 않다.

② **root로 로그인하기** : 〈사용자명〉에는 "root", 〈암호〉에는 "apmsetup"을 입력한 후, "실행"버튼을 클릭한다.

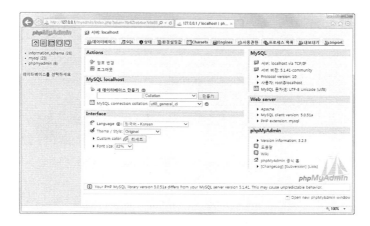

③ **root 암호변경** : "암호변경"을 클릭한다. 그리고 〈암호〉와 〈재입력〉에 암호를 입력한
후, 실행 버튼을 클릭한다. (암호는 각자 입력하길 바란다.)

1.6.2 데이터베이스 shop0 만들기

실습목적

MySQL과 Phpmyadmin 프로그램을 이용하여 새 데이터베이스 shop0을 만들고, shop0에 대한 정보를 데이터베이스 MySQL에 등록하여라.

실습이론

① **DB생성 및 등록** : 데이터베이스를 만들어 사용하려면 다음과 같이 4가지 단계의 작업을 진행해야 한다.

1	DB 생성	데이터베이스 생성.
2	DB테이블에 DB 정보등록	DB테이블에 shop0정보(사용자, 권한) 등록.
3	user테이블에 사용자 등록	user테이블에 사용자정보(ID,암호,권한) 등록.
4	MySQL재가동	변경된 내용 MySQL 재실행해 적용.

데이터베이스 만드는 순서

MySQL 프로그램에서는 MySQL이라는 데이터베이스가 있는데, 이 데이터베이스의 db와 user 테이블에 MySQL 프로그램에서 사용하는 모든 데이터베이스와 사용자의 정보가 등록되어 있다. 따라서 새로운 데이터베이스를 만들면, 반드시 데이터베이스 MySQL의 db테이블에 새 데이터베이스에 대한 정보(사용자ID와 사용권한, 그리고 데이터베이스 이름)를 등록하여야 한다. 또한 user테이블에는 db테이블에 등록한 사용자 계정에 대한 등록 및 권한 설정을 해야 한다. 그리고 마지막으로 모든 설정이 끝나면 반드시 변경된 내용을 서버에 적용하기 위하여 다시 기동시켜야 한다.

STEP ◉

① **shop0 데이터베이스 만들기** : "시작페이지 🏠"아이콘을 클릭한다. 그리고 〈새 데이터베이스 만들기〉에 "shop0", "euckr_korean_ci"를 선택하고 〈MySQL Connection Collation〉에도 "euckr_korean_ci"를 선택한다. 그리고 "만들기"버튼을 클릭한다.

1	Database Name	shop0
2	Collation	euckr_korean_ci
3	MySQL connection collation	euckr_korean_ci

Database의 Collation은 데이터베이스에서 어떤 문자코드(Character Set)를 이용하여 인코딩할 것인지를 설정하는 것이다. 국제적으로는 UTF-8을 많이 이용하지만, 국내에서는 UTF-8도 이용하지만, EUC-KR도 이용한다. 이 책에서는 문자코드를 EUC-KR을 이용하여 진행하도록 하겠다. 따라서 Collation과 MySQL connection collation에 "euckr_korean_ci"를 지정하길 바란다. 만약 UTF-8을 이용하려는 독자인 경우는 utf8_general_ci로 지정하면 되며, 이 경우 부록파일에 제공된 모든 html 디자인 소스와 data파일을 utf8로 변환하여 사용해야 된다.

UTF-8과 EUC-KR

UTF-8은 unicode로서, 한글뿐만 아니라 전 세계의 모든 문자를 표현할 수 있는 인코딩이며, 최근에는 국제적으로 UTF-8을 많이 사용한다. 반면에 EUC-KR은 한글과 한국에서 통용되는 한자, 그리고 영어를 표현한다. 그리고 EUC-KR에는 영어 대소문자를 구별하는 euckr_bin방식과 그렇치 않은 euckr_korean_ci이 있어 정렬과 검색의 결과가 달라질 수 있다. 여기서는 영문대소문자를 구별하지 않는 euckr_korean_ci를 이용하도록 하겠다.

---

② **MySQL 데이터베이스 선택** : 화면 좌측의 데이터베이스에서 "MySQL" 데이터베이스를 선택한다.

새로 만든 데이터베이스 정보를 등록해야 하는 db, user테이블이 있는 데이터베이스 이름은 MySQL이다. 따라서 먼저 MySQL 데이터베이스를 선택해야 한다.

③ db **테이블에 등록** : 화면 좌측에서 "db"테이블을 선택한 후, "삽입"메뉴를 클릭한다. 그리고 다음과 같이 입력한 후, 실행버튼을 클릭한다.

1	Host	%	2	Db	shop0
3	User	shop0	4	나머지	모두 Yes

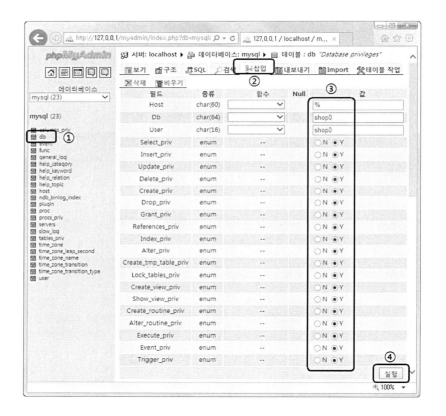

일반적으로 데이터베이스를 만들면, 이 데이터베이스를 사용할 사용자를 등록해야한다. 이 작업은 db 테이블에 사용자ID(User)와 사용권한, 그리고 데이터베이스 이름(Db)을 새로 등록하면 된다. 여기서는 데이터베이스 이름과 사용자ID를 모두 똑같은 "shop0"로 지정하였으며, 이 데이터베이스에 대해 모두 "YES"를 지정하여 모든 권한을 갖도록 하였다.

	Host	Db	User	Select_priv	Insert_priv	Update_priv	Delete_priv	Create
□ ✎ ✕	%	shop0	shop0	Y	Y	Y	Y	Y
□ ✎ ✕	localhost	phpmyadmin	phpmyadmin	Y	Y	Y	Y	N

↑ 모두 체크 / 모두 체크안함 *선택한 것을:* ✎ ✕ 🗑

④ **user 테이블에 사용자 등록** : 화면 좌측에서 "user"테이블을 선택한 후, "삽입"메뉴를
클릭한다. 그리고 다음과 같이 입력한 후, "실행"버튼을 클릭한다.

1	Host	localhost	3	Password 함수	PASSWORD
2	User	shop0	4	Password 값	1234

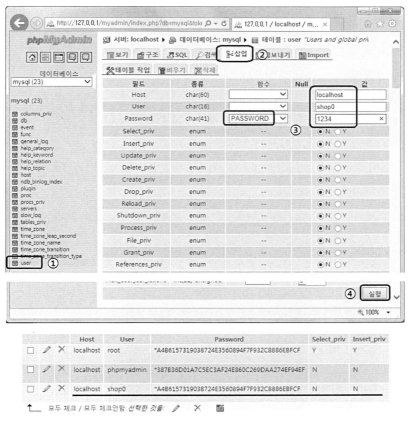

	Host	User	Password	Select_priv	Insert_priv
□ ✎ ✕	localhost	root	*A4B6157319038724E3560894F7F932C8886EBFCF	Y	Y
□ ✎ ✕	localhost	phpmyadmin	*387B36D01A7C5EC3AF24E860C269DAA274EF94EF	N	N
□ ✎ ✕	localhost	shop0	*A4B6157319038724E3560894F7F932C8886EBFCF	N	N

↑ 모두 체크 / 모두 체크안함 *선택한 것을:* ✎ ✕ 🗑

결과화면

앞에서 db테이블에 사용자ID shop0을 등록하였으므로, 이제는 user테이블에 사용자
계정 shop0에 대한 정보를 user테이블에 등록해야 한다. 여기서 사용자계정 암호를
"1234"로 지정하였으며, 다른 암호를 이용해도 무방하다. 그러나 암호를 등록할 때

반드시 password 함수를 이용하여 등록해야 하는 점을 잊지 말기를 바란다.

그리고 db테이블과는 달리 모든 권한을 "No"로 지정한 이유는 다른 데이터베이스에 접근하지 못하도록 하기 위해서다. db테이블은 소유한 데이터베이스에 대한 사용권한을 정의할 수 있다면, user테이블은 다른 데이터베이스에 대한 사용권한을 정의할 수 있다. 따라서 보안상 자신의 데이터베이스만 사용할 수 있도록 권한을 제한하는 것이 좋다.

⑥ **logout 하기** : 화면 좌측에서 "로그아웃 " 아이콘을 클릭하여 로그아웃을 한다.

1.6.3 sj 테이블 만들기

◯ **실습목적**

데이터베이스 shop0에 실습에 이용할 성적테이블 sj를 만들어라.

◯ **실습이론**

① **sj 테이블** : 다음 장부터 실습할 성적프로그램에 사용할 테이블 sj의 구조는 국어, 영어, 수학 점수를 관리할 수 있는 성적테이블이며, 테이블의 구조는 다음과 같다.

	필드	종류	NULL	옵션	🔑 (기본키)
번호	no	int	☐	auto_increment	◉
이름	name	varchar(20)	V		
국어	kor	int	V		
영어	eng	int	V		
수학	mat	int	V		
총점	hap	int	V		
평균	avg	float	V		

sj 테이블 구조

1) **no** : no필드는 기본키(primary key)로서 자동으로 번호가 입력되는 일련번호형 (auto_increment)으로 지정하였다.

2) **kor, eng, mat, hap** : 과목은 국어, 영어, 수학 3과목만 입력한다. 그리고 총점과 합계 자료형은 4바이트 integer로 지정하였다.

3) **avg** : 평균은 실수값이므로, 단정도 실수인 float 자료형을 지정하였다.

그리고 기본키 no를 제외하고는 모든 필드의 NULL은 null로 지정하였다.

② **외부파일 Import하기** : 성적 테이블에 직접 자료를 입력하려면 아래 그림과 같이 "삽입"메뉴를 이용하여 하나의 자료를 입력하는 것이 가능하다.

그러나 아래 그림과 같이 많은 자료를 입력해야 하는 경우는 시간이 많이 걸릴 것이다. 이 문제는 phpmyadmin 프로그램의 import라는 메뉴를 이용하면 text로 되어있는 데이터 파일을 읽어 쉽게 처리할 수 있다. 이 실습에서는 부록 파일에 있는 sj_data.txt 파일를 이용하겠다.

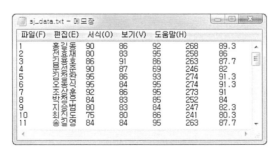

sj_data.txt

STEP **01** sj 테이블 만들기

① **shop0 데이터베이스 들어가기** : 사용자명에 "shop0", 암호에 "1234"를 입력한 후,

"실행"버튼을 클릭한다.

② **sj 테이블 만들기** : 다음과 같이 입력한 후, "실행"버튼을 클릭한다.

1	이름	sj	2	Number of fields	7

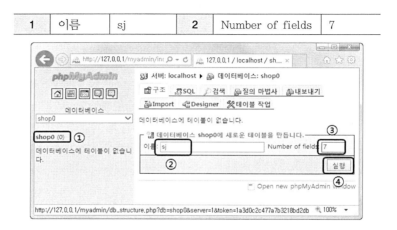

③ **테이블 구조** : 다음과 같이 테이블 구조를 입력한 후, "저장"버튼을 클릭한다.

	필드	종류	NULL	인덱스	A_I
번호	no	INT	☐	PRIMARY	☑
이름	name	VARCHAR(20)	☑		
국어	kor	INT	☑		
영어	eng	INT	☑		
수학	mat	INT	☑		
총점	hap	INT	☑		
평균	avg	FLOAT	☑		

sj 테이블 구조

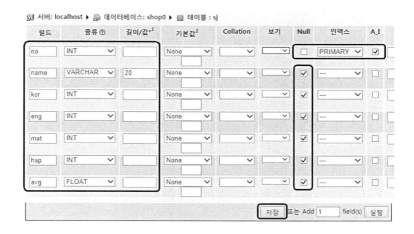

STEP 02 성적 자료 Import 하기

① **외부자료 Import 하기** : import할 "sj"테이블을 먼저 선택한다. 그리고 "Import"메뉴를 클릭한 후, "찾아보기"버튼을 클릭한다.

② **sj_data.txt import하기** : c:₩APM_Setup₩htdocs₩sj 폴더에 있는 "sj_data.txt"파일을 선택한 후, "열기"버튼을 클릭하여 선택한다.

③ **CSV using LOAD DATA** : 먼저 〈Format of imported file〉은 "CSV using LOAD DATA"를 선택한다. 그리고 〈필드 구분자〉는 탭기호인 "\t"를 입력한 후, 실행 버튼을 클릭하여 실행한다.

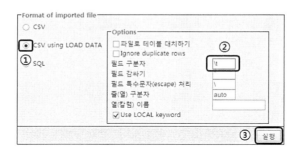

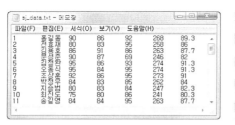

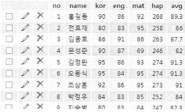

sj_data.txt   import된 결과화면

Format of imported file

Import할 데이터의 저장 형식을 의미한다.

1) **CSV** : 데이터를 구분하는 기호가 ; 이며 감싸는 기호는 " 인 방식
   예〉 "1";"홍길동";"2008-01-01"
2) **CSV using Load Data** : Load Data SQL문을 이용하여 읽는 방식
   예〉 1,홍길동,2008-01-01
3) **SQL** : INSERT SQL문으로 저장된 자료를 읽는 방식
   예〉 insert into sj values (1,'홍길동','2008-01-01');

PHP 성적프로그램

2.1.1 웹문서에서 값 전달방법

⟳ **실습목적**

아래 그림과 같이 웹문서에 입력한 값(irum1)이나 문서에 저장되어 있는 변수 값(irum2)
을 Form tag와 A tag를 이용하여 다음 문서에서 값을 출력시키는 프로그램을 작성하여라.

test.html

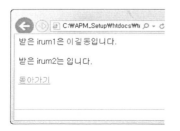 

testout.php (Form tag : irum1)   testout.php (A tag : irum2)

⟳ **실습이론**

① **파일구조** : 실습할 파일은 아래와 같이 test.html에 있는 irum1, irum2 변수의 값
을 받아 testout.php에서 출력된다. test.html 내용은 다음과 같다.

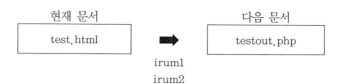

현재 문서 → 다음 문서

test.html

testout.php

irum1
irum2

```
〈html〉
〈head〉
〈title〉test〈/title〉
〈/head〉
〈body〉
〈form name="form1" method="post" action="testout.html"〉
  irum1 : 〈input type="text" name="irum1" size="20" value=""〉
  〈input type="submit" value="보내기"〉
  〈input type="reset" value="지우기"〉
  〈br〉〈br〉
  irum2 : 〈a href="testout.html?irum2=홍길동" 〉홍길동 보내기〈/a〉
〈/form〉
〈/body〉
〈/html〉
```

test.html

② **FORM tag를 이용하는 방법** : Form tag가 지정된 웹문서에서 submit를 하면, form tag의 action에 지정된 웹문서가 실행이 된다. 이 경우 Form tag와 Input tag에서 선언된 개체(text, radio, select, check, textarea, …)의 값들은 다음 웹문서에서 개체이름을 통하여 접근할 수 있다.

[HTML] Form tag를 이용한 값 전달방법

```
〈form name="폼이름1" method="post or get" action="웹문서1"〉
  〈input type="종류" name="변수1" value="값1" … 〉
  〈input type="종류" name="변수2" value="값2" … 〉
  …
  〈input type="submit" value="보내기"〉
  〈input type="reset"    value="지우기"〉
〈/form〉
```

[PHP] $변수이름 or $개체이름

PHP에서는 모든 변수이름 앞에 $를 붙임으로서 변수임을 나타낸다. 또한 Form tag나 A tag에서 선언된 개체이름은 다음 문서에서 값을 알아낼 때 사용할 수 있으며, 개체이름 앞에 $를 붙여 사용하면 된다.

예〉 $irum1, $변수1

따라서 Form tag에 input type으로 선언된 **변수1**과 **변수2**는 **웹문서1**에서 **$변수1**과 **$변수2**라는 변수명으로 사용할 수 있다. 이 예제의 경우에는 Form tag에서 사용한 이름이 irum1이므로, 입력한 값은 testout.php에서 $irum1을 이용하여 화면에 출력할 수 있다.

```
〈form name="form1" method="post" action="testout.php"〉
    irum1 : 〈input type="text" name="irum1" size="20" value=""〉
    〈input type="submit" value="보내기"〉
    〈input type="reset" value="지우기"〉
〈/form〉
```

③ **A tag를 이용하는 방법** : A tag를 이용하여 값을 전달하는 경우는 아래 그림의 형식과 같이 이동할 웹문서 후미에 변수이름과 값을 지정하여 전달할 수 있다.

[HTML] A tag를 이용한 값 전달방법

〈 a href="웹문서이름?변수1=값1&변수2=값2 … " 〉

주소정보에서 **?** 기호를 이용하여 문서이름과 변수들을 구분하며, **&** 기호를 이용하여 변수들을 구분한다. 그리고 변수 지정은 반드시 "**변수이름=값**"과 같은 형식을 이용해야 한다.

```
irum2 : 〈a href="testout.php?irum2=홍길동" 〉홍길동 보내기〈/a〉
```

④ **변수값 화면 출력방법** : PHP에서 〈? 와 ?〉는 이 부분이 PHP 프로그램이라는 표시를 의미하며, 보통 화면출력 PHP 함수로서는 echo 함수를 이용한다.

[PHP] 변수값 화면 출력방법

⟨?=$변수 ?⟩   혹은   ⟨? echo("$변수"); ?⟩

그리고 단순히 값만을 출력하는 경우는 "=$변수명"과 같은 방법을 이용해도 되지만, 이 경우 ⟨?와 =사이에 공백이 있으면 에러가 나므로, 사용할 때 주의해야 한다.

[PHP] echo("문자열")

지정된 문자열을 웹브라우저에 출력시키는 출력함수로서, 다음같이 사용할 수 있다.

예〉 echo "문자열"   혹은   print "문자열"

---

5 **$_POST, $_GET** : PHP 환경설정에는 Form tag에서 선언된 변수들을 다음 웹문서로 이 변수값들을 전달할 때 같은 이름으로 사용할 수 있도록 전역변수로 할 것인지를 지정하는 옵션인 register_globals가 있다. 이 옵션이 On인 경우, Form tag에서 사용한 변수이름이 aaa라면, 다음 웹문서에서 $aaa라는 변수이름으로 그대로 사용할 수 있다.

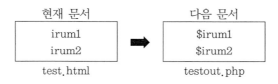

register_globals = On 인 경우

그러나 Off인 경우는 전송방식(Form Tag의 method)이 post냐 get이냐에 따라 $_POST["aaa"] 혹은 $_GET["aaa"]와 같은 형식으로 값을 구해야 한다. 그리고 이 책에서 제공하는 APMSetup7의 PHP버전은 register_globals옵션이 있지만, 최신 버전의 PHP에는 보안상 문제로 이 옵션을 아예 없애 버렸다. 따라서 최근 추세에 따르기 위해 이 책에서는 이 옵션이 Off 상태로 설명하도록 하겠다.

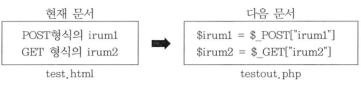

register_globals = Off 인 경우

[HTML] post와 get의 차이점

현재 웹문서에서 입력한 값이나 변수값을 다음 웹문서로 전달하는 방식으로, post방식은 용량 제한없이 form tag의 변수로 값을 전달한다.

〈form name="form1" method="post 혹은 get" action="다음웹문서이름"〉
〈input type="text" name="aaa" value="홍길동"〉
〈/form〉

반면에 get 방식은 용량이 제한되며, A tag의 주소 뒤에 "변수이름=값"과 같은 형식으로 전송이 된다.

〈a href="다음웹문서이름.html?aaa=홍길동"〉

---

[6] **extract함수** : 앞서 얘기했듯이 현재 문서의 변수이름을 다음 문서에 그대로 사용할 수 없고 POST, GET전송방식에 따라 $_POST[], $_GET[]을 사용해야 한다. 따라서 이 방법은 모든 변수의 전송방식을 알아야 이용할 수 있다. 그러나 extract함수를 이용하면 아래 그림과 같이 전송방식을 몰라도 register_globals가 On인 것처럼 현재 문서의 변수이름을 그대로 사용할 수 있다. 사실 extract함수를 이용하는 방법 역시 보안상의 문제가 있지만, 독자의 프로그램 작업을 위해 이 책에서는 이 방식을 이용하여 설명하도록 하겠다. extract함수 앞에 @를 붙이는 이유는 extract할 배열이 없는 경우 에러가 발생할 수 있다. 이 경우 무시하고 진행하라는 에러 컨트롤 연산자로서 해주는 것이 좋다.

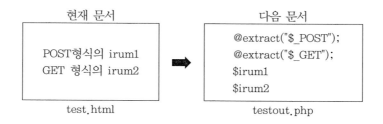

현재 문서		다음 문서
POST형식의 irum1 GET 형식의 irum2	➡	@extract("$_POST"); @extract("$_GET"); $irum1 $irum2
test.html		testout.php

[PHP] extract(배열) 함수

extract함수는 배열함수의 첨자값을 변수이름으로 하여 배열 값을 변수의 값으로 만들어
주는 함수이다. 다음 예제는 배열 첨자 no, name이 extract함수에 의해 변수가 되는 것을
보여주고 있다.

예〉 $temp[no]="1";
     $temp[name]="홍길동";
     extract($temp);
     echo("$no $name");   ===〉 1 홍길동

[PHP] @ 연산자

@ 는 에러 컨트롤 연산자로서, 함수나 식을 실행할 때 에러가 발생하는 경우, 에러메시지
를 출력하지 않고 무시하라는 연산자다.

STEP 01   Window용 APM 사용자인 경우

① **test.html 수정** : Editplus 프로그램에서 그림과 같이 c:₩APM_Setup₩htdocs 폴더
로 이동한 후, "test.html"을 더블클릭하여 읽는다. 그리고 프로그램에서
testout.html을 "testout.php"로 수정한 후, 저장한다.

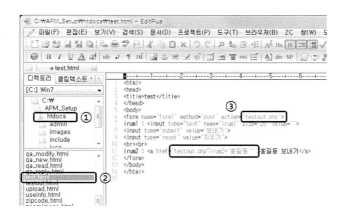

```
<html>
<head>
<title>test</title>
</head>
<body>
<form name="form1" method="post" action="testout.php">
irum1 : <input type="text" name="irum1" size="20" value="">
<input type="submit" value="보내기">
<input type="reset" value="지우기">
<br><br>
irum2 : <a href="testout.php?irum2='홍길동'" >홍길동 보내기</a>
</form>
</body>
</html>
```

② **testout.html 수정** : 이번에는 "testout.html"을 더블클릭하여 읽은 후, 프로그램을
다음과 같이 수정한다.

```
<?
    @extract($_POST);
    @extract($_GET);
?>
<html>
<head>
<title>testout</title>
</head>
<body>
받은 irum1은 <font color="blue"><?=$irum1?></font>입니다.
<br><br>
받은 irum2는 <font color="blue"><? echo("$irum2"); ?></font>입니다.
<br><br>
<a href="javascript:history.back();">돌아가기</a>
</body>
</html>
```

이전 문서의 값 irum1, irum2를 알아내는 부분은 $_POST, $_GET을 이용해 아래와
같이 작성해도 된다.

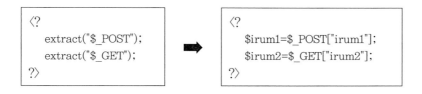

③ **testout.php로 저장** : [파일] ➔[새 이름으로]메뉴를 이용하여 "testout.php"라는 새
이름으로 저장한다.

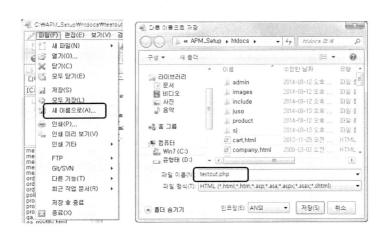

④ **실행 및 결과확인** : 웹브라우저의 주소 입력란에 다음 주소를 입력하여 결과를 확인
한다.

http://127.0.0.1/test.html

STEP ○ Linux 사용자인 경우

① **testout.html 읽기** : Editplus 프로그램의 "원격열기 "를 이용하여 자기계정
shop0에 연결한 후, html 폴더에 있는 "testout.html"을 읽는다.

Linux 서버인 경우에는 작업할 파일의 위치가 서버에 있으므로, 파일을 읽고 쓰는
작업이 원격이라는 것 이외에는 크게 다른 점은 없다.

② **프로그램 수정** : 프로그램을 수정한다.

③ **testout.php로 원격저장** : 원격저장 ""을 클릭한 후, "testout.php" 이름으로 저장한다.

④ **실행 및 결과확인** : 웹브라우저의 주소 입력란에 다음 주소를 입력하여 결과를 확인한다.

http://도메인이름/~shop0/test.html

2.2 성적프로그램

2.2.1 프로그램 개요

이번에 만들 프로그램은 다음 그림과 같이 shop0 데이터베이스의 sj 테이블에 있는 성적자료를 웹브라우저에서 처리할 수 있는 간단한 성적프로그램을 만들겠다. 이 프로그램을 만들면서 소개되는 프로그램들은 이 책 전반에 걸쳐 사용할 기본 PHP 프로그램이 되므로 독자는 이 프로그램에 대해 잘 이해해야 한다.

① **성적프로그램 화면 및 기능** : 이 프로그램에서는 성적 목록화면에서 추가, 삭제, 수정을 할 수 있는 화면 전환이 가능하며, 이름으로 검색할 수 있는 기능, 그리고 20줄마다 한 페이지로 표시되는 페이지 표시기능을 만들겠다.

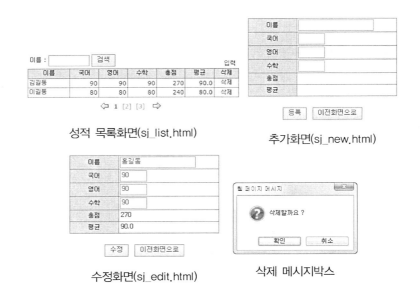

성적 목록화면(sj_list.html)

추가화면(sj_new.html)

수정화면(sj_edit.html)

삭제 메시지박스

② **파일 구성** : 이 프로그램의 전체 파일 구조와 처리 흐름은 다음과 같다. 여기서 sj_insert.php, sj_update.php, sj_delete.php는 새로 만들어야 할 파일로 추가 (insert SQL문), 수정(update SQL문), 삭제(delete SQL문)기능을 하는 파일들이다.

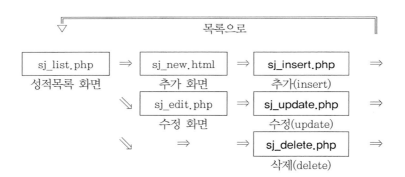

2.2.2 성적 목록

○ 실습목적

2장에서 만든 sj 테이블에 있는 성적자료를 읽어 아래 그림과 같이 성적 목록을 출력시키는 프로그램을 작성하여라.

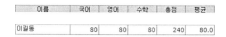

이름	국어	영어	수학	총점	평균
이길동	80	80	80	240	80.0

sj_list.html

```
〈html〉
〈head〉
  〈title〉성적처리 프로그램〈/title〉
  〈link rel="stylesheet" href="font.css"〉
〈/head〉
〈body〉
〈table width="400" border="1" cellpadding="2" style="border-collapse:collapse"〉
 〈tr bgcolor="lightblue"〉
   〈td width="100" align="center"〉이름〈/td〉
   〈td width="50"  align="center"〉국어〈/td〉
   〈td width="50"  align="center"〉영어〈/td〉
   〈td width="50"  align="center"〉수학〈/td〉
   〈td width="50"  align="center"〉총점〈/td〉
   〈td width="50"  align="center"〉평균〈/td〉
 〈/tr〉
  〈tr bgcolor="lightyellow"〉
   〈td〉  김길동〈/td〉
   〈td align="right"〉90  〈/td〉
   〈td align="right"〉90  〈/td〉
   〈td align="right"〉90  〈/td〉
   〈td align="right"〉270  〈/td〉
   〈td align="right"〉90.0  〈/td〉
  〈/tr〉
  ...
〈/table〉
〈body〉
〈/html〉
```

◯ 실습이론

① **서버 및 MySQL 연결** : 서버의 MySQL데이터베이스인 shop0를 이용하여 자료를 처리하려면, 먼저 서버의 데이터베이스 shop0에 연결하는 프로그램을 작성해야 한다.

```
<?
  $link_sv = mysql_connect("localhost", "MySQL 계정ID", "MySQL 계정암호");
  if (!$link_sv) exit("에러: 서버연결");
  $link_db = MySQL_select_db("MySQL DB이름", $link_sv);
  if (!$link_db) exit("에러: DB연결");
?>
```

mysql_connect 함수는 MySQL 계정ID와 계정암호를 이용하여 연결을 허가받는 함수이며, mysql_select_db 함수는 연결할 데이터베이스를 지정하는 함수이다. 따라서 여기서는 앞에서 만든 데이터베이스 "shop0"과 이때 등록한 MySQL 계정ID "shop0", 암호 "1234"를 이용해야 한다. 만약 다른 ID와 암호로 등록했다면 해당 ID와 암호를 지정해야 한다.

[PHP] mysql_connect("서버명","MySQL계정ID","MySQL계정암호")

MySQL 계정ID와 암호를 이용하여 연결을 허가받는 함수로서, 실패할 때는 False를 돌려준다.

[PHP] mysql_select_db("DB이름", $링크식별자)

연결할 데이터베이스를 지정하는 함수로서, 실패시 False를 리턴한다. 링크 식별자를 생략할 때는 최근 접속한 정보를 이용한다.

[PHP] exit("문자열")

지정된 문자열을 출력한 후, 프로그램을 강제로 종료하는 함수.

---

② **extract 함수 삽입** : $_POST, $_GET을 위한 extract함수 선언은 프로그램 앞에서 미리 선언하는 것이 좋을 것이다.

```
<?
    @extract($_POST);
    @extract($_GET);
    @extract($_FILES);
    @extract($_COOKIE);
    @extract($_SESSION);
    @extract($_SERVER);
    @extract($_ENV);
?>
```

③ **include 명령어** : 앞에서 설명한 데이터베이스 연결 프로그램과 $_POST, $_GET을 위한 extract함수 선언은 앞으로 작성할 대부분의 프로그램에 계속하여 사용해야 한다. 따라서 아래 그림과 같이 반복 부분을 common.php로 따로 작성한 후, 다른 프로그램을 작성할 때 함수처럼 common.php프로그램을 삽입한다면 대단히 편리할 것이다. 이 처리를 가능하게 해주는 명령어가 include 명령문이다.

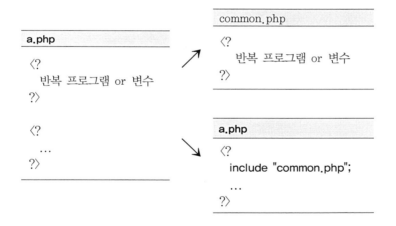

[PHP] include "파일이름"

지정된 파일을 현재 파일에 읽어 삽입시키는 명령어.

---

④ **목록자료 출력방법** : 이 책에서 가장 많이 작성하는 프로그램은 아마 테이블에 있는 자료들을 읽어 화면에 표 형식으로 출력시키는 프로그램일 것이다. 이러한 프로그램은 보통 다음과 같이 정형화된 구조를 가지고 있어, 이 구조를 잘 이해한다면 앞으로의 작업을 쉽게 할 수 있다.

[PHP] 전체 자료 출력 프로그램

```
$query="select SQL문";                          // select문
$result=mysql_query($query);                    // 쿼리 실행
if (!$result) exit("에러: $query");              // 실행결과 조사
$count=mysql_num_rows($result);                 // 레코드 개수
for($i=0;$i<$count;$i++)                         // 반복문
{
    $row=mysql_fetch_array($result);            // 1 레코드 읽기
    echo("값출력");                             // $row[필드이름]
}
```

원하는 SQL문을 mysql_query 함수를 이용하여 실행시키면, 그 결과는 $result에 저장된다. 이 $result를 이용하면 전체 레코드 개수(mysql_num_row함수)와 하나의 레코드 자료(mysql_fetch_array함수)를 읽을 수 있다. 따라서 for문을 이용하면 전체 모든 자료의 정보를 읽어 화면에 출력할 수 있다.

[PHP] mysql_query(string $query)

SQL문을 전송한다. 성공할 경우 resource를, 실패하면 FALSE를 반환한다.

[PHP] mysql_num_rows(resource $result)

결과 $result로 부터 레코드개수를 알아 돌려주는 함수로서, SELECT문에 대해서만 이용할 수 있다.

[PHP] mysql_fetch_array(resource $result)

결과 $result로 부터 하나의 레코드를 읽어 각 필드값을 배열로 반환하는 함수로서, 레코드 포인터는 자동으로 다음 레코드 위치로 이동한다.

따라서 학생들의 성적을 출력하는 프로그램은 아래 그림과 같이 한 줄의 학생 자료를 학생 수만큼 반복적으로 출력시키는 부분이 되며,

| 김길동 | 90 | 90 | 90 | 270 | 90.0 |

학생 수만큼 반복출력

```
<tr bgcolor="lightyellow">
  <td>  김길동</td>
  <td align="right">90  </td>
  <td align="right">90  </td>
  <td align="right">90  </td>
  <td align="right">270  </td>
  <td align="right">90.0  </td>
</tr>
```

sj 테이블에서 자료를 읽어, 학생 수만큼 출력하는 프로그램은 다음과 같다.

```
$query="select * from sj order by name";
$result=mysql_query($query);
if (!$result) exit("에러: $query");
$count=mysql_num_rows($result);
for($i=0;$i<$count;$i++)
{
    $row=mysql_fetch_array($result);
    echo("<tr bgcolor="lightyellow">
            <td>  $row[name]</td>
            <td align="right">$row[kor]  </td>
            <td align="right">$row[eng]  </td>
            <td align="right">$row[mat]  </td>
            <td align="right">$row[hap]  </td>
            <td align="right">$row[avg]  </td>
          </tr>");
}
```

여기서 "select * from sj order by name;"은 sj 테이블의 모든 자료를 읽어 이름순
으로 출력시키는 SQL문이다.

5 **$row[필드이름 혹은 배열첨자]** : 자료를 추출할 Select문이 다음과 같을 때,

```
          0   1
select name, hap from sj;
```

$row=MySQL_fetch_array($result); 를 이용하여 읽은 자료는 $row 배열에 저장된다. 이때 읽은 필드의 값을 억세스하는 방법은 다음과 같이 2가지 방법이 있다.

1) **필드이름을 이용하는 방법** : $row[필드이름]
   예〉 $row[name], $row[hap]

2) **배열첨자를 이용하는 방법** : $row[첨자]
   예〉 $row[0] ➜ name, $row[1] ➜ hap

⑥ **평균** : 평균은 실수값으로 소수점 첫번째 자리까지 표시를 한다. 이 처리는 PHP의 sprintf 함수를 이용하면 쉽게 처리할 수 있으며, 사용법은 C언어의 sprintf 함수와 동일하다. 다음 프로그램은 실수값을 전체길이 6, 소수점 이하길이 1인 문자열로 변환하여 $avg에 저장하라는 문이다.

    $avg = sprintf("%6.1f", $row[avg]);

[PHP] sprintf("문자열 형식", 값)

값을 지정된 문자열 형식으로 변환하는 함수로서, 형식기호로 s(문자열), f(실수), d(정수) 등이 있다.

예제〉 sprintf("%6.2f",2.3)   ➜ 2.30
      sprintf("%5d",2)   ➜ 2
      sprintf("%05d",2)   ➜ 00002

---

⑦ **select문** : select문은 자료의 정렬방식, 조건 등을 지정하여 원하는 자료를 추출하는 SQL문으로서 기본 문법은 다음과 같다.

[SQL] Select 문의 기본문법

select 필드이름1, 필드이름2, …
  from 테이블이름들
  where 논리, 관계연산자를 이용한 조건식
  order by 정렬할 필드이름들 asc(오름차순) 혹은 desc(내림차순)
  group by 필드이름들
  having 그룹에 대한 조건식 ;

SQL문은 여러 줄에 걸쳐 쓸 수 있으며, C언어처럼 맨 끝에 세미콜론(;)을 이용하여

문장이 끝났음을 표시한다. Select문의 from, where, order by, group by, having 과 같은 관계절들은 상황에 따라 생략할 수 있으며, 이외에도 다양한 관계절(into, join on, limit …)등이 있다.

예제 1 "나의 이름은 ???입니다." 형식으로 자료를 표시하여라.
☞ select '나의 이름은 '+ name + '입니다.' from sj;

예제 2 sj 테이블의 이름, 총점, 평균을 표시하여라.
☞ select name, hap, avg from sj;

모든 자료를 대상으로 하는 경우는 where조건을 사용하지 않으며, select 다음에 원하는 필드이름을 콤마로 구분하여 나열하면 된다. 정확한 필드이름은 **테이블이름.필드이름** 형식으로서, name필드인 경우 **sj.name**이다. 그러나 필드이름이 유일하거나 테이블이 하나인 경우는 테이블 이름을 생략할 수 있어, name이라고 해도 무방하다. 필드이름을 * 로 지정하는 경우는 테이블의 모든 필드를 의미한다.

예제 3 sj 테이블의 이름, 총점, 평균만을 이름으로 오름차순 정렬하여 표시하여라.
☞ select name, hap, avg from sj <u>order by name</u>;
  select name, hap, avg from sj <u>order by name asc</u>;

정렬(Sort)을 지정하는 경우는 order by절을 이용한다. 오름차순인 경우는 asc (ascending), 내림차순 정렬인 경우는 desc(descending)를 붙이며, 생략한 경우는 asc로 지정된다. 1차 정렬 후, 다시 2차, 3차 재정렬을 하는 복합정렬인 경우는 order by에 계속해서 필드이름을 콤마로 구분하여 나열하면 된다.

예제 4 sj 테이블의 이름, 총점, 평균을 평균으로 내림차순 정렬하고, 평균이 같으면 총점으로 오름차순 정렬하여 표시하여라.
☞ select name, hap, avg from sj <u>order by avg desc, hap</u>;

전체자료가 아닌 자료 일부를 추출하는 경우는 where절의 조건식을 이용하면 된다. 조건식은 관계연산자(=, >, >=, <, <=, <>, !=), 논리연산자(and, or, not), 그 밖의 like, between, is null과 같은 연산자들을 이용하여 "**필드이름 연산자 값**"과 같은 형식으로 지정하면 된다. 복합조건인 경우는 and, or, not, 그리고 괄호를 이용하여 표시하면 된다.
SQL문에서 문자열을 표시할 때는 따옴표가 아닌 작은따옴표(')를 이용하여 표시해야 하며, 날짜 자료형은 문자열처럼 취급하여 지정해야 한다. 그리고 자료 중에 특정 문자가 포함되어있는 자료를 찾을 때는 Wild문자 **%**를 이용하여 **필드이름 like '%값%'** 와 같은 형식으로 조건을 지정해야 한다.

    1) "홍"자로 시작하는 이름을 찾는 경우 : name like '홍%'
    2) 이름 끝 자가 "홍"자인 경우   : name like '%홍'
    3) 이름 중에 "홍"자가 있는 경우   : name like '%홍%'

예제 5 sj 테이블에서 평균이 90점 이상인 자료를 표시하여라.
    ☞ select * from sj <u>where avg >= 90</u>;

예제 6 sj 테이블에서 평균이 70점이상 90점 이하인 자료를 표시하여라.
    ☞ select * from sj <u>where avg between '70' and '90'</u>;

예제 7 이름이 "홍길동"인 자료의 모든 필드를 표시하여라(문자인 경우).
    ☞ select * from sj <u>where name='홍길동'</u>;

예제 8 이름이 "홍" 씨로 시작하는 자료들의 모든 필드를 표시하여라.
            (글자 일부가 들어가 있는 자료를 추출하는 경우)
    ☞ select * from sj <u>where name like '홍%'</u>;

예제 9 이름이 "홍" 씨이면서 평균이 90점 이상인 자료를 총점 내림차순으로 모든 필드를 표시하여라(복합조건인 경우).
    ☞ select * from sj <u>where name like '홍%' and avg>=90</u>
      order by hap desc;

그밖에 관계가 맺어진 2개 이상의 테이블에서 원하는 정보를 추출하는 방법, 윈도우 내의 컨트롤과 SQL문을 연결하는 방법 등 select문 사용법이 더 있지만, 이 내용은 관련 예제가 나올 때 다시 설명하도록 하겠다.

STEP ◉

① **DB연결 프로그램 common.php 작성** : 새 파일 "🗋"에서 "보통 문서"를 선택한 후, 아래와 같은 프로그램을 작성한다.

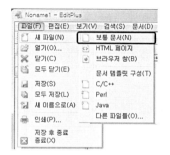

```
<?

    @extract($_POST);

    @extract($_GET);

    @extract($_FILES);

    @extract($_COOKIE);

    @extract($_SESSION);

    @extract($_SERVER);

    @extract($_ENV);


    $link_sv = mysql_connect("localhost", "shop0", "1234");
    if (!$link_sv) exit("에러: 서버연결");
    $link_db = mysql_select_db("shop0", $link_sv);
    if (!$link_db) exit("에러: DB연결");

?>
```

만약 다른 데이터베이스 이름, 계정ID, 암호를 이용했다면, 독자가 사용한 이름을 이
용해야 한다.

② **sj 폴더에 저장** : sj 폴더에 "common.php"라는 이름으로 저장한다.

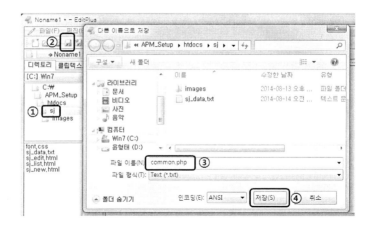

③ **sj_list.html → sj_list.php로 저장** : sj_list.html을 더블클릭하여 읽은 후, [파일]→
[새 이름으로]메뉴를 이용하여 sj_list.php로 파일이름을 변경하여 저장한다.

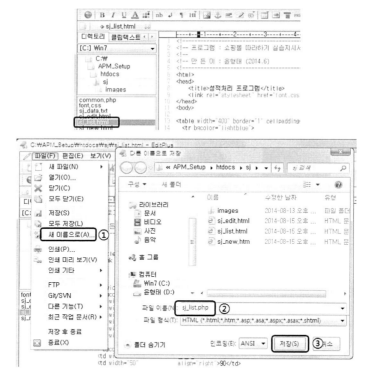

④ **프로그램 수정** : 프로그램을 다음과 같이 수정한다.

```
<?
    include "common.php";
?>
<html>
<head>
    <title>성적처리 프로그램</title>
    <link rel="stylesheet" href="font.css">
</head>
<body>

<table width="400" border="1" cellpadding="2" style="border-collapse:collapse">
  <tr bgcolor="lightblue">
    <td width="100" align="center">이름</td>
    <td width="50" align="center">국어</td>
    <td width="50" align="center">영어</td>
    <td width="50" align="center">수학</td>
    <td width="50" align="center">총점</td>
    <td width="50" align="center">평균</td>
  </tr>
<?
  $query="select * from sj order by name;";
  $result=mysql_query($query);
  if (!$result) exit("에러: $query");
  $count=mysql_num_rows($result);      // 레코드개수
  for ($i=0;$i<$count;$i++)
  {
    $row=mysql_fetch_array($result);     // 1 레코드 읽기
    $avg=sprintf("%5.1f",$row[avg]);     // 소수점 1자리 형식
    echo("<tr bgcolor='lightyellow'>
        <td width='100'>  $row[name]</td>
        <td width='50' align='right'>$row[kor]  </td>
        <td width='50' align='right'>$row[eng]  </td>
        <td width='50' align='right'>$row[mat]  </td>
        <td width='50' align='right'>$row[hap]  </td>
        <td width='50' align='right'>$avg  </td>
      </tr>");
  }
?>
</table>

</body>
</html>
```

73

```
<?
    include "common.php";
?>
<html>
<head>
  <title>성적처리 프로그램</title>
  <link rel="stylesheet" href="font.css">
</head>
...
    <td width="50"   align="center">총점</td>
    <td width="50"   align="center">평균</td>
  </tr>
<?
  $query="select * from sj order by name;";
  $result=mysql_query($query);
  if (!$result) exit("에러: $query");
  $count=mysql_num_rows($result);     // 레코드개수
  for ($i=0;$i<$count;$i++)
  {
    $row=mysql_fetch_array($result);   // 1 레코드 읽기
```

```
        $avg=sprintf("%6.1f",$row[avg]);    // 소수점 1자리 형식
        echo("<tr bgcolor='lightyellow'>
                <td width='100'>  $row[name]</td>
                <td width='50' align='right'>$row[kor]  </td>
                <td width='50' align='right'>$row[eng]  </td>
                <td width='50' align='right'>$row[mat]  </td>
                <td width='50' align='right'>$row[hap]  </td>
                <td width='50' align='right'>$avg  </td>
            </tr>");
    }
?>
</table>
</body>
</html>
```

⑤ **실행 및 결과확인** : 웹브라우저의 주소란에 다음 주소를 입력하여 결과를 확인한다.

http://127.0.0.1/sj/sj_list.php

이름	국어	영어	수학	총점	평균
강인기	90	87	95	272	90.7
곽규만	82	83	89	254	84.7
구교민	82	83	95	260	86.7
구본영	93	85	95	273	91.0
김경민	85	85	91	261	87.0
김광모	75	80	66	221	73.7
김대성	90	91	93	274	91.3
김명관	90	83	93	266	88.7
김성철	82	83	93	258	86.0
김세혈	81	82	74	237	79.0
김영두	75	80	83	238	79.3
김용호	86	91	86	263	87.7
김이정	86	83	95	264	88.0

2.2.3 성적 추가

⊙ **실습목적**

아래 그림과 같이 목록 상단우측에 "입력"을 클릭하면 새로운 자료를 등록할 수 있는 프로그램을 작성하여라.

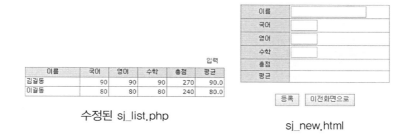

수정된 sj_list.php   sj_new.html

⊙ **실습이론**

① **자료추가 파일구조** : 새로운 자료를 추가하는 프로그램의 구성은 다음과 같다.

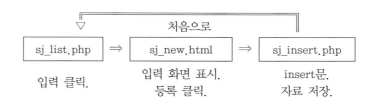

sj_list.php에서 입력버튼을 클릭하면 새로운 자료를 입력할 수 있는 화면이 표시된다. sj_new.html에서 자료를 입력하고 등록버튼을 클릭하면, sj_insert.php 프로그램을 호출한다. 입력한 자료는 insert문을 이용하여 sj테이블에 저장을 한 후, 다시 sj_list.php문서로 돌아간다.

② **insert문** : insert문은 새로운 자료를 테이블에 추가하는 경우 사용하는 SQL문이며, 문법은 다음과 같다.

[SQL] insert문

insert into 테이블이름 (필드이름1, 필드이름2, …) values (값1, 값2, …);

예제 〉 이름 박길동, 남자 0, 생일 2000-01-01 인 자료를 추가하여라.
　　☞ insert into member (name, sex, birthday)
　　　values ('박길동', 0, '2000-01-01');

insert문을 사용할 때 주의할 점은 다음과 같다.

1) 모든 필드가 아닌 필드의 일부분만 이용하여 새 자료를 추가하는 경우, Null이 No로 지정한 필드는 반드시 값이 있어야 한다.
2) insert문에 사용한 필드이름들과 값들은 1대1로 대응하므로, 그 개수와 자료형은 반드시 같아야 한다.
3) 만약 필드이름을 모두 생략하는 경우는 테이블내의 필드개수만큼 values에 값들이 지정되어야 한다.
4) 필드의 자료형이 문자와 날짜인 경우는 반드시 값 양쪽에 작은따옴표(')를 붙여야 한다.

STEP ◉

① **sj_list.php에 입력 html 추가** : sj_list.php에 A tag를 이용하여 sj_new.html 웹문서를 연결할 html 소스를 추가한다.

```
…
〈body〉
〈table width="400" border="0"〉
  〈tr〉
    〈td align="right"〉
      〈a href="sj_new.html"〉입력〈/a〉
    〈/td〉
  〈/tr〉
〈/table〉
〈table width="400" border="1" cellbappding="2" style="border-collapse:collapse"〉
  〈tr bgcolor="lightblue"〉
    〈td width="100" align="center"〉이름〈/td〉
    〈td width="50"  align="center"〉국어〈/td〉
…
```

"입력"을 클릭했을 때, sj_new.html 문서로 이동하도록 하는 A tag html이다.

② **sj_new.html의 form tag 수정** : "등록"버튼을 클릭했을 때, 입력한 정보를 저장하는 sj_insert.asp를 호출할 수 있도록 Form tag의 Action 내용을 수정한다.

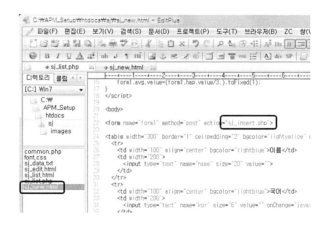

```
...
</script>
<body>
<form name="form1" method="post" action="sj_insert.php">
<table width="300" border="1">
  <tr>
    <td bgcolor="lightblue" align="center">이름</td>
      <td align="center">
        <input type="text" name="name" value="">
      </td>
...
```

등록버튼을 클릭했을 때 sj_insert.php 웹문서를 실행하기 위해서는 Form tag의 action에 실행할 문서이름을 반드시 지정해야 한다. 그리고 입력한 성적 정보는 input tag의 이름인 name, kor, eng, mat, hap, avg 변수에 저장된다.

③ **sj_insert.php 작성** : 새문서 "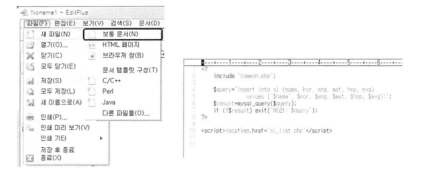"의 "보통문서"를 클릭하여 다음과 같은 프로그램을
작성한다.

```
<?
    include "common.php";

    $query="insert into sj (name, kor, eng, mat, hap, avg)
                values ('$name', $kor, $eng, $mat, $hap, $avg);";
    $result=mysql_query($query);
    if (!$result) exit("에러: $query");
?>

<script>location.href="sj_list.php"</script>
```

select문과는 달리 insert, update, delete와 같은 실행 SQL문은 mysql_query 함수를 이용하여 실행시킬 수 있다. 따라서 sj_new.html의 input tag의 변수 name, kor, eng, mat, hap, avg에 저장된 값과 insert SQL문을 이용하여 저장할 수 있다. 그리고 $name은 문자형 자료이므로, $name 양쪽에 작은따옴표(')를 붙여 문자임을 표시해야 한다.

④ **sj_insert.php로 저장** : [파일] ➔ [새 이름으로]메뉴를 이용하여 "sj_insert.php" 라는 이름으로 저장한다.

⑤ **실행 및 결과 확인** : 실행하여 결과를 확인한다.

2.2.4 성적 삭제

◎ 실습목적

이번 실습은 아래 그림과 같이 성적목록에 삭제라는 칼럼을 삽입한다. 그리고 이 삭제를 클릭하면 "삭제할까요 ?"라는 메시지상자가 열려, 해당 자료를 삭제할 수 있는 프로그램을 작성하여라.

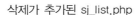

삭제가 추가된 sj_list.php

◎ 실습이론

① **자료삭제 파일 및 처리** : 기존의 자료를 삭제하는 프로그램의 구성은 다음과 같다.

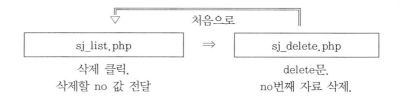

sj_list.php에서 삭제할 사람의 삭제를 클릭하면, 아래와 같이 A tag형식을 이용하여 선택한 사람의 no 필드값을 sj_delete.php에 전달한다.

〈a href="sj_delete.php**?no=값**"〉삭제〈/a〉

sj_delete.php 프로그램에서는 no번째 자료를 delete SQL문을 이용하여 삭제를 한 후, 다시 sj_list.php문서로 돌아간다.

② **delete 문** : delete문은 기존에 있는 특정 레코드나 전체 레코드를 삭제할 때 사용하는 SQL문이며, 문법은 다음과 같다. delete문을 사용할 때 where조건절을 포함하지 않으면, 모든 레코드가 삭제된다.

[SQL] delete 문

delete from 테이블이름 where 조건식;

예제 1〉 이름이 "박길동"인 자료를 삭제하여라.
　☞ delete from sj where name='박길동';

예제 2〉 sj 테이블의 모든 자료를 삭제하여라.
　☞ delete from sj;

STEP ◯

① **sj_list.php에 삭제 html 추가** : sj_list.php에 A tag와 javascript를 이용하여 삭제처리를 할 수 있는 html 소스를 추가한다.

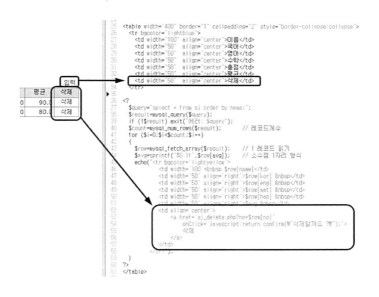

```
...
    <td width="50" align="center">총점</td>
    <td width="50" align="center">평균</td>
    <td width="50" align="center">삭제</td>
  </tr>
<?
...
        <td width="100">  $row[eng]</td>
        <td width="100">  $row[mat]</td>
        <td width="100">  $row[hap]</td>
        <td align='right'>$avg  </td>
        <td align='center'>
          <a href='sj_delete.php?no=$row[no]'
             onClick='javascript:return confirm(₩'삭제할까요 ?₩');'>
            삭제
          </a>
        </td>
      </tr>");
  }
?>
...
```

confirm함수는 "예, 아니오"를 묻는 메시지박스를 보여주는 Javascript함수이다. 따라서 A tag의 click이벤트에 이 함수의 리턴값을 이용하면 "예"를 선택했을 때만 삭제하는 처리를 쉽게 할 수 있다.

[JavaScript] confirm("메시지") 함수

확인, 취소 버튼이 있는 메시지상자를 보여주는 함수로서, 확인을 선택하면 true, 취소를 선택하면 false를 돌려준다.

---

② **sj_delete.php 작성** : sj_insert.php를 더블클릭하여 읽는다. 그리고 아래와 같이 프로그램을 수정한다.

```
<?

    include "common.php";

    $query="delete from sj where no=$no;";
    $result=mysql_query($query);
    if (!$result) exit("에러: $query");
?>

<script>location.href="sj_list.php"</script>
```

sj_delete.php 프로그램은 SQL문만 빼고는 sj_insert.php와 동일한 프로그램이다.
따라서 다시 프로그램을 입력하는 것보다는 기존의 프로그램을 이용하여 작성하는
것이 편리하다.

③ **sj_delete.php 로 저장** : [파일]➔[새 이름으로]메뉴를 이용하여 "sj_delete.php"라는
새 이름으로 저장한다.

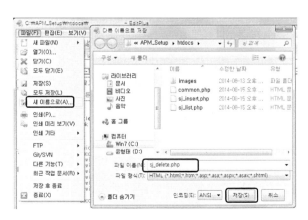

④ **실행 및 결과 확인** : 실행하여 결과를 확인한다.

2.2.5 성적 수정

아래 그림과 같이 이름을 클릭하면 해당 자료를 수정할 수 있는 프로그램을 작성하여라.

이름	국어	영어	수학	총점	평균	삭제
김길동	90	90	90	270	90.0	삭제
이길동	80	80	80	240	80.0	삭제

이름 클릭이 추가된 sj_list.php

sj_edit.html

1 **처리순서** : 성적자료를 수정하는 프로그램의 처리 순서는 다음과 같다.

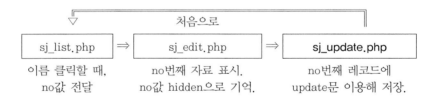

sj_list.php에서 수정할 사람의 이름을 클릭하면, 선택한 사람의 no 필드 값을 다음
웹문서에 전달해야 한다. 이 처리는 아래와 같이 A tag형식을 이용하여 몇 번째 자료
인지에 대한 no 정보를 sj_edit.php에 전달하면 된다..

〈a href="sj_edit.php?**no=값**"〉홍길동〈/a〉

sj_edit.php에서는 이 no값을 이용하여 해당 사람의 성적자료를 읽어 수정할 수 있
도록 화면으로 표시한다.

2 **no값 문서에 기록** : 이 no값은 다음 sj_update.php에서 update SQL문을 이용하여
수정된 자료를 저장 처리할 때 반드시 필요한 값이므로, 다음과 같은 html을 이용하
여 sj_edit.php에 hidden으로 기록해야 한다.

84

PHP, ASP 쇼핑몰 실무 따라하기

Chapter 02 PHP 성적프로그램

〈input type="hidden" name="**no**" value="**$no**"〉

자료를 수정하고, 수정버튼을 클릭하면, sj_update.php 프로그램을 호출하여 수정한 자료를 sj테이블에 저장을 한 후, 다시 sj_list.php문서로 돌아간다.

③ **update SQL문** : 이 SQL문은 기존에 있는 특정 레코드의 자료를 수정하거나 전체 자료의 값을 일괄적으로 수정할 때 사용하는 SQL문이며, 문법은 다음과 같다.

[SQL] update 문

update 테이블이름 set 필드1=값1, 필드2=값2, … where 조건식;

예제 1〉 이름이 "박길동"인 자료의 우편번호와 주소를 44444, 수원으로 변경하여라.
    ☞ update member set zip='44444', address='수원' where name='박길동';

예제 2〉 모든 자료의 성별을 여자로 변경하여라.
    ☞ update member set sex=1;

---

update문을 사용할 때 주의할 점은 where 조건절을 포함하지 않으면, 모든 레코드에 적용되므로 다른 자료도 변경이 되므로 주의해야 한다.

STEP ◉

① **sj_list.php에서 이름에 A tag html 추가** : 학생의 이름을 클릭하는 경우, 학생의 성적을 보여주는 sj_edit.php를 호출하는 소스가 되도록 수정한다.

이름	국어
김길동	90
이길동	80

```
36  <?
37  $query="select * from sj order by name;";
38  $result=mysql_query($query);
39  if (!$result) exit("에러: $query");
40  $count=mysql_num_rows($result);        // 레코드개수
41  for ($i=0;$i<$count;$i++)
42  {
43    $row=mysql_fetch_array($result);      // 1 레코드 읽기
44    $avg=sprintf("%5.1f",$row[avg]);      // 소수점 1자리 형식
45    echo("<tr bgcolor='lightgray'>
46      <td width='100'>
47        <a href='sj_edit.php?no=$row[no]'>$row[name]</a>
48      </td>
49      <td width='50' align='right'>$row[kor]  </td>
50      <td width='50' align='right'>$row[eng]  </td>
51      <td width='50' align='right'>$row[mat]  </td>
52      <td width='50' align='right'>$row[hap]  </td>
53      <td width='50' align='right'>$avg  </td>
54      <td align='center'>
55        <a href='sj_delete.php?no=$row[no]'
56          onClick='javascript:return confirm(\"삭제할까요 ?\")'>
57          삭제
58        </a>
59      </td>
60    </tr>");
61  }
62  ?>
```

이런 수정 프로그램을 만들 때 주의할 점은 어떤 학생의 성적을 수정할 것인지를 다음

```
...
   $count=mysql_num_rows($result);
   for ($i=0;$i<$count;$i++)
   {
     $row=mysql_fetch_array($result);
     $avg=sprintf("%6.1f",$row[avg]);
     echo("<tr bgcolor='lightyellow'>
            <td align='center'> 
              <a href='sj_edit.php?no=$row[no]'>$row[name]</a>
            </td>
            <td align='right'>$row[kor]  </td>
            <td align='right'>$row[eng]  </td>
            <td align='right'>$row[mat]  </td>
...
```

문서인 sj_edit.php에 알려줘야 한다는 점이다. 이 처리는 A tag에서 "sj_edit.php?no= 번호"와 같은 형식을 이용하면 쉽게 처리 할 수 있다.

② **sj_edit.html을 sj_edit.php로 저장** : sj_edit.html을 더블클릭하여 읽는다. [파일]➔ [새 이름으로] 메뉴를 이용하여 sj_edit.php라는 이름으로 저장한다.

③ **sj_edit.php 수정** : sj_edit.php를 다음과 같이 수정한다.

```
      <?
         include "common.php";
      ?>

  6   <html>
  7   <head>
  8      <title>성적처리 프로그램</title>
  9      <link rel="stylesheet" href="font.css">
 10   </head>

 20   <body>
 21
      <?
         $query="select * from sj where no=$no;";
         $result=mysql_query($query);
         if (!$result) exit("쿼리에러");
         $row=mysql_fetch_array($result);
         $avg=sprintf("%5.1f",$row[avg]);
      ?>
      <form name="form1" method="post" action="sj_update.php">
      <input type="hidden" name="no" value="<?=$no?>">
 32   <table width="300" border="1" cellpadding="2" bgcolor="lightyellow" style="border-collapse:collapse">
 33      <tr>
 34        <td width="100" align="center" bgcolor="lightblue">이름</td>
 35        <td width="200">
 36          <input type="text" name="name" size="20" value="<?=$row[name]?>">
 37        </td>
 38      </tr>
 39      <tr>
 40        <td width="100" align="center" bgcolor="lightblue">국어</td>
 41        <td width="200">
 42          <input type="text" name="kor" size="6" value="<?=$row[kor]?>"
 43            onChange="javascript:cal_jumsu();">
 44        </td>
 45      </tr>
 46      <tr>
 47        <td width="100" align="center" bgcolor="lightblue">영어</td>
 48        <td width="200">
 49          <input type="text" name="eng" size="6" value="<?=$row[eng]?>"
 50            onChange="javascript:cal_jumsu();">
 51        </td>
 52      </tr>
 53      <tr>
 54        <td width="100" align="center" bgcolor="lightblue">수학</td>
 55        <td width="200">
 56          <input type="text" name="mat" size="6" value="<?=$row[mat]?>"
 57            onChange="javascript:cal_jumsu();">
 58        </td>
 59      </tr>
 60      <tr>
 61        <td width="100" align="center" bgcolor="lightblue">총점</td>
 62        <td width="200">
 63          <input type="text" name="hap" size="6" value="<?=$row[hap]?>"
 64            readonly style="border:0;background-color:white">
 65        </td>
 66      </tr>
 67      <tr>
 68        <td width="100" align="center" bgcolor="lightblue">평균</td>
 69        <td width="200">
 70          <input type="text" name="avg" size="6" value="<?=$avg?>"
 71            readonly style="border:0;background-color:white">
 72        </td>
 73      </tr>
 74   </table>
```

```
<?
    include "common.php";
?>

<html>
<head>
<title>성적처리 프로그램</title>
...
<body>

<?
    $query="select * from sj where no=$no;";
    $result=mysql_query($query);
```

```
    if (!$result) exit( 에러. $query );
    $row=mysql_fetch_array($result);
    $avg=sprintf("%6.1f",$row[avg]);
?>

<form name="form1" method="post" action="sj_update.php">
<input type="hidden" name="no" value="<?=$no?>">
<table width="300" border="1" cellspacing="0" bgcolor="lightyellow">
  <tr>
    <td width="100" align="center" bgcolor="lightblue">이름</td>
    <td width="200">
      <input type="text" name="name" size="20" value="<?=$row[name]?>">
    </td>
...
      <input type="text" name="kor" size="6" value="<?=$row[kor]?>"
        onChange="javascript:cal_jumsu();">
...
      <input type="text" name="eng" size="6" value="<?=$row[eng]?>"
        onChange="javascript:cal_jumsu();">
...
      <input type="text" name="mat" size="6" value="<?=$row[mat]?>"
        onChange="javascript:cal_jumsu();">
...
      <input type="text" name="hap" size="6" value="<?=$row[hap]?>"
        readonly style="border:0;background-color:#ffffe0">
...
      <input type="text" name="avg" size="6" value="<?=$avg?>"
        readonly style="border:0;background-color:#ffffe0">
    </td>
  </tr>
</table>
</form>
...
```

위의 프로그램은 select문을 이용하여 no번째 성적자료를 읽어 input tag의 값을 초
기화시키는 프로그램이다. 이 프로그램에서 주의있게 보아야 할 부분은 no값을

sj_update.php에서 이용해야 하므로, input type을 hidden으로 하여 문서에 기억시킨 점이다.

④ **sj_update.php 작성** : sj_delete.php를 더블클릭하여 읽는다. 그리고 다음과 같이 수정한다.

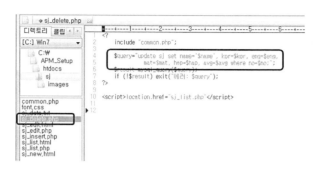

```
<?
  include "common.php";

  $query="update sj set name='$name', kor=$kor, eng=$eng,
              mat=$mat, hap=$hap, avg=$avg where no=$no;";
  $result=mysql_query($query);
  if (!$result) exit("에러: $query");
?>

<script>location.href="sj_list.php"</script>
```

기존의 sj_delete.php 프로그램을 이용하여 sj_update.php를 작성하면 편리할 것이다. update문을 사용할 때 숫자는 그냥 값을 대입하면 되지만, 문자는 반드시 작은따옴표(')를 이용하여 '$name' 형식으로 사용해야 한다. 날짜인 경우 역시 '2008-01-01'과 같은 문자열 형식으로 간주하여 처리하면 된다.

⑤ **sj_update.php 로 저장** : [파일] ➜ [새 이름으로] 메뉴를 이용하여 sj_update.php라는 이름으로 저장한다.

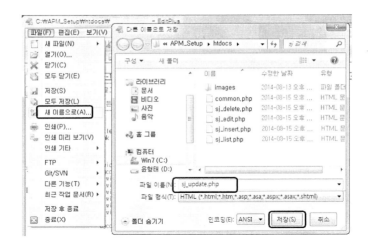

⑥ **실행 및 결과 확인** : 실행하여 결과를 확인한다.

2.2.6 이름 검색

○ **실습목적**

아래 그림과 같이 이름으로 검색할 수 있는 부분을 추가하여, 이름 전체나 이름 앞부분으로 자료를 검색할 수 있는 프로그램을 작성하여라.

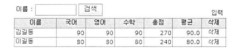

검색기능 추가된 화면

○ **실습이론**

☐ **이름 검색 방법** : 전체 학생의 성적 자료를 추출하는 SQL문은 1)번과 같이 where절이 없는 select문을 이용하지만, text1에 입력한 이름과 일치하는 자료를 찾는 경우는 2)번과 같이 where절을 이용해야 한다. 그리고 이름의 일부분만으로 조회를 하려면 like연산자와 Wild문자 %를 사용하는 3)번을 이용해야 한다.

1) select * from sj; → 전체 자료
2) select * from sj where name = 'text1'; → text1과 일치하는 자료
3) select * from sj where name like 'text1%'; → text1로 시작하는 자료
   select * from sj where name like '%text1'; → text1로 끝나는 자료
   select * from sj where name like '%text1%'; → text1을 포함하는 자료

sj_list.php

따라서 찾을 이름 입력란 text1에 검색할 값이 없는 경우는 1)번을 이용하고, 검색어가 있는 경우는 3)번 select문을 이용하도록 sj_lisp.php에서 아래와 같이 프로그램을 작성해야 한다.

```
if (!$text1)     // text1에 값이 없는 경우
   $query="select * from sj;"
else
   $query="select * from sj where name like '$text1%';"
```

② **찾을 이름 입력란 text1** : 어떤 이름으로 검색한 후에도 text1 입력란에는 그 이름이 계속해서 표시되어야 한다. 이 처리는 아래와 같이 이전 text1의 값이 표시되도록 text1의 value에 $text1 값을 지정해야 한다.

이름 : 〈input type="text" name="text1" size="10" value="**〈?=$text1?〉**"〉

STEP ◉

① **sj_list.php에 이름 검색용 html 추가** : 검색할 이름을 입력할 수 있는 Form tag와 Input tag html 소스를 추가한다.

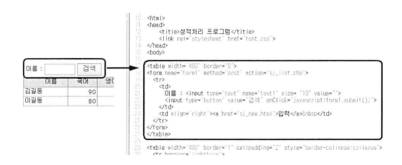

```
…
<html>
<head>
    <title>성적처리 프로그램</title>
    <link rel="stylesheet" href="font.css">
</head>
<body>

<table width="400" border="0">
  <form name="form1" method="post" action="sj_list.php">
  <tr>
    <td>
      이름 : <input type="text" name="text1" size= "10" value="">
      <input type="button" value="검색" onClick="javascript:form1.submit();">
    </td>
    <td align="right"><a href="sj_new.html">입력</a> </td>
  </tr>
  </form>
</table>

<table width="400" border="1" cellpadding="1" cellspacing="0">
…
```

② **프로그램 수정** : 다음과 같이 프로그램을 수정한다.

```
17  <table width="400" border="0">
18  <form name="form1" method="post" action="sj_list.php">
19    <tr>
20      <td>
21        이름 : <input type="text" name="text1" size="10" value="<?=$text1?>">
22        <input type="button" value="검색" onClick="javascript:form1.submit();">
23      </td>
24      <td align="right"><a href="sj_new.html">입력</a> </td>
25    </tr>
26  </form>
27  </table>
28
29  <table width="400" border="1" cellpadding="2" style="border-collapse:collapse">
30    <tr bgcolor="lightblue">
31      <td width="100" align="center">이름</td>
32      <td width="50"  align="center">국어</td>
33      <td width="50"  align="center">영어</td>
34      <td width="50"  align="center">수학</td>
35      <td width="50"  align="center">총점</td>
36      <td width="50"  align="center">평균</td>
37      <td width="50"  align="center">삭제</td>
38    </tr>
39
40    <?
41    if (!$text1)
42      $query="select * from sj order by name;";
43    else
44      $query="select * from sj where name like '$text1%' order by name;";
45    $result=mysql_query($query);
46    if (!$result) exit("에러: $query");
47    $count=mysql_num_rows($result);        // 레코드개수
48    for ($i=0;$i<$count;$i++)
49    {
```

```
...
<form name="form1" method="post" action="sj_list.php">
  <tr>
    <td width="400"> 
      이름 : <input type="text" name="text1" size="10" value="<?=$text1?>">
      <input type="button" value="검색" onClick="javascript:form1.submit();">
    </td>
...
<?
  if (!$text1)
    $query="select * from sj order by name;";
  else
    $query="select * from sj where name like '$text1%' order by name;";
  $result=mysql_query($query);
  if (!$result) exit("에러: $query");
  $count=mysql_num_rows($result);
...
```

③ **실행 및 결과확인** : 실행하여 결과를 확인한다.

2.2.7 페이지 처리

실습목적

아래 그림과 같이 성적 목록 화면에서 1 페이지마다 20개의 레코드만 표시되며, 화면 하단에 다른 페이지로 이동할 수 있는 페이지 표시를 할 수 있는 프로그램을 작성하여라.

페이지기능이 추가된 화면

실습이론

① **환경설정 변수의 전역변수화** : 페이지 처리는 여러 웹문서에서 이용된다. 따라서 페이지 처리에 필요한 변수들을 전역변수로 선언 해두면 나중에 수정 작업할 때 편리할 것이다. 따라서 모든 문서에 포함되는 common.php에 이런 환경설정 변수를 선언하여 사용하면 전역변수 처리한 효과를 얻을 수 있다. 페이지 처리에서는 다음과 같은 변수를 common.php에 선언해 사용하도록 하겠다.

> $page_line : 한 화면에 몇 개의 레코드를 표시할 지를 나타내는 변수
> $page_block : 한 블록에 몇 개의 페이지를 표시할 지를 나타내는 변수

② **해당 페이지 자료 표시** : 만약 특정 페이지의 자료를 표시하려면 먼저 그 페이지가 몇 번째 레코드부터 표시되는지를 알아야 한다. 예를 들어 전체 레코드 개수가 65(=$count)이고, 페이지 당 20(=$page_line)개씩 표시하는 경우, 2페이지를 표시하려면, 20번째 자료로 레코드 위치를 이동하여 20개의 레코드를 출력하면 된다. 그러나 맨 끝인 4 페이지인 경우는 5개의 자료만 남으므로, 남은 레코드 수만큼 출력해야 한다.

```
...
if (!$page) $page=1;
$pages=ceil($count/$page_line);   // 전체 페이지수 : 65/20 = 3.25 => 4

// 현재 페이지가 몇 번째 자료부터 시작하는지 계산 : 20(2-1) = 20
```

```
$first=1;
if ($count>0) $first=$page_line*($page-1);


// 현재 페이지에 표시할 수 있는 줄 수 : 모든 페이지는 20줄씩 표시되지만,
// 맨 끝 페이지인 경우는 65-60 = 5 줄만 표시 됨.
$page_last=$count-$first;
if ($page_last>$page_line) $page_last=$page_line;


// 현재 페이지 자료로 이동 : 현재 페이지 첫 번째 자료로 이동
if ($count>0) mysql_data_seek($result,$first);


// 남은 줄만큼만 표시
for ($i=0;$i<$page_last;$i++)
{
  $row=mysql_fetch_array($result);
...
```

[PHP] ceil(실수)

실수값을 가장 가까운 다음 크기의 정수값으로 돌려주는 함수

예〉 ceil(4.3); ➡ 5   ceil(9.999); ➡ 10   ceil(-3.14); ➡ -3

[PHP] mysql_data_seek(resource $result, 레코드위치)

지정된 레코드위치로 이동시키는 함수로서, 레코드위치는 0~(레코드개수-1)을 갖는다.
만약 자료가 없는 경우, 이 함수를 사용하면 에러가 발생된다.

---

3 **화면하단 페이지 표시** : 페이지의 블록단위 표시 처리는 레코드와 페이지에서의 처리
와 유사하다. 10개 페이지를 하나의 블록으로 한다면, 일단 전체 블록수를 계산하고
현재 블록의 시작 페이지부터 10개의 페이지 번호를 표시하면 된다. 맨 끝 블록인 경
우에는 10개의 페이지보다 적을 수 있으므로 해당 페이지까지만 표시한다.

```
...
$blocks = ceil($pages/$page_block);    // 전체 블록 수
$block  = ceil($page/$page_block);     // 현재 블록
$page_s = $page_block * ($block-1);    // 표시해야 할 시작페이지번호
$page_e = $page_block * $block;        // 표시해야 할 마지막 페이지번호
if($blocks <= $block) $page_e = $pages;
... ... ...

if ($block > 1)        { ◀ 표시 }    // 이전 블록으로
for($i=$page_s+1; $i<=$page_e; $i++)
{ 현재 블록의 페이지번호들 표시 }

if ($block < $blocks) { ➡ 표시 }    // 다음 블록으로

...
```

[4] **A tag 인수들** : 페이지를 클릭할 때 해당 페이지의 자료가 표시되도록 하려면, A tag 로 sj_list.php를 다시 호출할 때 검색단어 text1값과 이동할 page번호도 아래와 같 이 함께 넘겨주어야 한다.

```
<a href="sj_list.php?page=$i&text1=$text1">[$i]</a>
```

STEP ○

① **common.php 수정** : "common.php"를 읽어 다음과 같은 프로그램을 추가한다.

```
...
$link_sv = MySQL_connect("localhost", "shop0", "1234");
if (!$link_sv) exit("서버연결에러");
$link_db = MySQL_select_db("shop0", $link_sv);
if (!$link_db) exit("DB연결에러");

$page_line=20;      // 페이지당 line 수
$page_block=10;     // 블록당    page 수
?>
```

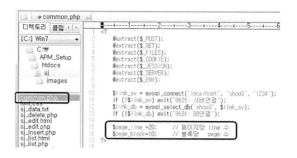

② **sj_list.php 수정** : 다음과 같이 sj_list.php 프로그램을 수정한다.

```
40  <?
41    if (!$text1)
42      $query="select * from sj order by name;";
43    else
44      $query="select * from sj where name like '$text1%' order by name;";
45    $result=mysql_query($query);
46    if (!$result) exit("에러: $query");
47    $count=mysql_num_rows($result);           // 레코드개수
48
49    if (!$page) $page=1;
50    $pages = ceil($count/$page_line); // 전체 페이지수
51    $first = 1;
52    if ($count>0) $first = $page_line*($page-1);  // 현재 페이지 row위치
53    $page_last=$count-$first;
54    if ($page_last>$page_line) $page_last=$page_line;  // 현재 페이지 line수
55    if ($count>0) mysql_data_seek($result,$first);     // 현재 페이지 첫줄로 이동
56
57    for ($i=0;$i<$page_last;$i++)
58    {
59      $row=mysql_fetch_array($result);     // 1 레코드 읽기
60      $avg=sprintf("%5.1f",$row[avg]);     // 소수점 1자리 형식
```

```
...
<?
  if (!$text1)
    $query="select * from sj order by name";
  else
    $query="select * from sj where name like '$text1%' order by name";
  $result=mysql_query($query);
  if (!$result) exit("에러: $query");
  $count=mysql_num_rows($result);                  // 전체 레코드개수

  if (!$page) $page=1;
  $pages = ceil($count/$page_line);                // 전체 페이지수
  $first = 1;
  if ($count>0) $first = $page_line*($page-1);     // 현재 페이지 row위치
  $page_last=$count-$first;
  if ($page_last>$page_line) $page_last=$page_line; // 현재 페이지 line수
  if ($count>0) mysql_data_seek($result,$first);    // 현재 페이지 첫줄로 이동
```

```
for ($i=0;$i<$page_last;$i++)
{
    $row=mysql_fetch_array($result);
...
```

```
...
    }
?>
</table>

<?
    $blocks = ceil($pages/$page_block);      // 전체 블록수
    $block  = ceil($page/$page_block);       // 현재 블록
    $page_s = $page_block * ($block-1);      // 현재 페이지
    $page_e = $page_block * $block;          // 마지막 페이지
    if($blocks <= $block) $page_e = $pages;

    echo("<table width='400' border='0'>
```

```
        \ I /
          <td height='20' align='center'>");

   if ($block > 1)      // 이전 블록으로
   {
     $tmp = $page_s;
     echo("<a href='sj_list.php?page=$tmp&text1=$text1'>
           <img src='images/i_prev.gif' align='absmiddle' border='0'>
         </a> ");
   }
   for($i=$page_s+1; $i<=$page_e; $i++)      // 현재 블록의 페이지
   {
     if ($page == $i)
       echo("<font color='red'><b>$i</b></font> ");
     else
       echo("<a href='sj_list.php?page=$i&text1=$text1'>[$i]</a> ");
   }
   if ($block < $blocks)     // 다음 블록으로
   {
     $tmp = $page_e+1;
     echo(" <a href='sj_list.php?page=$tmp&text1=$text1'>
           <img src='images/i_next.gif' align='absmiddle' border='0'>
         </a>");
   }

   echo("   </td>
          </tr>
        </table>");
?>
</body>
</html>
```

③ **실행 및 결과확인** : 실행하여 결과를 확인한다.

Chapter 08

PHP 주소록프로그램

3.1 PHP 주소록프로그램

3.1.1 프로그램 개요

이번에 만들 프로그램은 앞에서 만든 성적프로그램을 최대한 참고하여 아래 그림과 같은 주소록프로그램을 만들어 보도록 하겠다.

① **주소록프로그램 화면** : 이 프로그램에서는 성적프로그램과 마찬가지로 목록화면에서 추가, 삭제, 수정을 할 수 있는 화면 전환이 가능하며, 이름 검색기능, 페이지 표시 기능을 할 수 있다. 다른 점이 있다면 다양한 자료형과 input tag형식을 접할 수 있도록 구성한 점이다.

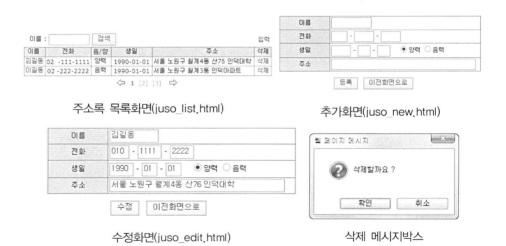

주소록 목록화면(juso_list.html)   추가화면(juso_new.html)

수정화면(juso_edit.html)   삭제 메시지박스

② **파일 구성** : 이 프로그램의 전체 파일 구조는 다음과 같다. 주소록프로그램은 쇼핑몰의 고객관리 프로그램의 기본이 되는 프로그램이므로, 잘 이해하길 바란다.

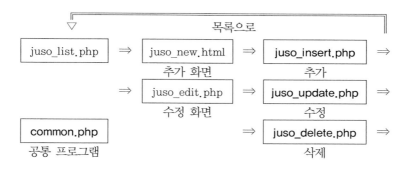

3.1.2 주소록 테이블

○ **실습목적**

주소록프로그램을 위한 주소록 테이블 juso를 데이터베이스 shop0에 만들어라. 그리고 juso_data.txt를 Import해라.

○ **실습이론**

1 **juso 테이블 구조** : 주소록프로그램을 만들기 위하여 제일 먼저 해야 할 작업은 juso 테이블을 데이터베이스 shop0에 만드는 일이다. 주소록 테이블 구조는 아래 표와 같이 비교적 간단한 구조가 되도록 만들었다.

		필드명	자료형	비고
1	번호	no	int	auto_increment, 기본키 🔑
2	이름	name	varchar(20)	
3	전화	tel	varchar(11)	
4	양력/음력	sm	tinyint	양력=0, 음력=1
5	생일	birthday	date	
6	주소	juso	varchar(100)	

1) **no** : 기본키(primary key)로서, 자동으로 번호가 입력되는 옵션 auto_increment 를 선택하였다.

2) **tel** : 전화 필드인 경우 숫자로 된 자료이지만, 02와 같은 지역번호 때문에 반드시 문자형으로 지정해야 하며, 길이는 "000-0000-0000"형식에서 "-"기호를 뺀 11

로 지정했다. 만약 "–"기호까지 저장하려면 길이를 13으로 지정해야 한다.

3) **sm** : 양력/음력 필드는 꼭 필요한 자료는 아니지만, 라디오박스, 콤보박스, 체크 박스와 같은 html 입력 형식을 공부하기 위하여 삽입하였다. 이 필드는 논리형으로 사용하는 bit형이 적합하나, 여러 값 중 하나를 선택하는 경우도 있으므로 가장 작은 정수형인 1바이트 tiny integer로 지정했다. 그리고 양력인 경우는 0, 음력인 경우는 1로 사용하도록 하겠다.

4) **birthday** : 생일은 날짜 자료형 date를 사용하였다.

STEP ●

① **juso 테이블 만들기** : phpmyadmin 프로그램을 실행한 후, 데이터베이스 shop0로 로그인한다. 아래 표와 같이 "6"개의 필드를 갖는 "juso"라는 이름의 새 테이블을 만들어라.

	필드	종류	NULL	인덱스	A_I	비고
번호	no	int	☐	PRIMARY	☑	
이름	name	varchar(20)	☑			
전화	tel	varchar(11)	☑			
음/양	sm	tinyint	☑			양력=0, 음력=1
생일	birthday	date	☑			
주소	juso	varchar(100)	☑			

juso 테이블 구조

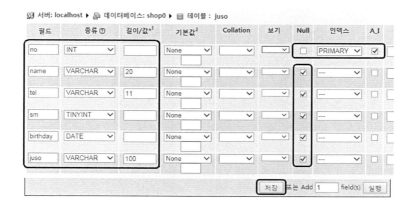

② **juso_data.txt 파일 Import 하기** : "Import"를 클릭한 후, 찾아보기 버튼을 이용하여
c:\APM_Setup\htdocs\juso 폴더안의 "juso_data.txt"파일을 Import한다.

④ **CSV using LOAD DATA** : 먼저 〈Format of imported file〉은 "CSV using LOAD
DATA"를 선택한다. 그리고 〈필드 구분자〉는 탭기호인 "\t"를 입력한 후, "실행"버튼
을 클릭하여 실행한다.

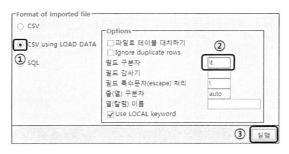

Import된 결과화면

3.1.3 주소록 목록

⟳ **실습목적**

juso 테이블에 있는 주소록 자료를 읽어 아래 그림과 같이 주소록을 출력시키는 프로그램
을 만들어 보자.

주소록 목록화면(juso_list.html)

⟳ **실습이론**

① **sj_list.php 프로그램 참고** : 아래의 성적프로그램 목록화면(sj_list.php)의 구성을 보
면 알겠지만, 이번에 만들 주소록프로그램과 거의 동일한 구성과 기능을 가지고 있
다. 따라서 프로그램을 처음부터 만드는 것보다는 기존에 만들어진 성적프로그램인
sj_list.php를 최대한 이용하여 juso_list.php를 만들면 효율적인 작업이 될 것이다.

이름: [_____] [검색]　　　　　　　　　　　　　입력

이름	국어	영어	수학	총점	평균	삭제
김길동	90	90	90	270	90.0	삭제
이길동	80	80	80	240	80.0	삭제

⇦ 1 [2] [3] ⇨

성적프로그램의 목록화면

② **양력/음력 표시** : sm 필드는 정수로서, 양력은 0, 음력은 1로 사용하기로 하였다. 만약 $row[sm]을 이용하여 값을 출력한다면, 0과 1로 표시가 될 것이다. 따라서 아래 프로그램과 같이 if문을 이용하여 0일 때는 양력, 1일 때는 음력으로 표시되도록 임시변수 $sm을 지정하고, 이 변수를 출력하면 될 것이다.

```
if ($row[sm]==0) $sm="양력"; else $sm="음력";
```

③ **전화번호 000-0000-0000 표시** : tel 필드에 저장된 전화번호는 지역(3), 국(4), 번호(4)인 "00000000000" 형식으로 저장되어 있다. 따라서 이 값을 "000-0000-0000" 형식으로 출력하려면, 전화번호에서 지역, 국, 번호에 해당하는 부분 문자열을 추출할 수 있어야 한다. 그리고 추출된 문자열들은 문자열 연결연산자(.)를 이용하여 다시 합치면 된다.

0	1	2	3	4	5	6	7	8	9	10
0	0	0	0	0	0	0	0	0	0	0

　　지역(3)　　　　　국(4)　　　　　번호(4)

```
$tel1=trim(substr($row[tel],0,3));     // 0번 위치에서 3자리 문자열 추출
$tel2=trim(substr($row[tel],3,4));     // 3번 위치에서 4자리
$tel3=trim(substr($row[tel],7,4));     // 7번 위치에서 4자리
$tel=$tel1 . "-" . $tel2 . "-" . $tel3;   // 추출된 문자열 합치기
```

[PHP] substr("문자열",시작위치, 길이)

문자열에서 시작위치로부터 지정된 길이만큼 문자열을 추출하는 함수로서, 시작위치는 0부터 시작한다. 길이를 생략한 경우는 시작위치부터 나머지 모든 문자열을 의미한다.

```
예제 〉 substr("abcdef", 1);        ➜  "bcdef"
       substr("abcdef", 1, 3);     ➜  "bcd"
       substr("abcdef", -2);       ➜  "ef"
       substr("abcdef", -3, 1);    ➜  "d"
       substr("abcdef", 0, -1);    ➜  "abcde"
```

[PHP] 문자연결 연산자 (.)

2개의 문자열을 합쳐 하나의 문자열로 만들어 주는 연산자.

예제1 〉 $a = "Hello ";
      $b = $a . "World!";   ➜ $b ="Hello World!"
예제2 〉 $a = "Hello ";
      $a .= "World!";   ➜ $b ="Hello World!"

[PHP] trim("문자열")

문자열 앞, 뒤에 있는 빈 문자열을 제거해주는 함수.

예제1 〉 trim(" abc ") ➜ "abc"

STEP 01   common.php 복사하기

① **주소록용 common.php 만들기** : 먼저 "sj" 폴더의 "common.php"를 읽는다.

② **common.php를 juso 폴더에 저장** : [파일]➜[새 이름으로] 메뉴를 클릭한다. 그리고 현재 〈저장 위치〉를 반드시 "juso" 폴더로 변경한다. 그리고 "common.php"라는 같은 이름으로 저장한다.

성적프로그램의 common.php와 주소록프로그램의 common.php는 똑같은 프로그램 이다. 따라서 새로 작성하는 것보다는 성적프로그램의 common.php를 복사하여 juso폴더에 저장하는 것이 작업시간을 줄일 수 있다. 앞으로 작업시간 단축을 위하여 이와 같은 작업을 많이 하게 된다. Window용 APM사용자인 경우는 윈도우 탐색기를 이용하여 복사작업을 하면 더 편리하다.

STEP 02 juso_lis.php 만들기

① **sj_list.php 읽기** : sj폴더의 sj_list.php 프로그램을 읽어 온다.

② **juso_list.html → juso_list.php로 저장** : juso폴더의 "juso_list.html"을 더블클릭하여 읽는다. 그리고 [파일] → [새 이름으로] 메뉴를 이용하여 "juso_list.php"로 저장한다.

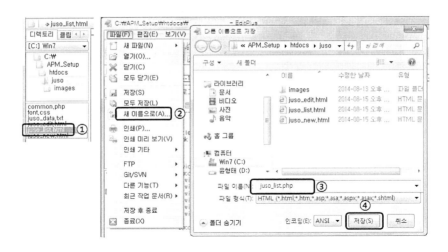

③ **juso_list.php 수정1** : 먼저 sj_list.php 탭을 선택한 후, "〈? include "common.php" ?〉"부분을 Ctrl+C를 눌러 복사한다. 그리고 오른쪽 그림과 같이 juso_list.php탭을 선택한 후, Ctrl+V를 눌러 첫 줄에 "붙여넣기"를 한다.

sj_list.php에서 영역 복사   juso_list.php에서 붙여넣기

④ **juso_list.php 수정2** : 과정 ③번과 같이 juso_list.php 나머지 부분에 대해서도 프로그램을 복사, 붙여넣기를 한 후, 주소록 프로그램에 맞게 수정한다. 수정 작업할 곳은 다음과 같다. 다음 그림은 수정할 내용의 예를 보여주고 있다.

1) SQL문에서 테이블이름 수정 : sj → juso
2) Link 문서이름 : sj_???.php → juso_???.php, sj_???.html → juso_???.html
3) $avg 대신에 $sm, $tel에 대한 프로그램 작성.

```
if ($row[sm]==0) $sm="양력"; else $sm="음력";
$tel1=trim(substr($row[tel],0,3));
$tel2=trim(substr($row[tel],3,4));
$tel3=trim(substr($row[tel],7,4));
$tel=$tel1 . "-" . $tel2 . "-" . $tel3;
```

4) sj테이블의 필드출력부분을 juso테이블의 필드내용으로 수정.

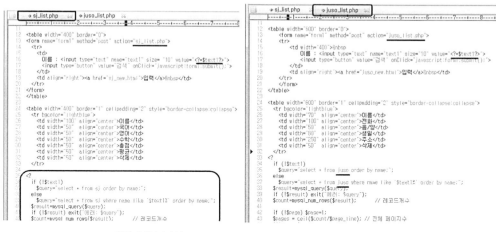

sj_list.php에서 영역 복사   juso_list.php에서 붙여넣기와 수정

5) 성적 프로그램의 페이지처리 부분을 복사하여 주소록에 맞게 수정.

⑤ **실행 및 결과확인** : 웹브라우저에서 다음 주소를 입력하여 결과를 확인한다.

http://127.0.0.1/juso/juso_list.php

이름	전화	음/양	생일	주소	삭제
강범석	011-971-5378	양력	1990-01-08	서울 노원구 월계4동 산76 인덕대학교 8	삭제
계윤주	010-997-5951	음력	1990-01-05	서울 노원구 월계4동 산76 인덕대학교 5	삭제
고명한	011-173-1347	양력	1990-01-26	서울 노원구 월계4동 산76 인덕대학교 26	삭제
고윤진	010-390-9565	양력	1990-01-23	서울 노원구 월계4동 산76 인덕대학교 23	삭제
고창은	011-667-2295	양력	1990-01-06	서울 노원구 월계4동 산76 인덕대학교 6	삭제
권혜미	010-245-7190	양력	1990-02-10	서울 노원구 월계4동 산76 인덕대학교 41	삭제
김경헌	011-906-6074	양력	1990-01-10	서울 노원구 월계4동 산76 인덕대학교 10	삭제
김동우	011-291-4844	양력	1990-01-31	서울 노원구 월계4동 산76 인덕대학교 31	삭제
김만석	019-346-0583	양력	1990-02-06	서울 노원구 월계4동 산76 인덕대학교 37	삭제
김민식	016-441-4818	양력	1990-02-07	서울 노원구 월계4동 산76 인덕대학교 38	삭제
김상현	010-715-4586	양력	1990-01-17	서울 노원구 월계4동 산76 인덕대학교 17	삭제
김인곤	010-478-5553	음력	1990-01-14	서울 노원구 월계4동 산76 인덕대학교 14	삭제
김월환	010-645-7732	양력	1990-01-12	서울 노원구 월계4동 산76 인덕대학교 12	삭제
김호진	010-240-5917	양력	1990-02-08	서울 노원구 월계4동 산76 인덕대학교 39	삭제
노준호	011-948-8426	음력	1990-01-02	서울 노원구 월계4동 산76 인덕대학교 2	삭제
박설희	010-757-9430	양력	1990-02-09	서울 노원구 월계4동 산76 인덕대학교 40	삭제
박신영	010-325-3479	양력	1990-01-28	서울 노원구 월계4동 산76 인덕대학교 28	삭제
박재형	010-356-4503	양력	1990-01-30	서울 노원구 월계4동 산76 인덕대학교 30	삭제
박진형	010-297-2059	양력	1990-01-25	서울 노원구 월계4동 산76 인덕대학교 25	삭제
배민수	010-960-9758	양력	1990-01-03	서울 노원구 월계4동 산76 인덕대학교 3	삭제

1 [2] [3]

3.1.4 주소록 추가

⊙ **실습목적**

아래 그림과 같이 새 주소록 정보를 추가할 수 있도록 juso_new.php와 juso_insert.php를 작성하여라.

추가화면(juso_new.html)

⊙ **실습이론**

① **자료추가 파일구조** : 새로운 자료를 추가하는 주소록프로그램의 파일구성은 다음과 같다.

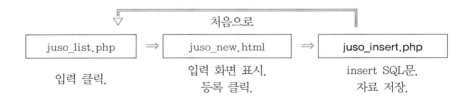

② **음력/양력** : 양력/음력 입력형식이 라디오버튼으로 되어 있으나, 프로그램 작업은 이전 작업과 동일하다. 라디오버튼에서 선택한 값은 sm 변수에 저장되므로, 양력을 선택했으면, $sm은 0이 되며, 음력인 경우는 1이 된다. 따라서 juso_insert.php에서 insert SQL문과 $sm 변수를 이용하여 프로그램을 처리하면 된다.

⟨input type="radio" name="sm" value="0" checked⟩양력
⟨input type="radio" name="sm" value="1"⟩음력

③ **전화번호** : juso_list.php에서는 숫자로만 되어 있던 전화번호사이에 "-"기호를 삽입하는 처리를 했지만, 이번에는 반대로 tel1, tel2, tel3에 각각 있는 지역, 국, 번호들을 지정된 길이 3, 4, 4에 맞추어 하나의 문자열로 만들어야 한다. 이 처리는 연결연

산자 '.'을 이용하거나 sprintf함수를 이용하면 쉽게 처리할 수 있다. 아래 프로그램 중의 형식기호 중, "%-3s"에서 3s는 3자리 길이의 문자를 의미하며, – 기호는 왼쪽 부터 문자열을 채우라는 의미다. 예를 들어 서울 지역번호 02인 경우에는 "02 "와 같 은 형식으로 변환된다. 동일한 방법을 적용하면 전화번호 조합을 위한 형식기호는 아래와 같이 쓸 수 있다.

$tel = sprintf("**%-3s%-4s%-4s**", $tel1, $tel2, $tel3);

4 **생일** : 생일은 date자료형이므로, 각각 분리되어 있는 birthday1, birthday2, birthday3 을 "0000-00-00"형식으로 변환해야 한다. 이 처리도 전화번호와 마찬가지 방식으로 처리하면 된다. 형식기호 "%02d"에서 2d는 2자리 정수라는 의미이며, 0은 빈칸이 발 생하는 경우 0으로 채우라는 의미이다. 예를 들어 1월인 경우 "01"로 변환된다.

$birthday = sprintf("**%04d-%02d-%02d**", $birthday1, $birthday2, $birthday3);

STEP ◯

① **juso_new.html의 Form tag link 수정하기** : 등록버튼을 클릭했을 때, 입력한 정보를 저장하는 juso_insert.php 를 호출할 수 있도록 Form tag 내용을 수정한다.

② **sj_insert.php 읽어 수정** : 성적프로그램의 sj폴더에 있는 sj_insert.php를 읽는다. 주소록프로그램에 맞게 수정한다.

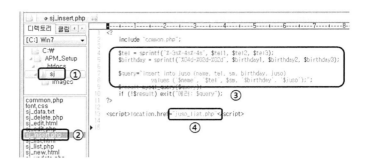

③ **juso_insert.php 이름으로 저장** : [파일]➔[새 이름으로] 메뉴를 선택한다. 먼저 현재
폴더위치를 "juso" 폴더로 변경한 후, "juso_insert.php"라는 이름으로 저장한다.

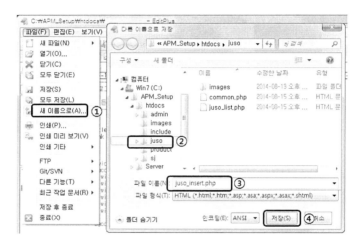

④ **실행 및 결과 확인** : 실행하여 결과를 확인한다.

3.1.5 주소록 삭제

○ **실습목적**

주소록 목록화면에서 삭제를 클릭한 경우, 해당 자료를 삭제할 수 있는 프로그램을 작성
하여라.

주소록 목록화면(juso_list.html) 삭제 메시지박스

실습이론

1 **자료삭제 파일 및 처리** : 기존의 자료를 삭제하는 프로그램의 구성은 다음과 같다.

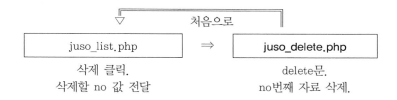

juso_list.php에서 삭제할 사람의 삭제를 클릭하면, 몇 번째 사람의 자료인지에 대한 no 정보를 juso_delete.php에 전달한다. 그리고 juso_delete.php 프로그램에서는 no번째 자료를 delete SQL문을 이용하여 삭제를 한 후, 다시 juso_list.php문서로 돌아간다.

STEP

① **juso_delete.php 작성** : juso_insert.php를 읽는다. 그리고 delete SQL문을 이용하여 수정한다.

② **juso_delete.php 이름으로 저장** : [파일]➔[새 이름으로] 메뉴를 선택한 후, "juso_delete.php"라는 이름으로 저장한다.

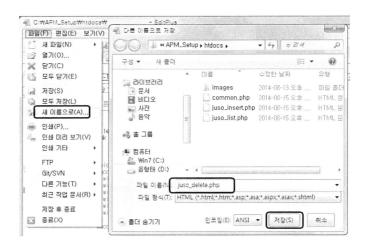

③ **실행 및 결과 확인** : 실행하여 결과를 확인한다.

3.1.6 주소록 수정

◎ **실습목적**

아래 그림과 같이 주소록 목록화면에서 이름을 클릭하면 해당 자료를 수정할 수 있는 프로그램을 작성하여라.

주소록 목록화면(juso_list.html)

수정화면(juso_edit.html)

◎ **실습이론**

① **처리순서** : 기존의 주소록 자료를 수정하는 프로그램의 처리 순서는 다음과 같다.

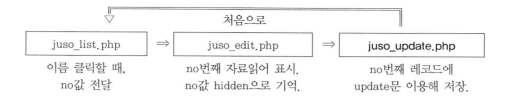

juso_list.php에서 수정할 사람의 이름을 클릭하면, 몇 번째 사람의 자료인지에 대한 no 정보를 juso_edit.php에 전달한다. juso_edit.php에서는 이 no값을 이용하여 해당 사람의 성적자료를 읽어 수정할 수 있도록 처리한다. 그리고 이 no값을 다음 juso_update.php에서 사용하기 위하여 hidden으로 문서에 저장한다.

〈input type="hidden" name="no" value="값"〉

자료를 수정하고, 수정버튼을 클릭하면, juso_update.php 프로그램을 호출한다. 수정한 자료는 juso테이블에 저장한다. 그리고 다시 juso_list.php 문서로 돌아간다.

2 **전화, 생일** : 수정화면에서 전화번호를 각각 분리하여 초기화하려면, 주소록 목록화면에서 마찬가지로 substr함수를 이용하여 쉽게 처리할 수 있다. 또한 "0000-00-00"형식인 생일도 마찬가지 방법을 이용하면 년, 월, 일을 쉽게 분리할 수 있다.

```
$tel1=trim(substr($row[tel],0,3));
$tel2=trim(substr($row[tel],3,4));
$tel3=trim(substr($row[tel],7,4));
```

0	1	2	3	4	5	6	7	8	9	10
0	0	0	0	0	0	0	0	0	0	0

지역(3)　　국(4)　　번호(4)

```
$birthday1=substr($row[birthday],0,4);
$birthday2=substr($row[birthday],5,2);
$birthday3=substr($row[birthday],8,2);
```

0	1	2	3	4	5	6	7	8	9
0	0	0	0	–	0	0	–	0	0

년(4)　　월(2)　　일(2)

3 **양력/음력** : input type이 radio인 경우, 라디오버튼의 초기값 선택은 해당 버튼의 html에 "checked"를 삽입하면 된다. 따라서 양력/음력 값에 따라 라디오버튼의 초기값을 선택하려면 아래와 같이 if문을 이용해야 한다.

1) **라디오버튼을 이용하는 경우** : ◉ 양력 ○ 음력

```
if ($row[sm]==1)
    echo("〈input type='radio' name='sm' value='0'〉양력
        〈input type='radio' name='sm' value='1' checked〉음력");
else
```

```
echo("<input type='radio' name='sm' value='0' checked>양력
      <input type='radio' name='sm' value='1'>음력");
```

2) **콤보박스를 이용하는 경우** : 양력 ▼

```
$sm_name=array("양력","음력");        // 이 줄은 common.php에 작성.

echo("<select name='sm'>");
for ($i=0;$i<2;$i++)
{
  if ($row[sm]==$i)
      echo("<option value='$i' selected>$sm_name[$i]</option>");
  else
      echo("<option value='$i'>$sm_name[$i]</option>");
}
echo("</select>");
```

3) **checkbox를 이용하는 경우** : 음력 : ☑

```
if ($row[sm]==1)
    echo("음력 : <input type='checkbox' name='sm' value='1' checked>");
else
    echo("양력 : <input type='checkbox' name='sm' value='1'>");
```

위와 같이 checkbox를 사용한 경우, 체크를 한 경우 sm은 1, 체크하지 않은 경우
sm은 null이 된다. 따라서 juso_insert.php나 juso_update.php에서 insert나
update SQL문을 실행하기 전에 $sm에 대하여 다음과 같은 프로그램을 이용하여
$sm값을 결정하면 된다.

```
if ($sm==1) $sm=1; else $sm=0;
```

STEP 01   **juso_edit.php 만들기**

① **juso_edit.html을 juso_edit.php로 저장** : "juso_edit.html"을 더블 클릭하여 읽는다.
그리고 읽은 파일을 [파일]➜[새 이름으로] 메뉴를 이용하여 "juso_edit.php" 로 저
장한다.

② **juso_edit.php 수정** : 성적프로그램의 sj_edit.php를 참고하면서 juso_edit.php를 수정한다.

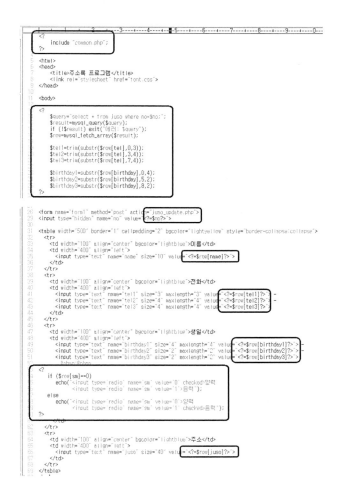

```php
<?
    include "common.php";
?>

<html>
<head>
    <title>주소록 프로그램</title>
    <link rel="stylesheet" href="font.css">
</head>

<body>

<?
    $query="select * from juso where no=$no";
    $result=mysql_query($query);
    if (!$result) exit("에러: $query");
    $row=mysql_fetch_array($result);

    $tel1=trim(substr($row[tel],0,3));
    $tel2=trim(substr($row[tel],3,4));
    $tel3=trim(substr($row[tel],7,4));

    $birthday1=substr($row[birthday],0,4);
    $birthday2=substr($row[birthday],5,2);
    $birthday3=substr($row[birthday],8,2);
?>

<form name="form1" method="post" action="juso_update.php">
<input type="hidden" name="no" value="<?=$no?>">

<table width="500" border="1" cellpadding="2" bgcolor="lightyellow" style="border-collapse:collapse">
    <tr>
        <td width="100" align="center" bgcolor="lightblue">이름</td>
        <td width="400" align="left">
            <input type="text" name="name" size="10" value="<?=$row[name]?>">
        </td>
    </tr>
    <tr>
        <td width="100" align="center" bgcolor="lightblue">전화</td>
        <td width="400" align="left">
            <input type="text" name="tel1" size="3" maxlength="3" value="<?=$row[tel1]?>"> -
            <input type="text" name="tel2" size="4" maxlength="4" value="<?=$row[tel2]?>"> -
            <input type="text" name="tel3" size="4" maxlength="4" value="<?=$row[tel3]?>">
        </td>
    </tr>
    <tr>
        <td width="100" align="center" bgcolor="lightblue">생일</td>
        <td width="400" align="left">
            <input type="text" name="birthday1" size="4" maxlength="4" value="<?=$row[birthday1]?>"> -
            <input type="text" name="birthday2" size="2" maxlength="2" value="<?=$row[birthday2]?>"> -
            <input type="text" name="birthday3" size="2" maxlength="2" value="<?=$row[birthday3]?>">
              
<?
    if ($row[sm]==0)
        echo("<input type='radio' name='sm' value='0' checked>양력
             <input type='radio' name='sm' value='1'>음력");
    else
        echo("<input type='radio' name='sm' value='0'>양력
             <input type='radio' name='sm' value='1' checked>음력");
?>
        </td>
    </tr>
    <tr>
        <td width="100" align="center" bgcolor="lightblue">주소</td>
        <td width="400" align="left">
            <input type="text" name="juso" size="40" value="<?=$row[juso]?>">
        </td>
    </tr>
</table>
```

① **juso_update.php 작성** : juso_insert.php를 더블클릭하여 읽는다. 그리고 insert SQL문을 주소록에 맞는 update SQL문으로 수정한다.

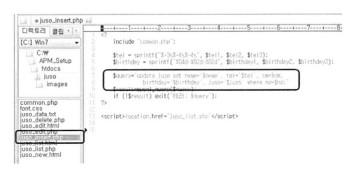

② **juso_update.php 로 저장** : [파일]➜[새 이름으로] 메뉴를 이용하여 새 이름 "juso_update.php"로 저장한다.

③ **실행 및 결과 확인** : 실행하여 결과를 확인한다.

PHP 기본 소스 정리

지금까지 성적프로그램과 주소록 프로그램을 만들면서 사용한 PHP 기본 프로그램에 대해 정리해보도록 하겠다. 이 프로그램은 쇼핑몰 프로그램을 만들 때 사용할 기본 소스가 되며, 이것을 이용하여 작업을 하게 된다. 따라서 이 기본 소스를 잘 이해하길 바란다.

1 **값 출력 방법** : PHP에서 값을 출력하는 방법은 〈?=값 ?〉과 echo함수를 이용하는 2가지 방법이 있다.

```
<b><?=$name ?></b>                        // html에서 값 출력 방법

echo "<b>$name</b>";                      // echo함수 이용
```

2 **자료 목록 출력 소스** : 이 소스는 select문을 이용하여 테이블의 자료들을 읽어 출력하는 가장 기본이 되는 소스다.

```
$query="select SQL문";                    // select문
$result=mysql_query($query);              // 쿼리 실행
if (!$result) exit("에러: $query");        // 실행결과 조사
$count=mysql_num_rows($result);           // 레코드 개수
for($i=0;$i<$count;$i++)                   // 반복문
{
    $row=mysql_fetch_array($result);      // 1 레코드 읽기
    echo("값 출력");                        // $row[필드이름]
}
```

3 **검색이 있는 경우 목록 출력 소스** : 검색어 text1이 있는 경우 이름으로 자료들을 출력하는 소스다.

```
if (!$text1)
    $query="select SQL문";                      조건없는 SQL문
else
    $query="select where name like $text1%";     조건있는 SQL문
$result=mysql_query($query);
if (!$result) exit("에러: $query");
$count=mysql_num_rows($result);
for($i=0;$i<$count;$i++)
{
    $row=mysql_fetch_array($result);
    echo("값 출력");
}
```

④ **특정 자료 알아내는 소스** : 다음 프로그램은 번호가 $no인 자료를 알아내는 소스다.

```
$query="select … where no=$no";          // select문
$result=mysql_query($query);              // 쿼리 실행
if (!$result) exit("에러: $query");        // 에러 조사

$row=mysql_fetch_array($result);          // 1 레코드 읽기
```

⑤ **레코드 개수 알아내는 소스** : 다음 프로그램은 select문에 의해 얻어진 자료의 레코드 개수를 알아내는 소스다.

```
$query="select … ";                        // select문
$result=mysql_query($query);              // 쿼리 실행
if (!$result) exit("에러: $query");        // 에러 조사

$count=mysql_num_rows($result);           // 레코드 개수
```

⑥ **실행쿼리 SQL문 소스** : 다음 프로그램은 insert, update, delete, create table, … 같은 실행쿼리 SQL문을 실행할 때 사용하는 소스다.

```
$query="실행쿼리 SQL문";                    // 실행쿼리 SQL문
$result=mysql_query($query);              // 쿼리 실행
if (!$result) exit("에러: $query");        // 에러 조사
```

[7] **페이지 소스** : 페이지 처리를 하는 경우는 다음 소스를 삽입하고 프로그램 목록파일 이름(목록이름.php)을 수정해야 한다.

```php
...
  if (!$page) $page=1;
  $pages = ceil($count/$page_line);
  $first = 1;
  if ($count>0) $first = $page_line*($page-1);
  $page_last=$count-$first;
  if ($page_last>$page_line) $page_last=$page_line;
  if ($count>0) mysql_data_seek($result,$first);

  for ($i=0;$i<$page_last;$i++)
  {
    $row=mysql_fetch_array($result);
    ...
  }
...
<?
  $blocks = ceil($pages/$page_block); // 전체 블록수
  $block  = ceil($page/$page_block); // 현재 블록
  $page_s = $page_block * ($block-1);  // 현재 페이지
  $page_e = $page_block * $block; // 마지막 페이지
  if($blocks <= $block) $page_e = $pages;

  echo("<table width='400' border='0'>
    <tr>
      <td height='20' align='center'>");

  if ($block > 1)
  {
    $tmp = $page_s;
    echo("<a href='목록이름.php?page=$tmp&text1=$text1'>
          <img src='images/i_prev.gif' align='absmiddle' border='0'>
        </a> ");
  }
  for($i=$page_s+1; $i<=$page_e; $i++)
  {
    if ($page == $i)
      echo("<font color='red'><b>$i</b></font> ");
    else
```

```php
        echo("<a href='목록이름.php?page=$i&text1=$text1'>[$i]</a> ");
    }
    if ($block < $blocks)
    {
      $tmp = $page_e+1;
      echo(" <a href='목록이름.php?page=$tmp&text1=$text1'>
            <img src='images/i_next.gif' align='absmiddle' border='0'>
          </a>");
    }

    echo("    </td>
          </tr>
        </table>");
?>
```

Chapter 04

PHP 회원관리

4.1 PHP 쇼핑몰 구성

앞 장에서 성적프로그램과 주소록프로그램을 만들면서, PHP 언어와 MySQL 데이터베이스간의 연동, 그리고 주요 화면처리에 대해 공부를 했다. 비록 최소한의 정보이긴 하지만, 이 정보만으로도 웹에서 간단한 프로그램을 할 수 있다고 생각한다. 이제는 이러한 정보를 가지고 본격적으로 인터넷 쇼핑몰을 만들어 보도록 하겠다.

4.1.1 인터넷 쇼핑몰 구성

일반적으로 인터넷 쇼핑몰은 크게 사용자와 관리자 영역으로 나눌 수 있다. 사용자 영역은 일반 고객이 상품을 검색하고, 주문하는 영역이며, 관리자 영역은 주인이 상품을 등록하고 주문정보 확인 및 처리를 하는 영역이다. 이 영역을 좀 더 세분화시키면 회원관리, 상품관리, 주문관리, 기타관리와 같은 4 영역으로 각각 나눌 수 있다. 물론 쇼핑몰의 규모나 성격에 따라 더 다양한 영역이 있을 수 있지만, 여기서는 쇼핑몰에서 기본적으로 꼭 필요한 내용만을 갖는 최소 규모의 인터넷 쇼핑몰을 만드는 과정을 소개하도록 하겠다.

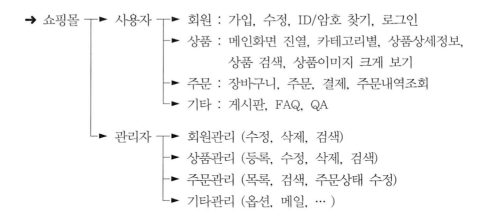

좀 더 이해를 돕기 위하여 인터넷 쇼핑몰의 사용자 영역에서 고객이 주로 사용하는 화면들에 대해 알아보도록 하자.

1. **쇼핑몰 사용자용 화면** : 다음 그림들은 회원 관련 화면으로서, 로그인, 회원가입, ID/암호 찾기, 회원정보 수정 등이다. 일반적인 쇼핑몰인 경우에는 이밖에도 관심 상품 등록, 1:1 상담, 자신의 블로그 등 다양한 기능이 있을 수 있지만, 여기서는 최소한의

기능만 만들도록 할 생각이다. 자세한 것은 실제로 만들 때 다시 설명하도록 하겠다.

로그인 화면

회원가입 화면

ID/암호 분실 조회화면

다음 그림은 상품에 관련된 화면들로서, 메인화면과 메뉴별 상품 진열화면, 상세화면, 검색화면 등이 있다.

메인 화면

상품정보 상세 화면

상품검색 화면

카테고리별 상품진열 화면

다음 그림은 주문에 관련된 화면들로서, 장바구니에 담은 상품을 주문정보에 입력하고 온라인상에서 카드나 무통장 입금으로 주문할 수 있는 화면, 그리고 주문한 상품의 주문 및 배송정보를 확인할 수 있는 화면들이다.

주문정보 입력화면

장바구니 화면

결제정보 입력화면   주문조회 화면

주문 상세 화면

다음 그림은 그밖에 관리자에게 문의를 위한 게시판, 자주 묻는 질문, 회사정보 등 쇼핑몰에 대한 일반적인 정보에 관련된 화면들이다.

Q & A 화면   FAQ 화면

회사소개 화면   이용안내 화면

② **쇼핑몰 관리자용 화면** : 앞서 설명한 그림들은 고객들이 사용하는 영역이라면, 지금부터 보여주는 그림들은 주인이 쇼핑몰을 운영하기 위하여 필요한 관리자 영역의 화면들로서, 회원관리, 상품관리, 주문관리 및 쇼핑몰에 대한 기초정보관리에 필요한 화면들이다.

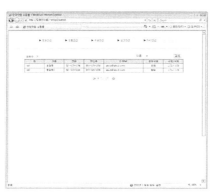

회원목록 화면   회원정보 상세화면

상품목록 화면   상품등록 화면

주문목록 화면

주문정보 상세화면

옵션목록 화면

소옵션 목록 화면

③ **쇼핑몰 폴더구조** : 독자들이 앞으로 만들 인터넷 쇼핑몰에 대해 대강 이해하였다면, 앞에서 설명한 쇼핑몰의 디자인 html 소스가 어디에 어떻게 있는지 알아보자. 1장에서 부록 CD에서 복사한 쇼핑몰의 폴더 구조는 다음과 같다.

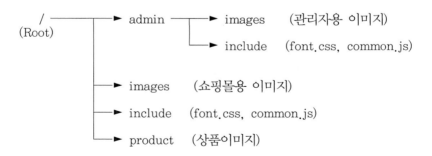

쇼핑몰에서 고객이 사용할 html 문서가 있는 폴더는 자기 계정의 Root(/)폴더로서, 회원, 상품, 그리고 주문 등에 관련된 모든 파일들이 있다. 반면에 일반 사용자는 볼 수 없고 관리자만 접근이 가능하여 고객관리, 상품관리, 주문관리 등을 할 수 있는 관리자 프로그램은 admin폴더에 있다. include폴더에는 웹문서의 글꼴과 형식을 지정한 font.css, 공용으로 사용할 자바스크립트 프로그램이 있는 common.js 파일들이 있다. 그리고 웹문서에 필요한 이미지들은 images폴더에 있도록 구성하였다.

이제, 준비가 되었다면, 기나 긴 본격적인 작업을 시작해보도록 하자.

4.1.2 공통 소스

🔘 실습목적

메인화면인 main.html을 이용하여 main_top.php, main_left.php, main_bottom.php를 만들고, 이 파일들을 이용하여 공통으로 사용될 temp.php를 만들어라.

🔘 실습이론

① **화면의 공통영역의 모듈화** : 인터넷 쇼핑몰을 만드는 일은 매우 긴 시간과 노력을 필요로 하는 지루한 작업이다. 따라서 가능한 적은 시간과 노력으로 작업을 하기 위해서는 프로그램에서 공통으로 들어가는 작업내용을 찾아 작업을 최소화시켜야 한다. 이러한 방법에 대해 알아보자. 다음 4개의 그림들은 앞으로 만들 쇼핑몰의 주요 화면들이다. 그림들을 잘 보면 공통으로 반복되는 부분이 있는 것을 알 수 있다.

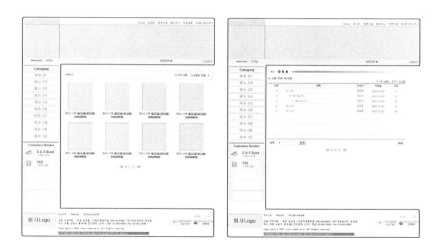

쇼핑몰에 사용되는 웹문서들은 수십, 수백 개가 될 수 있는데, 매 문서마다 공통영역에 대해 동일한 PHP 작업을 한다면 엄청난 시간과 노력이 필요할 것이다. 이 문제를 해결할 수 있는 방법은 앞서 배운 PHP의 include명령을 이용하는 것이다.

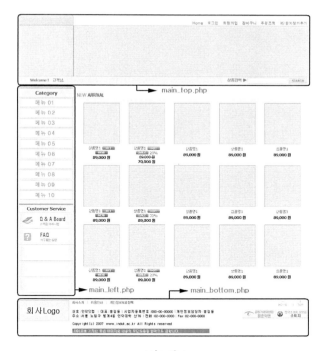

main.php

여기서는 위 그림과 같이 공통영역을 3개의 영역으로 나누었다. 그리고 나누어진 각 영역의 html 소스는 main_top.php(화면 상단), main_left.php(화면 좌측메뉴), main_bottom.php(화면 하단)라는 파일이름으로 각각 저장하였다. 영역을 나눌 때, 화면 상단의 타이틀그림 부분을 제외시킨 이유는 보통 쇼핑몰에서 타이틀그림을 메뉴나 영역에 따라 다른 그림들을 사용하기 때문이다. 따라서 main.html은 include 명령어와 3개의 php 파일을 이용하면 아래와 같은 main.php를 만들 수 있다.

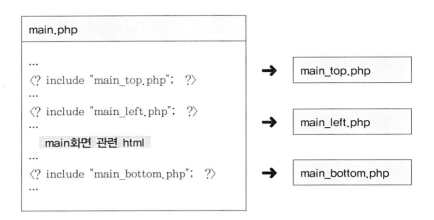

앞의 그림을 잘 이해했다면, 앞으로 만들 모든 쇼핑몰의 웹문서들은 main.php와 같은 구조를 가질 것이다. 따라서 main.php에서 main에 관련된 부분을 삭제하여 공통된 부분만 갖는 temp.php을 미리 만들어 놓으면, 아래 그림과 같이 다른 문서작업을 할 때 이 temp.php를 복사하여 사용하면 대단히 편리할 것이다.

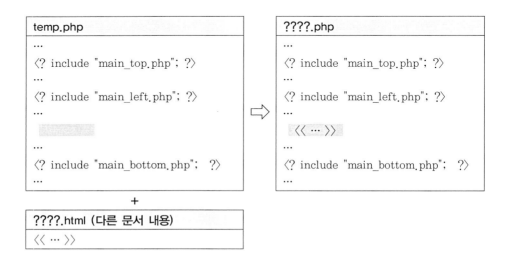

① **main_top.php 만들기** : "main.html"을 더블클릭하여 읽는다. 그리고 아래와 같이
화면 상단 부분과 관련된 html 부분만 남기고 나머지는 모두 삭제한다.

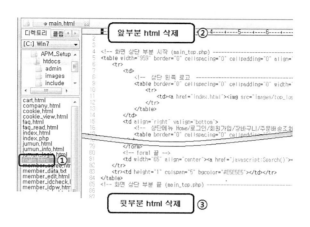

```
<!─ 화면 상단 부분 시작  (main_top.php) ────────────>
<table width="959" border="0" cellspacing="0" cellpadding="0" align="center">
    <tr>
        <td>
            <!─   상단 왼쪽 로고 ──────────────>
            <table border="0" cellspacing="0" cellpadding="0" width="182">
                <tr>
...
            <!─ form1 끝 ──>
            <td width="65" align="center"><a href="javascript:Search()">
                <img src="images/i_search1.gif" border="0"></a>
            </td>
    </tr>
    <tr><td height="1" colspan="5" bgcolor="#E5E5E5"></td></tr>
</table>
<!─ 화면 상단 부분 끝 (main_top.php) ──────────────>
```

삭제 후, 남은 부분

main.html에서 아래 그림과 같은 화면 상단 부분에 해당하는 html 부분만 남기고
나머지 html 소스는 모두 삭제를 한다.

화면 상단 부분

② **main_top.php로 저장** : [파일]➔[새 이름으로] 메뉴를 이용하여 새 이름 "main_top.php"라는 이름으로 저장한다.

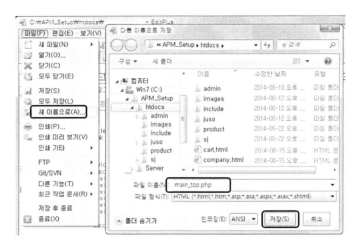

③ **main_left.php 만들기** : 과정 ① ~ ②번을 반복하여 아래와 같이 화면상단 왼쪽 category와 customer service 관련 html 부분을 이용하여 "main_left.php"를 만든다.

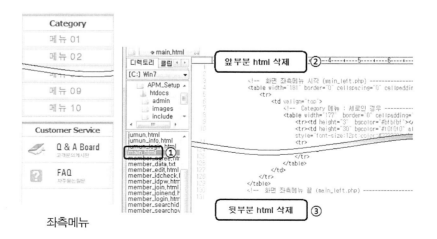

좌측메뉴

④ **main_bottom.php 만들기** : 과정 ① ~ ②번을 반복하여 아래와 같이 화면하단 회사
소개 관련 html 부분을 이용하여 "main_bottom.php"를 만들어라.

화면 하단 회사소개 부분

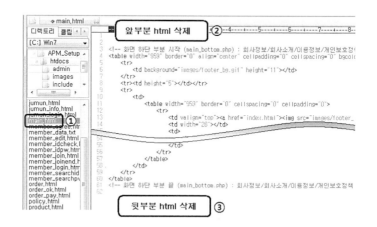

⑤ **temp.php 만들기** : "main.html"을 더블클릭하여 읽는다. 그리고 아래와 같이
include 문을 이용하여 해당 부분의 프로그램을 수정한다. 그리고 "저장"을 클릭하여
"temp.php"라는 새 이름으로 저장한다.

실습순서

1) main.html 읽기.
2) include "main_top.php"; 프로그램 삽입.
3) include "main_left.php"; 프로그램 삽입.
4) main에서 상품표시관련 html 삭제.
5) include "main_bottom.php"; 프로그램 삽입.
6) temp.php이름으로 저장.

```
13
14  <body style="margin:0">
15  <center>
16
17  <!-- 화면 상단 부분 시작 (main_top.php) ------------------------->
18  <?
19      include "main_top.php";
20  ?>
21  <!-- 화면 상단 부분 끝 (main_top.php) -------------------------->
22
23  <table width="959" border="0" cellspacing="0" cellpadding="0" align="center">
24      <tr><td height="10" colspan="2"></td></tr>
```

main.html 읽은 후, 프로그램 수정.

```
17  <!-- 화면 상단 부분 시작 (main_top.php) ------------------------->
18  <?
19      include "main_top.php";
20  ?>
21  <!-- 화면 상단 부분 끝 (main_top.php) -------------------------->
22
23  <table width="959" border="0" cellspacing="0" cellpadding="0" align="center">
24      <tr><td height="10" colspan="2"></td></tr>
25      <tr>
26          <td height="100%" valign="top">
27              <!-- 화면 좌측메뉴 시작 (main_left.php) ------------------------->
28  <?
29      include "main_left.php";
30  ?>
31              <!-- 화면 좌측메뉴 끝 (main_left.php) ------------------------->
32          </td>
33          <td width="10"></td>
34          <td valign="top">
35
36  <!----------------------------------------------------------------->
37  <!-- 시작 : 다른 웹페이지 삽입할 부분                              -->
38
            [ 삭제 ]

41  <!-- 끝 : 다른 웹페이지 삽입할 부분                                -->
42  <!----------------------------------------------------------------->
43
44
45          </td>
46      </tr>
47  </table>
48  <br><br>
49
50  <!-- 화면 하단 부분 시작 (main_bottom.php) : 회사정보/회사소개/이용정보/개인보호정책 ... ----------->
51  <?
52      include "main_bottom.php";
53  ?>
54  <!-- 화면 하단 부분 끝 (main_bottom.php) : 회사정보/회사소개/이용정보/개인보호정책 ... ----------->
55
56   
57  </center>
```

⑥ **실행 및 결과 확인** : temp.php를 웹브라우저에서 실행하여 결과를 확인한다.

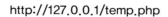

http://127.0.0.1/temp.php

4.2 회원가입

4.2.1 회원관리 개요

보통 인터넷 사이트를 사용하기 위해서는 회원가입을 하며, 인터넷 쇼핑몰에서 회원관리는 반드시 필요하다. 이 회원관리 프로그램은 앞서 만들어 보았던 주소록프로그램과 거의 동일하므로, 앞서 만든 주소록프로그램을 최대한 이용하여 만들면 대단히 편리할 것이다. 먼저 작업에 들어가기 전에 회원관리에 관련된 파일구조에 대해 알아보자.

① **사용자용 파일 구조** : 앞서 언급했지만, 쇼핑몰에서는 사용자와 관리자용 프로그램이 따로 있으며, 다음 그림은 사용자측에서 작업해야 할 내용과 파일 구조이다.

1) **회원가입** : 사용자가 쇼핑몰을 보다 편리하게 사용하기 위해서는 먼저 회원가입을 해야 한다. 다음 파일 구조는 회원가입 처리에 관련된 파일 처리순서이다. 여기서 회원 아이디가 중복되지 않도록 확인하는 절차와 우편번호 조회기능은 반드시 필요하다.

```
→ member_agree ──→ member_join ──→ member_insert ──→ member_joinend
   (가입동의)        (회원정보입력)      (정보저장)         (가입축하)
                         ├──→ member_idcheck (중복ID확인)
                         └──→ zipcode (우편번호찾기)
```

2) **로그인** : 회원으로서 쇼핑몰을 이용하기위해서는 먼저 로그인을 하여 회원임을 인증 받아야 한다. 다음 파일 구조는 내용은 고객ID와 암호를 이용하여 로그인하는 파일 처리순서이다.

```
→ login ──→ member_check ──→ main
```

3) **로그아웃** : 로그인한 후, 로그아웃 처리를 하는 파일 처리순서이다.

```
→ member_logout ──→ main
```

4) **회원정보 수정** : 로그인을 한 후, 자신의 회원정보를 변경할 수 있는 처리의 파일 처리순서이다.

→ member_edit ── member_update
　(회원정보수정)

5) **ID, 암호 문의** : 회자신의 ID나 암호를 잊어 버렸을 때 등록된 자신의 기본정보를 이용하여 ID나 암호를 확인할 수 있는 파일 처리순서이다.

→ member_idpw (본인 확인 정보 입력)
　├─► member_searchid (문의한 ID 표시)
　└─► member_searchpw　(문의한 암호표시)

② **관리자용 파일 구조** : 관리자 쪽에서는 모든 회원에 대한 정보를 관리할 수 있는 기능이 필요하며 이러한 파일의 구조는 다음과 같다.

1) **회원목록** : member
2) **회원수정** : member_edit (회원정보수정) ── member_update (수정)
　└─► zipcoce (우편번호 찾기)
3) **회원삭제** : member_delete

4.2.2 member 테이블

🔘 **실습목적**

회원의 정보를 저장할 member테이블을 만들어라.

🔘 **실습이론**

① **member테이블 구조** : 다음 표는 회원 테이블의 구조로서, 가능한 최소한의 개인정보가 되도록 구성하였다. 이 밖에도 결혼여부, 마일리지, 취미, 정보수신여부 등 더 많은 회원정보가 있을 수 있다. 원한다면, 독자가 추가하여 작업해보길 바란다. 테이

블의 내용에 대해서는 자세한 설명을 하지 않아도 충분히 이해할 것이라 생각된다.

	필드명	자료형	Null	인덱스	A_I	비고
번호	no	int	☐	PRIMARY	☑	기본키 🗝
고객 ID	uid	varchar(20)	☑			
암호	pwd	varchar(20)	☑			
이름	name	varchar(20)	☑			
생일	birthday	date	☑			
양력/음력	sm	tinyint	☑			양력=0, 음력=1
전화	tel	varchar(11)	☑			000-0000-0000
핸드폰	phone	varchar(11)	☑			000-0000-0000
E-Mail	email	varchar(40)	☑			
우편번호	zip	varchar(5)	☑			00000
주소	juso	varchar(100)	☑			
회원상태	gubun	tinyint	☑			회원=0, 탈퇴=1

STEP ○

① **member테이블 만들기** : phpmyadmin을 이용하여 데이터베이스 shop0에 member 테이블을 만든다. 여기서는 테이블의 이름이 "member"이고, 필드 수는 "12"이다.

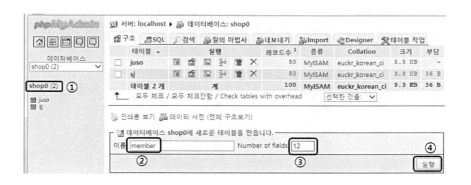

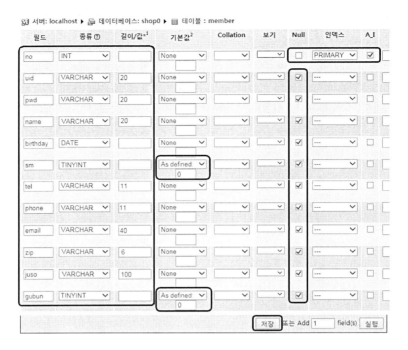

테이블을 만드는 자세한 과정은 성적프로그램의 sj테이블이나, 주소록프로그램의 juso테이블을 만드는 부분을 참고하길 바란다.

4.2.3 회원 가입

◎ 실습목적

회원가입 처리는 동일 ID가 있는지를 조사하는 ID중복 검사와 우편번호 찾기와 같은 처리가 추가된 것을 제외하고는 주소록프로그램과 거의 동일하다. 따라서 ID중복검사 처리 및 우편번호 찾기 기능을 제외한 회원가입 프로그램을 작성하여라.

◎ 실습이론

1. **회원가입 파일구조** : 회원을 가입 처리하는 프로그램의 파일구성과 각 해당 화면은 다음과 같다.

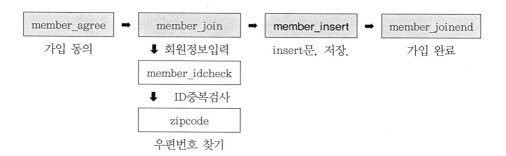

member_agree	→	member_join	→	**member_insert**	→	member_joinend
가입 동의		↓ 회원정보입력		insert문, 저장.		가입 완료
		member_idcheck				
		↓ ID중복검사				
		zipcode				
		우편번호 찾기				

회원가입 동의 화면(member_agree.html)

회원정보 입력 화면(member_join.html)

회원가입 축하 화면(member_joinend.html)

ID중복검사, 우편번호 찾기는 다음 절에서 설명하도록 하겠다.

중복ID검사

(member_idcheck.html)

우편번호찾기(zipcode.html)

② **temp.php를 이용하여 모든 html 문서를 php 파일로 수정하기** : 앞으로 만들 모든 사용자 영역의 모든 html 문서는 temp.php를 이용하여 include가 포함된 php 파일로 수정하여 저장해야 한다. 예를 들어 회원가입동의를 얻는 member_agree.html인 경우에는 공통부분을 제외한 회원동의를 얻는 html 소스만 복사를 하여 아래 그림과 같이 temp.php에 삽입을 한 후, member_agree.php라는 새 이름으로 저장해야 한다.

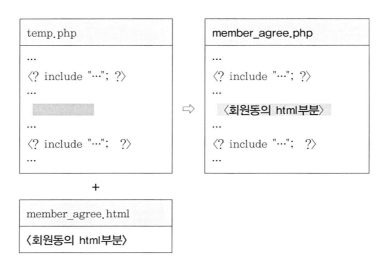

모든 파일에 대해 이런 작업을 한다는 것은 귀찮은 작업일 수 있다. 그러나 이 작업을 하지 않으면, 앞에서 설명했듯이 공통적인 부분에 대해 매 파일마다 똑 같은 PHP 프로그램 작업을 해야 한다. 따라서 작업을 최소화하기 위해서는 반드시 해줘야 한다.

③ **link 수정하기(*.html ➜ *.php)** : 앞에서 파일이름을 php로 저장했으므로, A tag와 같이 문서와 문서간의 이동처리를 하는 link의 이름을 모두 수정해야 한다. 예를 들어 아래 그림은 화면상단의 회원가입 메뉴를 클릭했을 때 회원동의 화면으로 이동하는 link부분을 보여주고 있다. 이 경우 member_agree.html을 member_agree.php로 이름을 바꾸어야 한다.

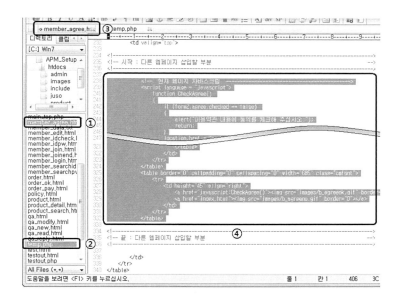

main_top.php

---

*.html ➜ *.php 만들기

① **member_agree.php 만들기** : "member_agree.html"과 "temp.php"를 각각 읽는다. "member_agree.html"에서 아래 그림과 같은 영역을 반전시킨다. 그리고 "Ctrl+C" 키를 눌러 복사를 한다.

```
        </td>
        <td width="10"></td>
        <td valign="top">
<!—————————————————————————————————————————>
<!—— 시작 : 다른 웹페이지 삽입할 부분         ——>
<!—————————————————————————————————————————>
```

```
<!— 현재 페이지 자바스크립 ———————————>
<script language = "javascript">
function CheckAgree()
{
  if (form2.agree.checked == false)
  {
    alert("이용약관 내용에 동의를 체크해 주십시오.");
    … 생략 …
      <a href="index.html">
        <img src="images/b_agreeno.gif" border="0">
      </a>
    </td>
  </tr>
</table>


<!———————————————————————————————>
<!— 끝 : 다른 웹페이지 삽입할 부분                      —>
<!———————————————————————————————>

    </td>
  </tr>
</table>
```

② **temp.php에 붙여 넣기** : "temp.php"에서 아래와 같은 영역을 찾아 "[Ctrl]+[V]"키를 눌러 복사한 내용을 "붙여넣기"한다.

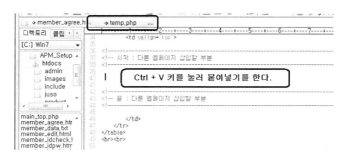

③ **member_agree.php로 저장** : [파일]➜[새 이름으로] 메뉴를 이용하여 새 이름 "member_agree.php"라는 이름으로 저장한다.

④ **member_join.php 만들기** : 과정 ① ~ ③을 반복하여 "member_join.html"을 "member_join.php"로 만들어라.

⑤ **member_joinend.php 만들기** : 과정 ① ~ ③을 반복하여 "member_joinend.html" 을 "member_joinend.php"로 만들어라.

⑥ **main.php 만들기** : 과정 ① ~ ③을 반복하여 "main.html"을 "main.php"로 만들어라.

STEP 02 link 수정하기

① **member_agree.html을 호출하는 link 수정하기** : "main_top.php"을 읽은 후, 내용 중 member_agree.html을 찾아 "member_agree.php"로 link를 수정한다.

② **member_join.html을 호출하는 link 수정하기** : "member_agree.php"을 읽은 후, 내

용 중 member_join.html을 찾아 "member_join.php"로 link를 수정한다.

③ **member_joinend.html을 호출하는 link 수정하기** : "member_join.php"을 읽은 후, 내용 중 member_joinend.html을 찾아 "member_insert.php"로 link를 수정한다.

④ **main.html을 호출하는 link 수정하기** : "index.html"을 읽은 후, 내용 중 main.html 을 찾아 "main.php"로 link를 수정한다. 그리고 저장한다.

⑤ **실행 및 결과확인** : 쇼핑몰을 반드시 새로 고침한 후, 회원가입 메뉴 클릭부터 회원 정보 입력 화면까지 제대로 표시되는지 확인한다.

index.html ➡ main.php ➡ member_agree.php ➡ member_join.php
회원가입 클릭   회원동의 클릭

STEP 03 insert SQL

① **common.php 만들기** : 주소록프로그램 juso폴더에 있는 common.php를 읽어 root
폴더인 "htdocs"에 동일한 이름인 "common.php"로 저장하여라.

② **member_insert.php 만들기** : 주소록프로그램 juso폴더에 있는 juso_insert.php를
참고하여 member_insert.php를 만들어라.

③ **실행 및 결과확인** : 실행하여 회원 가입이 되는지 확인한다. 가입확인은 phpmyadmin
을 이용하여 member테이블의 내용을 확인하면 된다.

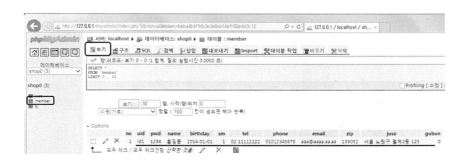

4.2.4 중복 ID 검사

⊙ 실습목적

아래 그림과 같이 입력한 ID와 동일한 ID가 있는지를 검사하여 표시해주는 중복 ID 검사 프로그램을 작성하여라. 만약 중복된 ID가 있는 경우에는 회원등록을 못하도록 한다.

⊙ 실습이론

[1] **프로그램 처리과정** : ID는 어떤 특정 사이트에서만 자신의 이름대신에 사용하는 일종의 별칭으로서, 해당 사이트 내에서는 절대로 동일한 아이디가 있을 수 없다. 따라서 동일한 아이디를 등록하는 실수를 막기 위해서는 ID를 등록할 때 등록되어 있는 ID중 같은 ID가 있는지 조사하는 기능이 필요하다. 중복 ID 검사 처리과정은 다음과 같다.

```
$query="select * from member where uid='$uid';";
...
$count=레코드 개수
if ($count==0)
    echo("사용 가능 출력 html소스");
else
    echo("사용 못함 출력 html소스");
```

회원정보에서 입력한 ID값은 input tag 이름이 uid인 곳에 저장된다. 따라서 중복ID가 있는지를 알아내는 방법은 테이블 member에서 필드 uid의 값이 입력한 $uid의 값과 같은 자료의 개수($count)를 세어 보는 것이다. 만약 $count가 0이면 중복 ID가 없는 경우가 되며, 0이 아니면 중복 ID가 있음을 의미한다.

[2] **사용자가 중복 ID 검사를 했는지 알아내는 방법** : 회원가입을 할 때 사용자가 중복 ID

검사를 했는지를 알아내어 하지 않은 경우에는 회원등록을 못하도록 하는 방법에 대해 알아보자. 먼저 회원가입 html에 아래와 같은 hidden 변수로 check_id를 선언한다. 그리고 member_idcheck.php 문서에 member_join.php의 check_id에 값을 대입하는 javascript함수 Closeme()를 작성한다.

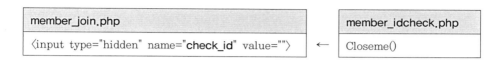

member_join.php		member_idcheck.php
⟨input type="hidden" name="**check_id**" value=""⟩	←	Closeme()

입력한 ID가 사용 가능한 경우에는 확인버튼을 클릭할 때, Closeme("V")를 호출하여 check_id에 "V"값을 입력한다. 아닌 경우에는 Closeme(" ")를 호출하여 빈 문자열을 대입함으로서 검사를 했는지를 알아 낼 수 있다.

③ **프로그램 작성할 때, 주의사항** : echo()함수에서 Closeme("V")를 처리할 때 중복 따옴표 문제로 에러나 결과가 나오지 않을 수 있다. 작성할 때 주의하기를 바란다.

echo("   …   **Closeme(₩"V₩")**   …   ");

[PHP] 문자열 표시에서 중첩 따옴표 처리

문자열표시에서 따옴표를 중첩되게 사용할 때는 는 따옴표("), 싱글따옴표('), Escape따옴표(₩") 순으로 사용해야 한다.

   "   '   ₩"   ₩"   '   "
  1번째   2번째   3번째

예제⟩ echo("⟨a href='javascript:Closeme(₩"문자열₩");'⟩닫기⟨/a⟩");

STEP ○

① **member_idcheck.html을 php로 원격저장** : "member_idcheck.html"을 읽어 원격저장을 이용하여 "member_idcheck.php"로 저장한다.
② **프로그램 작성** : 중복 ID 검사처리 프로그램을 작성한다.
③ **실행 및 결과확인** : 이미 등록한 ID를 이용하여 회원가입과정에서 중복 ID 검사가 제대로 되는지 확인한다.

4.2.5 우편번호 찾기

회원가입에서 우편번호 버튼을 클릭하면 아래 그림과 같이 우편번호찾기 창이 열려, 도로명이나 건물이름 일부분으로 우편번호와 주소 앞부분을 검색할 수 있는 프로그램을 작성하여라.

우편번호찾기(zipcode.html)

○ 실습이론

[1] **우편번호 파일과 테이블** : 주소표시방식이 지번방식에서 도로명으로 표시하는 방식으로 변경되었으며, 6자리 우편번호에서 2015년 8월부터 5자리로 변경된다. 변경된 우편번호(구역번호)인 경우, 도로명방식과 지번방식으로 표시할 수 있으나, 이 책에서는 도로명 방식만 처리하도록 하겠다. 지번표시나 검색은 독자가 구현해보길 바란다. 따라서 도로명이나 건물명 일부로 우편번호 검색처리를 하려면, 도로명과 우편번호가 저장된 파일이 필요하다. 이 파일은 인터넷우체국(www.epost.go.kr)에서 구할 수 있으며, 최신의 우편번호 정보를 원한다면 해당 사이트를 참조하길 바란다.

www.epost.go.kr

도로명을 이용하는 우편번호인 경우는 전국의 모든 건물에 대한 정보를 가지고 있어서 파일 크기가 매우 크며, 영문이름 등 쇼핑몰에서는 불필요한 정보도 포함되어 있어 검색속도를 저하시킨다. 따라서 검색속도를 개선하기 위해 전국 우편번호를 하나의 테이블에 저장하지 않고, 다음과 같이 각 시, 도에 따라 여러 개의 우편번호 테이블을 이용하는 것이 효과적이다. 그리고 검색할 때는 먼저 시도를 선택하여 테이블을 결정하여 검색하도록 프로그램을 작성하면 된다.

서울	zip1	충남	zip7	경남	zip13
경기	zip2	대전	zip8	전북	zip14
인천	zip3	경북	zip9	전남	zip15
강원	zip4	대구	zip10	광주	zip16
충북	zip5	울산	zip11	제주	zip17
세종	zip6	부산	zip12		

시도별 테이블 이름

이 책의 부록에는 2014년 10월 27일 기준의 전국 새우편번호 파일이 있으며, 필자는 서울지역 우편번호 정보에서 필요한 부분만 발췌하여 사용할 생각이다. 그 이외 지역 정보는 독자가 같은 방식으로 처리하길 바란다. 먼저 도로명 방식의 데이터는 다음 그림과 같으며, 서울지역 zip1 테이블의 구조는 다음과 같다.

도로명을 이용하는 서울 우편번호 zip1 테이블구조

	내용	필드명	자료형	비고
1	번호	no	int(11)	auto_increment, 기본키 🗝
2	우편번호	zip	varchar(5)	
3	시, 도	juso1	varchar(20)	
4	시, 군, 구	juso2	varchar(20)	
5	읍, 면	juso3	varchar(20)	
6	도로명	juso4	varchar(80)	
7	건물번호본	juso5	varchar(5)	
8	건물번호부	juso6	varchar(5)	
9	건물명	juso7	varchar(200)	

zip	juso1	juso2	juso3	juso4	juso5	juso6	juso7
13984	서울	노원구		초안산로2길	25	19	성지독서실

2 **우편번호 콤보상자 post_no 초기상태** : 우편번호 검색창이 처음 표시될 때는 아무것도 검색되지 않도록 처리를 해야 한다. 그렇지 않으면 모든 우편번호가 표시될 때까지 지연되기 때문이다. 이 처리는 다음과 같이 검색어 text1값이 있는 경우에만 우편번호를 검색하도록 프로그램을 작성해야 한다.

```
if (!$sel) $sel=0;
...
<select name="post_no">
<?
    if ($text1 && $sel != 0)  // 검색어가 있고 시도선택이 있는 경우
    {
        우편번호 검색하여 콤보상자 목록에 정보 추가.
    }
    else
        echo("<option></option>");
?>
</select>
```

3 **우편번호 검색쿼리** : 도로명방식의 전국 우편번호파일 크기가 매우 크므로, 검색속도가 떨어진다. 따라서 아래 그림과 같이 시도를 선택하는 콤보상자 sel 을 이용하여 sel번호를 알아내어 테이블을 선택하고, zip테이블의 도로명인 juso3, 건물명인

juso7 중 하나를 이용하여 검색할 수 있도록 만들어 보겠다. 따라서 검색할 정보를 가지고 있는 입력란 text1에 따라 다음과 같은 쿼리를 이용하여 검색할 수 있다.

```
$query="select * from zip$sel where juso4 like '%$text1%' or juso7 like '%$text1%'";
```

4 **우편번호정보 목록값** : 우편번호정보를 선택하는 post_no 콤보상자 목록값은 다음과 같은 표시방식을 이용한다.

```
[13984] 서울특별시 노원구 초안산로2가길 25-10
[13984] 서울특별시 노원구 초안산로2가길 25-17
[13984] 서울특별시 노원구 초안산로2가길 25-19  성지독서실
[13984] 서울특별시 노원구 초안산로2가길 9-9
[13984] 서울특별시 노원구 초안산로2가길 5-5
[13984] 서울특별시 노원구 초안산로2가길 5-10
[13984] 서울특별시 노원구 초안산로2가길 9-10
[13974] 서울특별시 노원구 초안산로 12  인덕대학
[13984] 서울특별시 노원구 초안산로 29  신계초등학교
[13984] 서울특별시 노원구 초안산로 7  월계2단지주공아파트
[13991] 서울특별시 노원구 초안산로 89  월계청백1단지아파트
[13984] 서울특별시 노원구 초안산로 2  월계2치안센터
```

```
<select name="post_no">
    <option value="13984^^서울특별시 노원구 초안산로2가길 9-13 성지독서실">
        [13984] 서울특별시 노원구 초안산로2가길 9-13 성지독서실
    </option>
    ...
</select>
```

따라서 우편번호정보를 표시하는 프로그램은 주소록 프로그램인 juso_list.asp에서 자료를 "<td>정보</td>"가 아니라 콤보상자의 "<option>정보</option>"으로 표시하는 식으로 수정하면 된다. 여기서 ^^표시는 우편번호, 주소 데이터를 구분하는 기호이다.

```
    ...
    for ($i=0; $i<$count; $i++)
    {
        $zip=$row[zip];
        echo("<option value='$zip^^A'>[$zip] A</option>");
    }
    ...
```

A	서울특별시	노원구	_____	초안산로2가길	25 - 19	성지독서실
	juso1	juso2	juso3	juso4	juso5-juso6	juso7

여기서 주의할 점은 도로명을 표시할 때 juso5, juso6, juso7에 따라 다음과 같이 다양한 출력결과가 생긴다.

juso5 있는 경우 :	서울 … 초안산로5길 25
juso5, juso6 있는 경우 :	서울 … 초안산로5길 25-19
juso5, juso7 있는 경우 :	서울 … 초안산로5길 25 …빌딩
juso5, juso6, juso7 있는 경우 :	서울 … 초안산로5길 25-19 …빌딩

이러한 출력 처리는 다음 프로그램을 이용하면 쉽게 해결할 수 있다. juso6값은 값이 없는 경우 0값이 입력되어 있으므로, 0인 경우는 표시하지 않도록 처리한다.

```
A=$row[juso1] . " " . $row[juso2] . " " . $row[juso3] . " " . $row[juso4];
if ($row[juso5])      A=A . " $row[juso5]";
if ($row[juso6]!="0") A=A . "-$row[juso6]";
if ($row[juso7])      A=A . " $row[juso7]";
```

⑤ **Sendzip() 함수** : 우편번호 검색창의 콤보박스의 value값을 보면, 우편번호와 주소 자료 표시형식이 ^^기호를 이용하여 하나의 문자열(우편번호5자리^^주소앞부분)로 저장되어 있는 것을 알 수 있다.

```
〈select name="post_no"〉
  〈option value="13977^^서울 노원구 초안산로5길 주공아파트"〉
    [13977] 서울 노원구 초안산로5길 주공아파트
  〈/option〉
  …
〈/select〉
```

^^ 기호를 사용한 이유는 하나의 문자열로 되어 있는 우편번호와 주소정보를 javascript split()함수를 이용하면, 각 정보를 분리하여 문자열 배열로 저장하기 편리하기 때문이다.

```
var str, zip, juso;
str = form1.post_no.value;
str = str.split("^^");
zip = str[0];
juso = str[1] + " " + form1.juso.value;
```

선택된 우편번호와 주소값은 opener를 이용하여 브라우저에 현재 표시되고 있는 고객회원가입 문서의 우편번호, 주소 입력란에 저장하면 된다.

```
opener.form2.zip.value = zip;
opener.form2.juso.value = juso;
```

그리고 이 우편번호 검색은 회원가입이외에도 주문처리할 때도 필요하다. 따라서 나중에 다시 작성하는 것보다는 이 문서를 다시 이용하는 것이 효율적일 것이다. 이 처리는 Sendzip함수의 인수 zip_kind 변수에 따라 다른 처리가 되도록 프로그램하면 쉽게 처리할 수 있다.

```
if (zip_kind==1)
    { 주문처리의 주문자 우편번호 }
else if (zip_kind==2)
    { 주문처리의 배송지 우편번호 }
else
    { 회원가입 우편번호 }
```

STEP 01 도로형 우편번호 엑셀파일 만들기

이번에는 인터넷우체국에서 제공하는 도로형 우편번호 파일 중 서울지역 파일만 이 책에서 사용하는 우편번호 구조로 만드는 과정을 알아보도록 하겠다. 도로형 우편번호파일은 크기가 매우 크기 때문에 서울지역만 이용할 생각이다. 나머지 지역은 책 부록이나 인터넷우체국 사이트에 text 파일이 있으므로, 독자가 직접 만들어 보길 바란다. 만약 이 작업을 건너뛰기를 원하는 독자는 STEP02로 이동하여 책 부록에 있는 "서울특별시.xlsx"파일을 이용하길 바란다.

① **엑셀에서 우편번호파일 읽기** : 엑셀을 이용하여 책 부록에 있는 "서울특별시.txt" 파일을 읽어 온다.

② **텍스트마법사** : 다음 그림과 같이 "서울특별시.txt"를 엑셀로 읽어 들인다.

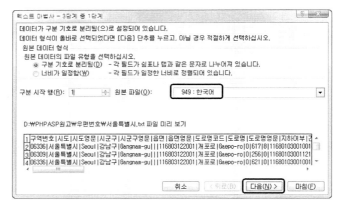

"다음"버튼을 클릭.

〈기타〉확인란을 체크한 후, "｜"을 입력한다.

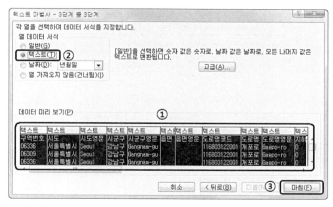

〈데이터 미리보기〉에 모든 내용을 선택한 후, 〈열 데이터
서식〉에서 "텍스트"를 선택한다.

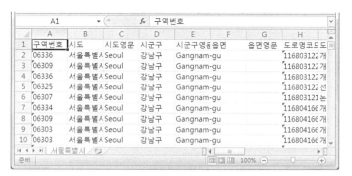

결과화면

③ **불필요한 칼럼 삭제하기** : 아래 그림과 같이 필요 없는 우편번호일련번호 칼럼을 삭
제한다. 그리고 같은 방법으로 "**구역번호, 시도, 시군구, 읍면, 도로명, 건물번호본번,
건물번호부번, 시구군용건물명**"를 제외한 나머지 칼럼들은 모두 삭제를 한다.

결과화면

④ **새 칼럼 삽입하기** : A칼럼 머리글부에서 마우스 오른쪽 버튼의 팝업창에서 [삽입]메뉴를 실행하여 빈 칼럼을 삽입한다.

⑤ **일련번호 입력하기** : A칼럼 2행에 1, 3행에 2를 입력한다. 그리고 그림과 같이 A열 2행부터 587817행까지 선택한다. 상단 메뉴에서 〈채우기〉콤보상자의 "계열"메뉴를 선택한다. 그리고 〈연속 데이터〉창에서 "자동 채우기"를 선택한 후, 확인 버튼을 클릭한다.

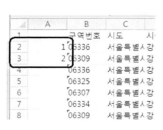

1, 2 값 입력

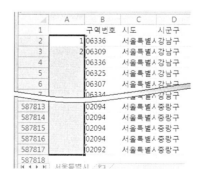

A열 2∼ 587817행 선택

"채우기"콤보상자의 "계열"메뉴 클릭 후,   결과화면
"자동 채우기" 선택.

⑦ **제목부 삭제** : 아래 그림과 같이 첫번째 줄, 맨 앞 "1" 위에서 마우스 오른쪽을 클릭한 후, "삭제" 메뉴를 선택하여 첫번째 줄을 삭제한다.

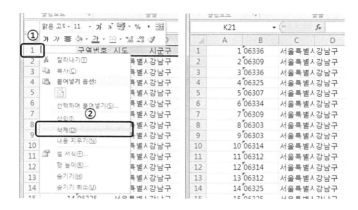

⑧ **text 파일로 저장하기** : [파일]➔[다른 이름으로 저장] 메뉴를 선택한다. 〈파일형식〉을 반드시 "텍스트(탭으로 분리) (*.txt)"를 선택한 후, "저장"버튼을 클릭하여 "서울특별시_탭.txt"로 저장한다.

저장된 결과화면

STEP 02 도로용 우편번호 테이블 만들기와 Import하기

① **도로용 zip1 테이블 만들기** : phpmyadmin을 이용하여 데이터베이스 shop0에 zip1 테이블을 만든다.

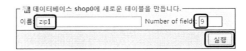

	필드명	자료형	비고
1	no	int(11)	auto_increment, 기본키 📝
2	zip	varchar(5)	우편번호
3	juso1	varchar(20)	시, 도
4	juso2	varchar(20)	시, 군, 구
5	juso3	varchar(20)	읍, 면
6	juso4	varchar(80)	도로명
7	juso5	varchar(5)	건물번호본
8	juso6	varchar(5)	건물번호부
9	juso7	varchar(200)	건물명

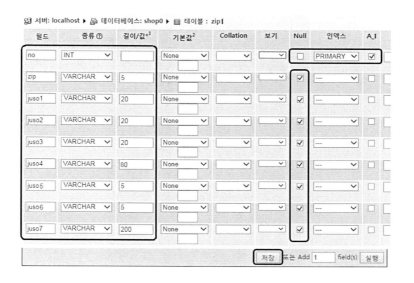

② **서울특별시_탭.txt 파일 Import하기** : zip1테이블을 선택한 후, [import]메뉴를 선택한다. 그리고 "찾아보기"버튼을 이용하여 앞에서 만든 "서울특별시_탭.txt" 파일을 선택한다.

③ **실행** : 파일 format형식은 "CSV using LOAD DATA"를 선택한 후, 〈필드구분자〉에 탭기호인 "\t"를 입력한 후, "실행"버튼을 클릭한다.

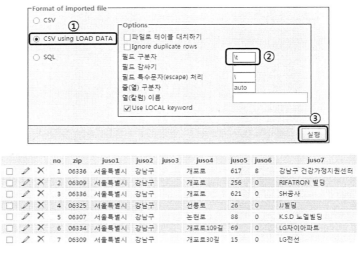

			no	zip	juso1	juso2	juso3	juso4	juso5	juso6	juso7
☐	✎	✗	1	06336	서울특별시	강남구		개포로	617	8	강남구 건강가정지원센터
☐	✎	✗	2	06309	서울특별시	강남구		개포로	256	0	RIFATRON 빌딩
☐	✎	✗	3	06336	서울특별시	강남구		개포로	621	0	SH공사
☐	✎	✗	4	06325	서울특별시	강남구		선릉로	26	0	JJ빌딩
☐	✎	✗	5	06307	서울특별시	강남구		논현로	88	0	K.S.D 노엘빌딩
☐	✎	✗	6	06334	서울특별시	강남구		개포로109길	69	0	LG자이아파트
☐	✎	✗	7	06309	서울특별시	강남구		개포로30길	15	0	LG전선

결과화면

STEP 03 다른 시,도용 테이블 만들기

앞에서 서울특별시 우편번호 테이블 zip1을 만들고 자료를 import하는 방법에 대해 소개했다. 이 과정을 이용해 경기도(zip2)부터 제주도(zip17)까지 나머지 우편번호 테이블을 만들고 Import하는 것은 독자가 직접 해보길 바란다. 만약 서울 우편번호만을 이용하고자하는 독자는 이 STEP 04 과정을 건너뛰기를 바란다.

① **zip2 만들기** : 아래 그림처럼 zip1을 선택한 후, [테이블 작업]메뉴를 클릭한다. 〈테이블 복사〉에서 "구조만"을 선택한 후, "zip2"를 입력한다. 그리고 "실행"버튼을 클릭하여 복사를 한다.

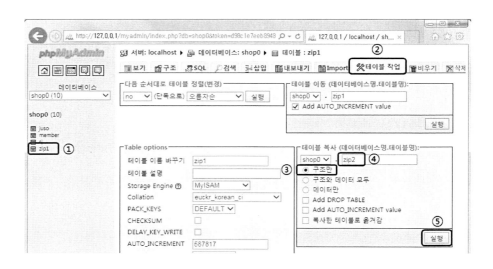

② **zip3 ~ zip17 테이블 만들기** : ① 과정을 반복하여 zip3부터 zip17을 만든다.

③ **zip3 ~ zip17 Import 하기** : 책 부록의 우편번호 파일을 이용해 각 테이블에 해당 우편번호정보를 Import한다.

STEP 04 **zipcode.php 만들기**

① **zipcode.html ➡ zipcode.php로 저장하기** : zipcode.html파일을 zipcode.php파일로 복사를 한다.

② **zipcode.php 작성하기** : 실습이론을 참고하여 zipcode.php를 작성한다.

③ **zipcode.php link 수정하기** : zipcode.php에서 우편번호 검색을 위한 link인 Form tag의 "zipcode.html"을 "zipcode.php"로 수정한다.

④ **member_join.php link 수정하기** : member_join.php에서 우편번호 검색창을 호출하는 findzip() 자바스크립트 함수의 link에서 "zipcode.html"를 "zipcode.php"로 수정한다.

⑤ **실행 및 결과확인** : 실행하여 결과를 확인한다.

4.3 회원 로그인, 로그아웃

자신의 주문정보나 자신의 개인 정보를 변경하고자할 때는 본인임을 확인하는 인증절차를 거쳐야 한다. 이 인증절차는 보통 로그인화면에서 자신의 ID와 암호를 입력하여 인증을 받는다. 로그인이 되면, 로그인 표시가 로그아웃 표시로 변경되며, 이 사이트 어느 문서에서든지 로그인을 하였다는 정보를 가지고 있어야 한다. 이 처리는 쿠키를 이용하여 할 수 있으며, 이러한 로그인처리와 쿠키를 처리하는 방법에 대하여 알아보도록 하겠다.

4.3.1 쿠키(Cookie)

○ **실습목적**

아래 그림과 같이 cookie.html을 실행하여 입력한 값을 쿠키로 저장시키고, 이 쿠키 값이 cookie_view.html에서 표시되도록 프로그램을 작성하여라.

cookie.html   cookie_view.html

실습이론

① **setcookie 함수** : 아마도 독자는 어떤 사이트에 로그인을 한 경우, 로그인 메뉴글자가 로그아웃으로 바뀌고 자신의 이름이 계속해서 표시되는 것을 본 적이 있을 것이다. 이런 처리는 보통 쿠키(cookie)나 세션(session)을 이용한다. 쿠키는 클라이언트에, 세션은 서버에 저장되는 일종의 전역변수로서, 웹브라우저가 열려 있는 한 언제든지 사용할 수 있는 변수이다. 여기서는 쿠키를 이용할 생각이며, 세션에 대한 내용은 다른 책을 참고하길 바란다. setcookie 함수는 쿠키 변수를 선언하는 PHP 함수이며, 사용법은 다음과 같다.

[PHP] setcookie("변수명","값",시간,"경로")

cookie란 인터넷사용자가 홈페이지를 접속할 때 생성되는 정보를 담기위하여 생성되는 임시 파일로서, 클라이언트 컴퓨터에 값을 저장시키는 함수이다.

- 변수명 : 저장될 변수 이름
- 값   : 저장할 값으로서, 빈 문자열을 지정하면 변수를 삭제한다.
- 시간   : cookie의 소멸시간을 지정한다. 예를 들어 1시간 뒤에 자동삭제를 하려면 time()+3600이라고 초로 지정하면 된다. 만약 0을 지정하거나 생략하면 웹브라우저를 종료할 때 자동으로 삭제된다.
- 경로   : cookie값을 저장할 경로로서, 생략할 때는 현재 폴더가 된다.

예〉 쿠키값 설정 ➜ setcookie("변수명", "값")
    쿠키값 삭제 ➜ setcookie("변수명", "")

---

② **쿠키 예제 파일구조** : 실습할 쿠키의 파일 구성은 다음과 같다.

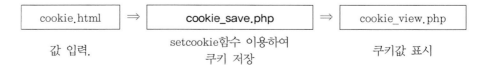

cookie.html은 cookie_save.php를 호출한다. cookie_save.php는 넘겨받은 $irum

값을 setcookie 함수를 이용하여 저장한다. 그리고 cookie_view.php에서 저장된 값을 출력한다.

STEP 01 cookie.html 수정하기

① **링크 수정하기** : 아래 그림처럼 "cookie.html"을 읽은 후, Action의 cookie_view.html을 "cookie_save.php"로 수정한다.

```
...
</head>
<body>
<form name="form1" method="post" action="cookie_save.php">
쿠키 : <input type="text" name="irum" value="">
<input type="submit" value="저장하기">
...
```

STEP 02 cookie_save.php 만들기

① **새 문서 cookie_save.php 만들기** : 아래 그림처럼 파일목록창에서 팝업메뉴 중 "새로 작성" 메뉴를 선택한 후, "cookie_save.php"라는 이름으로 저장한다.

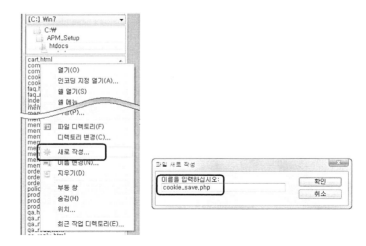

② **프로그램 입력** : 다음과 같은 프로그램을 입력한다.

```
<?
    @extract($_POST);
    @extract($_GET);
    @extract($_COOKIE);

    setcookie("cookie_value",$irum);
?>
<script>location.href="cookie_view.php"</script>
```

STEP 03 cookie_view.php 만들기

① **cookie_view.html 수정** : "cookie_view.html을 읽은 후, 다음과 같이 수정한다.

```
<?
    @extract($_POST);
    @extract($_GET);
    @extract($_COOKIE);
?>
<html>
…
저장된 cookie값은 <font color="blue"><?=$cookie_value ?></font>입니다.
  
<a href="cookie.html">돌아가기</a>
…
```

② **cookie_view.php로 저장** : [파일] ➜ [새 이름으로] 메뉴를 선택한 후, 새이름 "cookie_view.php"로 저장한다.

③ **실행 및 결과확인** : 다음과 같이 실행하여 cookie값에 대한 실습을 한다.

1) 임의의 값을 입력하여 cookie값이 저장되었는지 확인한다.
2) 다른 사이트로 이동했다가, 다시 cookie_view.php를 실행하여 cookie값이 그대로인지를 확인한다.
3) 웹브라우저를 종료한 후, 다시 cookie_view.php를 실행하여 cookie값이 삭제되었는지를 확인한다.

4.3.2 로그인, 로그아웃

⟳ **실습목적**

아래 그림과 같이 로그인화면에서 고객의 ID와 암호를 입력하여 로그인을 하면, 상단메뉴의 로그인과 회원가입 메뉴가 로그아웃과 회원정보수정으로 변경되고, "Welcome! 고객님."이 "Welcome! 홍길동님."과 같이 변경되도록 프로그램 처리를 하여라.

로그인 화면

⟳ **실습이론**

① **로그인 처리** : 로그인을 위한 파일처리 구성은 다음과 같다.

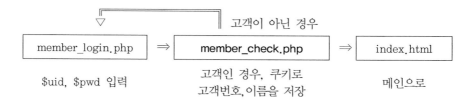

member_login.php ⇒ **member_check.php** ⇒ index.html

$uid, $pwd 입력   고객인 경우, 쿠키로   메인으로
고객번호,이름을 저장

고객이 아닌 경우

로그인처리는 member_login.php에서 입력한 고객 ID uid와 암호 pwd를 갖는 고객이 실제로 있는지를 조사해야 한다. 이 처리는 member_check.php에서 입력한 ID와 암호가 있는지 레코드개수를 조사하여 처리할 수 있다. 만약 레코드개수가 0이 아니면 해당 고객이 있으므로 고객의 번호(no)와 이름(name)을 쿠키로 저장하고 메인화면으로 이동처리하면 된다. 그러나 0이면, 해당 고객이 없으므로, 다시 ID와 암호를 입력하도록 로그인화면으로 이동시켜야 한다.

```
$query="select no, name from member where uid='$uid' and pwd='$pwd';";
...
$count=레코드개수
if ($count>0)
{
    고객의 번호와 이름을 cookie로 저장(cookie_no, cookie_name)
    index.html로 이동.
}
else
    member_login.php 로 이동.
```

2 **고객이름 및 로그아웃 표시** : 로그인을 한 경우에는 상단메뉴가 "로그인 회원가입"에서 "로그아웃 회원정보수정"으로 변경되고, "Welcome! 고객님" 대신에 "Welcome! 고객이름"이 표시되어야 한다. 이 처리는 main_top.php에서 쿠키로 저장된 쿠키변수 cookie_no (고객번호)에 값이 있는지를 조사하여 처리하면 된다.

1) **쿠기변수값을 위한 프로그램** : main_top.php에도 저장된 쿠키값을 이용하려면 반드시 다음과 같은 프로그램을 첫줄에 작성해야 한다.

```
<?
    @extract($_POST);
    @extract($_GET);
    @extract($_COOKIE);
?>
```

2) **"welcome! 고객이름" 표시인 경우** : main_top.php에서 아래와 같이 이름출력부분을 처리하면 된다.

```
if (!$cookie_no)
    "고객님" 표시
else
    $cookie_name 표시
```

3) **상단메뉴인 경우** : main_top.php에서 아래와 같이 그림과 link 문서이름과 해당 그림파일 이름을 수정하면 된다.

```
if (!$cookie_no)
{
    login 메뉴 출력 : 로그인      ➜ member_login.php     top_menu02.gif
                     회원가입      ➜ member_agree.php     top_menu03.gif
}
else
{
    logout메뉴 출력 : 로그아웃     ➜ member_logout.php    top_menu02_1.gif
                     회원정보수정  ➜ member_edit.html     top_menu03_1.gif
}
```

③ **로그아웃 처리** : 로그아웃 처리는 cookie_no와 cookie_name을 cookie에서 제거함으로서 간단하게 처리할 수 있다.

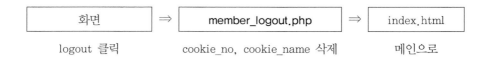

화면	⇒	member_logout.php	⇒	index.html
logout 클릭		cookie_no, cookie_name 삭제		메인으로

STEP ◉

① **member_login.html➜member_login.php 만들기** : member_login.html의 일부분 + temp.php를 이용하여 member_login.php를 만든다.

② **member_check.php 만들기** : 아래 그림처럼 마우스 오른쪽버튼의 팝업메뉴에서 "새로 작성"메뉴를 클릭한 후, "member_check.php"라는 이름의 새 파일을 만든다. 그리고 고객의 ID와 암호를 확인할 수 있는 프로그램을 작성한다.

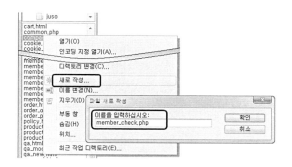

③ **main_top.php 수정하기** : cookie_no, cookie_name을 이용하여 로그인한 경우와 안한 경우에 따라 "Welcome! 고객이름과 상단 메뉴" 표시가 다르게 표시되도록 프로그램을 작성한다.

④ **member_logout.php 만들기** : 과정 ②번처럼 "새로 작성" 메뉴를 이용하여 "member_logout.php"라는 이름으로 새 파일을 만든다. 고객번호, 고객이름 cookie 정보를 삭제하고 index.html로 이동하는 프로그램을 작성한다.

⑤ **실행 및 결과확인** : 등록된 ID와 암호를 이용하여 결과를 확인한다.

4.3.3 회원정보 수정

○ **실습목적**

로그인을 한 경우에는 상단메뉴에서 회원가입이 회원정보수정 메뉴로 변경된다. 이 메뉴를 클릭하면 아래 그림과 같은 개인의 상세정보를 수정할 수 있는 화면이 표시된다. 이화면을 이용하여 개인정보를 수정할 수 있는 프로그램을 작성하여라.

회원정보 수정 화면

실습이론

① **개인정보 수정 처리** : 개인정보를 수정하는 프로그램의 파일구조는 다음과 같다.

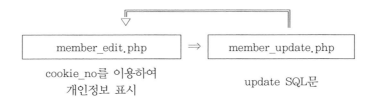

```
        member_edit.php        ⇒        member_update.php
```

cookie_no를 이용하여   update SQL문
개인정보 표시

로그인을 한 경우 고객의 정보는 아래 SQL문과 같이 cookie_no 변수를 이용하여 조
회할 수 있으며, member_update.php에서 update SQL문을 이용하여 수정처리를
하면 된다.

```
$query="select * from member where no=$cookie_no;";
```

② **비밀번호 처리** : 비밀번호 변경처리는 아래와 같이 새 비밀번호($pwd1)를 입력한 경
우에만 저장하도록 2개의 update SQL문을 작성하면 된다. 이때 SQL문의 조건은 no
가 $cookie_no와 같은 자료가 되도록 작성해야 한다.

```
if (!$pwd1)
    $query="비밀번호 수정이 없는 Update SQL문";
else
    $query="비밀번호 수정이 있는 Update SQL문";
```

이때 SQL문의 조건은 no가 cookie_no와 같은 자료가 되도록 작성해야 한다.

```
$query="update  …  where no=$cookie_no;";
```

③ **우편번호 검색** : 우편번호 검색처리는 회원 가입할 때 사용했던 우편번호 검색창
zipcode.php를 그대로 이용하면 된다.

STEP

① **member_top.php link 수정하기** : member_top.php에서 "member_edit.html"을
"member_edit.php"로 수정한다.

② **member_edit.html → member_edit.php 만들기** : member_edit.html의 일부분 + temp.php를 이용하여 member_edit.php를 새로 만든다.

③ **member_edit.php link 수정하기** : member_edit.php에서 우편번호 검색창을 호출하는 findzip() 자바스크립트 함수의 link에서 "zipcode.html"를 "zipcode.php"로 수정한다.

④ **고객정보 표시 처리** : 주소록프로그램의 juso_edit.php 프로그램을 참고하여 고객번호 $cookie_no를 이용하여 member_edit.php에 고객정보를 표시하는 프로그램 처리를 한다.

⑤ **member_update.php 처리** : 주소록프로그램의 juso_update.php프로그램을 참고하여 member_update.php를 새로 작성한다.

⑥ **실행 및 결과확인** : 실행하여 결과를 확인한다.

4.4 관리자 회원관리

4.4.1 관리자 로그인

🔄 실습목적

관리자 ID와 암호를 common.php에 등록하고, 아래 그림과 같은 관리자 로그인화면을 이용하여 관리자가 로그인을 할 수 있는 프로그램 처리를 하여라.

관리자 로그인 화면 (http://127.0.0.1/admin)

① **관리자 폴더 및 처리** : 쇼핑몰 쪽에서 고객이 회원 가입 및 정보수정, 그리고 로그인, 로그아웃까지 회원에 대한 기본적인 프로그램 작업을 하였다. 이번에는 관리자가 전체 회원에 대한 관리를 할 수 있는 프로그램을 만들어 보자. 관리자가 쇼핑몰을 운영하는 데 필요한 회원관리, 상품관리, 주문관리는 관리자 영역에서 처리되어야 한다. 이 영역은 일반 사용자가 모르도록 홈페이지 밑의 admin이라는 폴더에 만들었으며, 관리자는 웹브라우저에서 다음 주소를 입력하여 접근할 수 있다.

　　http://127.0.0.1/admin

관리자의 초기화면은 아무나 접근하지 못하도록 관리자 ID와 암호를 입력하는 화면으로 시작하며, 관리자 ID와 암호는 하나뿐이므로, common.php 파일에 전역변수로 등록하여 처리하면 간단하게 처리할 수 있다. 그리고 관리자 로그인 처리는 고객의 로그인처럼 쿠키를 이용하여 관리자가 로그인했는지를 표시하면 된다.

② **관리자 ID와 암호** : 쇼핑몰에서 사용하는 기초정보는 보통 테이블을 만들고 관리해주는 화면을 따로 만들어 관리한다. 그러나 여기서는 작업시간을 줄이기 위하여 테이블을 따로 만들지 않고 common.php에 저장되는 전역변수로 간단하게 처리하도록 하겠다.

　　$admin_id = "admin";
　　$admin_pw = "1234";

③ **common.php 경로** : db연결정보가 있는 common.php 파일은 관리자의 admin폴더에 있지 않고 admin폴더의 상위폴더인 root폴더에 있다. 따라서 admin폴더의 프로그램에서 상위폴더의 common.php를 이용하기 위해서는 상위폴더를 의미하는 상대경로 "../"를 다음과 같이 파일 앞에 사용해야 한다.

　　include "../common.php";

④ **관리자 로그인 파일구조** : 실습할 관리자 로그인을 위한 쿠키처리 구성은 다음과 같다.

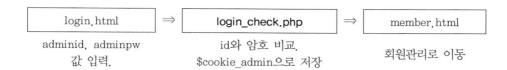

관리자용 login.html에서 입력한 ID와 암호 adminid, adminpw값을 login_check. php에서 아래와 같이 $admin_id, $admin_pw값과 비교를 한다. 만약 일치하면 cookie_admin값으로 "yes"값을 저장하고, 회원관리 화면으로 이동한다. 그러나 다른 경우에는 쿠키를 저장하지 않고 index.html로 이동한다.

```
if ($adminid == $admin_id && $adminpw == $admin_pw)
{    $cookie_admin변수에 "yes"로 쿠키 저장.
     member.html로 이동.    }
else
{    $cookie_admin변수 삭제
     index.html로 이동.    }
```

STEP ◔

① **관리자 ID, 암호** : 실습이론 ②를 참고하여 root폴더에 있는 common.php에 관리자 ID와 암호를 $admin_id, $admin_pw 변수를 이용하여 선언한다.
② **login_check.php 작성하기** : 실습이론 ③, ④를 참고하여 관리자가 로그인을 했을 경우 쿠키 $cookie_admin을 설정할 수 있는 프로그램을 작성한다.
③ **login.html link 수정하기** : Form tag의 Action에 등록되어 있는 "member.html"을 "login_check.php"로 수정한다.
④ **실행 및 결과확인** : 실행하여 결과를 확인한다.

4.4.2 회원 목록

○ **실습목적**

아래 그림과 같이 회원목록을 표시할 수 있는 프로그램을 만들어라.

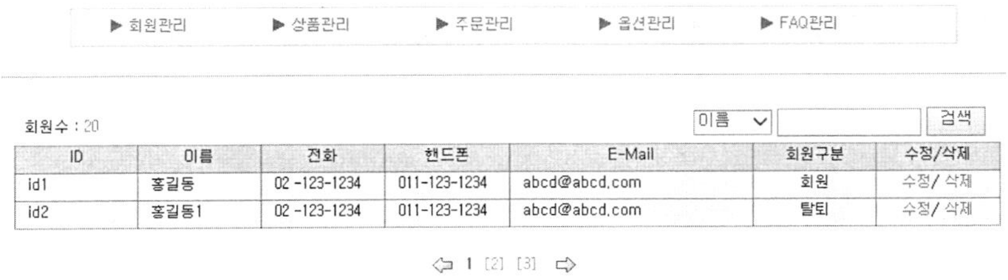
▶ 회원관리
▶ 상품관리
▶ 주문관리
▶ 옵션관리
▶ FAQ관리
회원수 : 20
이름
검색
ID | 이름 | 전화 | 핸드폰 | E-Mail | 회원구분 | 수정/삭제
id1 | 홍길동 | 02 -123-1234 | 011-123-1234 | abcd@abcd.com | 회원 | 수정/ 삭제
id2 | 홍길동1 | 02 -123-1234 | 011-123-1234 | abcd@abcd.com | 탈퇴 | 수정/ 삭제
1 [2] [3]

회원관리 목록화면(member.html)

실습이론

[1] **주소록프로그램 소스이용** : 위 그림을 보면 알겠지만 이전에 만든 주소록프로그램과 거의 동일하다. 따라서 주소록프로그램의 소스를 최대한 이용하여 작성하면 된다.

[2] **이름, 아이디 검색처리** : 이전에 만든 주소록프로그램과 다른 점은 콤보박스 sel1값에 따라 고객이름 이외에 아이디 검색이 추가된 점이다. 따라서 sel1에 따라 검색조건이 전체, 이름(sel1=1), 아이디(sel1=2)로 늘었다. 그러므로 기존의 쿼리를 아래와 같이 수정하면 된다.

```
if (!$text1)
   $query="조건 없는 select문";
else
   if ($sel1==1)
      $query="이름으로 검색하는 select문";
   else
      $query="아이디로 검색하는 select문";
```

[3] **검색용 콤보상자 sel1** : sel1 값이 추가되었으므로, html 소스도 sel1 값이 다음 문서에 전달되도록 프로그램 처리를 해야 한다. 아래 프로그램은 A tag인 경우 해당 sel1 값이 전달되도록 작성된 예이다.

예〉 〈a href='xxxx.html?no=$no&page=$page**&sel1=$sel1**&text1=$text1'〉

STEP 01 member.php 만들기

① **member.html → member.php 로 저장하기** : admin폴더에 있는 member.html을 읽어 새 파일이름 member.php로 저장한다.

② **member.php 수정하기** : juso_list.php 소스를 참고하여 프로그램을 작성한다.

③ **member.php link 수정하기** : 관리자 화면의 메뉴는 admin/include폴더의 common.js 파일에 있다. 따라서 이 파일을 읽어 내용 중 "member.html"을 "member.php"로 수정한다.

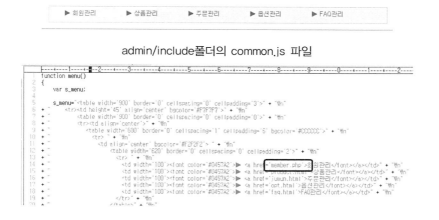

admin/include폴더의 common.js 파일

④ **실행 및 결과확인** : 실행하여 쇼핑몰에서 등록한 회원 목록을 확인한다.

4.4.3 회원 수정 및 삭제

○ **실습목적**

회원목록에서 수정 및 삭제를 클릭한 경우, 아래 그림과 같이 해당 회원정보를 수정하거나 삭제할 수 있는 프로그램을 작성하여라.

회원정보 수정화면(member_edit.html)   우편번호찾기(zipcode.html)

○ **실습이론**

① **회원수정 파일구조** : 관리자화면에서 회원수정을 위한 파일 구성은 다음과 같다.

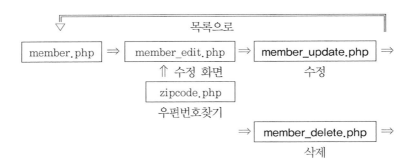

관리자 회원관리에서는 신규 회원가입 기능은 쇼핑몰에서 필요한 기능이므로, 관리자에서는 불필요하다. 따라서 관리자 측에서는 중복 ID를 조사하는 기능은 필요 없으며, 전체회원에 대한 수정과 삭제기능만 있으면 된다.

② **회원 ID, 우편번호찾기** : 회원정보 수정에서 관리자여도 회원 ID는 수정을 할 수 없도록 하여야 한다. 그리고 우편번호찾기는 쇼핑몰쪽의 우편번호찾기 zipcode.php와 거의 동일하므로, 복사하여 사용하면 된다.

STEP 01 회원 수정

① **member_edit.html ➡ member_edit.php 로 저장하기** : member_edit.html을 읽어 새 파일이름 member_edit.php로 저장한다.
② **member.php link 수정하기** : 수정의 A tag에 있는 "member_edit.html"을 "member_edit.php"로 수정한다.
③ **member_edit.php 수정하기** : juso_edit.php 파일을 참고하여 프로그램을 작성한다.
④ **member_update.php 만들기** : juso_update.php 파일을 참고하거나 쇼핑몰의 member_update.php를 admin폴더로 복사한 후, admin에 맞게 수정한다.
⑤ **홈페이지의 zipcode.php 복사, 수정하기** : 쇼핑몰에서 작성한 zipcode.php를 admin 폴더로 복사한 후, zipcode.php에서 common.php를 include하는 경로가 상위 폴더가 되도록 수정한다.

```
include "../common.php";
```

⑥ **실행 및 결과확인** : 실행하여 결과를 확인한다.

STEP 02 **회원 삭제**

① **member.php link 수정하기** : 삭제의 A tag에 있는 "member_delete.html"을 "member_delete.php"로 수정한다.
② **member_delete.php 만들기** : juso_delete.php를 참고하여 프로그램을 작성한다.
③ **실행 및 결과확인** : 실행하여 결과를 확인한다.

PHP 제품관리

5.1 분류관리

5.1.1 제품관리 개요

이번에는 쇼핑몰에서 판매하는 제품에 대한 프로그램 처리에 대해 알아보자. 제품관리는 취급하는 제품에 따라 다양하고 복잡한 구조를 가질 수 있지만, 제품처리에 대한 기본개념을 이해하는데 목적이 있으므로, 가능한 간단한 구조의 제품관리와 프로그램 처리에 대해서만 언급하도록 하겠다. 쇼핑몰에서 제품관리에 관한 작업은 회원관리와 마찬가지로 쇼핑몰 작업과 관리자 작업으로 나눌 수 있다.

① **관리자 제품관리** : 관리자 측에서의 관리는 크게 분류관리, 옵션관리, 제품관리와 같이 3가지로 나눌 수 있다.

→ 제품관리
　　(관리자) ──┬──► **분류관리** : 바지, 브라우스, 코트 …
　　　　　　　　　(부분류 바지인 경우: 청바지, 반바지 …)
　　　　　　　├──► **옵션관리** : 사이즈, 색상 …
　　　　　　　　　(소옵션 사이즈인 경우: XL, L, M, S)
　　　　　　　└──► **제품관리** : 제품명, 분류, 옵션, 가격, 설명, 사진, …

1) **분류관리** : 의류인 경우 바지, 브라우스, 코트와 같이 제품의 종류를 구분하는 항목을 관리하는 것으로서, 제품의 메뉴와 같은 역할을 한다. 또한 바지의 경우 반바지, 청바지, … 등 더 세분화되는 것처럼 분류는 더 작은 소분류로 나눌 수 있다. 이러한 제품의 대분류, 소분류는 쇼핑몰에서 메뉴와 같은 역할을 하여 고객이 원하는 제품을 쉽게 조회할 수 있는 기능을 한다.

2) **옵션관리** : 고객이 제품을 주문할 때, 제품의 특성에 따라 고객이 요구하는 옵션사항이다. 예를 들어 고객이 의류 제품을 주문하는 경우, 선택할 수 있는 옵션사항은 제품의 크기(XL, X, L, M, S)와 색상(빨강, 흰색, …)이 될 것이다. 목걸이인 경우에는 길이와 재질 등이 옵션사항이 될 수 있다.

3) **제품관리** : 실제 제품에 대한 정보로서, 제품명, 앞서 설명한 제품의 분류정보, 옵션정보, 가격, 설명, 제품사진 등 제품에 대한 자세한 정보를 등록 및 관리할 수 있는 것을 말한다.

② **사용자 제품관리** : 사용자측의 쇼핑몰 작업은 쇼핑몰 메인화면에서 신상품 및 히트상품 등 주요 제품에 대한 사진과 기본정보 표시, 각 분류별 제품 사진과 기본정보 표시, 그리고 제품을 선택했을 때 제품에 대한 상세정보를 표시하는 처리, 그리고 제품의 이름이나 다양한 정보를 이용하여 제품을 검색하는 처리이다.

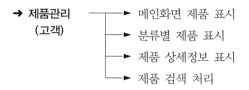

5.1.2 분류 등록

◉ **실습목적**

제품 분류 정보를 common.php에 배열로 선언하여 등록하여라.

◉ **실습이론**

① **분류 처리** : 대형 쇼핑몰에서는 제품의 분류를 대분류, 중분류, 소분류 등 매우 세분화된 분류를 이용하고 있으며, 분류 정보를 저장할 테이블을 따로 만들어 관리자가 쉽게 변경을 할 수 있도록 만든다. 그러나 앞서 얘기했지만, 여기서는 가급적 간단한 구조의 쇼핑몰과 최소한의 작업으로 원하는 결과를 얻기 위하여 테이블을 이용하지 않고 배열을 이용하는 방법을 이용하도록 하겠다.

이 방법은 전역변수 배열을 선언하고, 분류의 이름들을 배열의 초기값으로 지정하는 것이다. 따라서 모든 문서에 include되는 common.php에 아래와 같이 선언하면 간단하게 처리할 수 있다. 배열의 1번째 항인 "분류선택"은 분류이름이 아니라, 관리자 화면에서 분류로 검색할 때 이용하기 위해 등록한 값이다. 착오가 없기를 바란다.

```
$a_menu = array("분류선택","메뉴1","메뉴2","메뉴3","메뉴4","메뉴5", … );
$n_menu=count($a_menu);  // 분류 개수
```

예를 들어 의류쇼핑몰인 경우에는 바지, 셔츠, 코트, 브라우스 등이 분류이름이 되며, 쇼핑몰 메인화면에서는 상품 메뉴와 같은 역할을 한다.

[php] array(초기화할 값들…) 함수

배열을 생성하는 함수로서 배열첨자는 0부터 시작한다.

예제〉 $a = array(31, 10, 25);
　　　　$b = array("a", "b", "c");

[php] count(배열이름) 함수

배열의 원소수를 알아 돌려주는 함수.

예〉 $b[0] = 7;
　　 $b[1] = 9;
　　 $result = count($b);　// 결과는 2

STEP ◦

① **common.php에 분류 등록하기** : common.php에 자신이 만들 쇼핑몰의 제품 분류 명을 등록한다.

　　예〉 $a_menu = array("분류선택","자켓","바지","코트","브라우스", …);
　　　　　$n_menu=count($a_menu);

5.2 옵션관리

5.2.1 옵션관리 개요

앞서 언급했지만, 옵션관리는 고객이 제품을 주문할 때, 제품의 특성에 따라 고객이 요구하는 옵션사항이다. 따라서 전자제품과 같이 제품에 따라 옵션이 필요 없는 경우도 있다. 만약 옵션이 없는 경우에는 이 작업을 하지 않아도 된다.

① **옵션관리** : 먼저 옵션관리에 대한 이해를 위하여, 흰색과 파란색만 있는 T셔츠 제품을 예로 들어 설명하겠다. 이 경우에는 고객이 제품을 구입할 때, 고객이 원하는 사이즈와 색상을 선택할 수 있도록, 제품을 등록할 때 색상과 사이즈 옵션을 등록해야한다.

제품주문 (쇼핑몰)

그런데 문제는 판매할 제품에 따라 다양한 색상의 조합과 사이즈가 존재한다는 것이다. 이 문제는 아래 그림과 같이 opt테이블에는 다양한 옵션이름들을 등록하고 opts 테이블에는 해당 옵션이름에 대한 상세 내역을 등록하여 해결할 수 있다.

no	opt_no	name
1	1 (사이즈)	L
2	1 (사이즈)	M
3	1 (사이즈)	S
4	2 (색상1)	흰색
5	2 (색상1)	파랑색
6	3 (색상2)	흰색
7	3 (색상2)	빨강색

opts 테이블

no	name
1	사이즈
2	색상1
3	색상2

opt 테이블

예를 들어 opt테이블의 옵션 "색상2"는 opts테이블에 소옵션 "흰색, 빨강색"을 갖는 옵션이 된다. 따라서 아래 그림과 같이 제품을 등록할 때 옵션을 "색상2, 사이즈"를 등록하면, 고객화면에서는 선택한 옵션의 소옵션 내용 "빨강, 흰색"과 "L, M, S"가 표시되도록 한다면 이 문제를 해결할 수 있을 것이다.

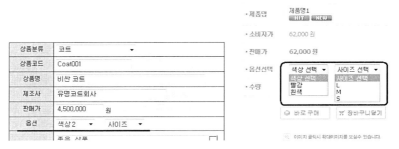

제품등록 화면 (관리자)   제품표시 화면 (쇼핑몰)

② **파일 구조** : 이 옵션 및 소옵션 처리를 위한 파일구조는 아래 그림과 같이 옵션 opt 를 관리할 수 있는 파일 구조와 opt에 관련된 소옵션 opts를 관리할 수 있는 파일 구조로 되어 있다.

```
→ opt.html (옵션)
        ├─► opt_new.html ──► opt_insert.php (옵션 추가)
        ├─► opt_edit.html ──► opt_update.php (옵션 수정)
        ├─► opt_delete.php (옵션 삭제)
        └─► opts.html (소옵션)
                    ├─► opts_new.html ──► opts_insert.php (소옵션 추가)
                    ├─► opts_edit.html ──► opts_update.php (소옵션 수정)
                    └─► opts_delete.php (소옵션 삭제)
```

5.2.2 옵션 테이블

◎ **실습목적**

옵션 opt와 소옵션 opts테이블을 만들어라.

◎ **실습이론**

① **테이블 구조** : opt와 opts테이블의 구조는 다음과 같으며,

		필드명	자료형	Null	비고
1	옵션 번호	no	int	☐	auto_increment, 기본키 🔑
2	옵션명	name	varchar(20)	☑	

opt 테이블

		필드명	자료형	Null	비고
1	소옵션 번호	no	int	☐	auto_increment, 기본키 🔑
2	옵션 번호	opt_no	int	☑	
3	소옵션명	name	varchar(20)	☑	

opts 테이블

두 테이블의 관계는 다음과 같다.

관계

STEP ○

① **opt테이블 만들기** : phpmyadmin을 이용하여 〈이름〉은 "opt", 〈Number of fields〉 는 "2"를 입력하여 opt 테이블을 만들어라.

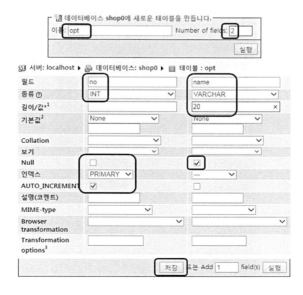

② **opts테이블 만들기** : phpmyadmin을 이용하여 〈이름〉은 "opts", 〈Number of fields〉는 "3"을 입력하여 opts 테이블을 만들어라.

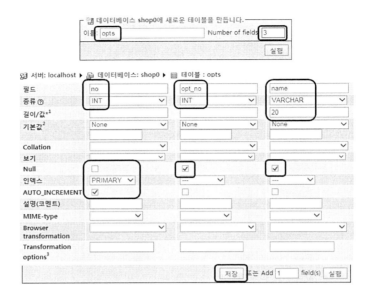

5.2.3 옵션

실습목적

opt테이블에 옵션종류 이름을 등록할 수 있는 옵션관리 프로그램을 만들어라.

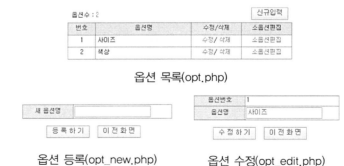

옵션 목록(opt.php)

옵션 등록(opt_new.php)　　옵션 수정(opt_edit.php)

실습이론

① **옵션처리 파일 구조** : 옵션처리의 프로그램 구성은 다음과 같다.

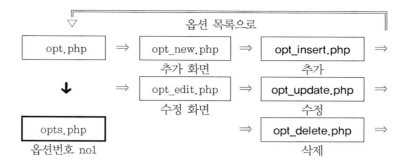

옵션관리 화면과 파일구성을 보면 페이지번호와 검색기능이 없고 옵션에 포함된 소옵션 정보를 관리할 수 있는 opts.php를 호출하는 "소옵션편집"이라는 기능이 추가되었다. 따라서 기존의 프로그램을 최대한 이용하여 불필요한 부분은 생략하고 프로그램을 작성하면 될 것이다. 그리고 원한다면, 옵션목록 화면에서 페이지 및 검색기능을 구현하는 것도 좋을 것이다.

STEP 01 옵션목록

① **opt.html ➜ opt.php 저장하기** : opt.html을 읽어 새 이름 opt.php로 저장한다.
② **common.js link 수정하기** : 관리자 화면의 메뉴에 관련된 소스는 admin/include폴더에 있는 common.js 파일에 javascript로 작성되어 있다. 옵션목록 화면을 호출하는 A tag의 "opt.html"를 "opt.php"로 수정한다.
③ **opt.php 만들기** : admin폴더의 juso_list.php 소스를 참고하여 opt.php 프로그램을 작성한다.

   1) 이름검색기능 및 페이지기능에 관련된 부분은 모두 삭제하거나 수정한다. juso_list.php에서 페이지기능을 제거하는 경우, 다음과 같이 수정해야 한다.

   for($i=0;$i<$last_page-1;$i++) ➜ for($i=0;$i<**$count**;$i++)

   2) 삭제, 수정, 소옵션편집 문서로 이동하는 A tag에서 opt_delete.html, opt_update.html, opts.html의 확장자를 모두 php로 수정한다.

④ **실행 및 결과확인** : 실행하여 결과를 확인한다.

STEP **02** **옵션추가**

① **opt_new.html link 수정하기** : opt_new.html에서 Form tag의 "opt_insert.html"을 "opt_insert.php"로 수정한다.

② **opt_insert.php 만들기** : juso_insert.php를 참고하여 opt_insert.php를 만든다.

> no필드는 자동으로 증가하는 auto_increment이므로, name 필드만 insert SQL에 이용하면 된다.

③ **실행 및 결과 확인** : 실행하여 결과를 확인한다.

STEP **03** **옵션수정 및 삭제**

① **opt_edit.html ➔ opt_edit.php 저장하기** : opt_edit.html을 읽어 새 이름 opt_edit.php로 저장한다.

② **opt_edit.php link 수정 및 작성하기** : opt_edit.php에서 Form tag의 "opt_update.html"을 "opt_update.php"로 수정한다. 그리고 member_edit.php를 참고하여 opt_edit.php를 작성한다.

③ **opt_update.php 만들기** : member_update.php를 참고하여 opt_update.php를 만든다.

④ **실행 및 결과확인** : 실행하여 결과를 확인한다.

STEP **04** **opt_delete.php 만들기**

① **opt_delete.php 만들기** : member_delete.php를 참고하여 opt_delete.php를 만든다.

② **실행 및 결과확인** : 실행하여 결과를 확인한다.

5.2.4 소옵션

○ **실습목적**

옵션목록 화면에서 "소옵션편집"을 클릭하면 선택한 옵션의 소옵션 항목을 관리할 수 있는 소옵션관리 프로그램을 작성하여라. 아래 그림은 사이즈 옵션에서 소옵션버튼을 클릭한 경우, 소옵션 XL, L, M, S 목록을 보여주는 예제화면이다.

사이즈 소옵션편집 버튼을 클릭한 경우

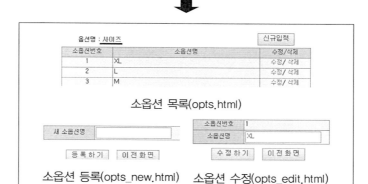

소옵션 목록(opts.html)

소옵션 등록(opts_new.html)   소옵션 수정(opts_edit.html)

실습이론

① **소옵션관리 파일 구조** : 소옵션관리의 프로그램 구성은 다음과 같다.

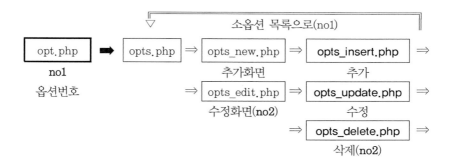

소옵션관리는 앞서 작업한 옵션관리와 거의 동일한 화면 구성과 프로그램을 가지고 있다. 따라서 옵션관리 프로그램을 최대한 참조하여 작성하면 된다.

② **옵션번호 no1, 소옵션번호 no2 변수** : 소옵션관리가 옵션관리와 다른 점은 선택한 옵 션에 대한 소옵션 정보를 등록하기 위하여, 선택한 옵션번호(no1)값을 모든 소옵션 문서에 계속 가지고 이동해야 한다는 점이다. 〈소옵션편집〉에 마우스 커저를 대었을 때 표시되는 URL을 보면 no1값만 표시된다.

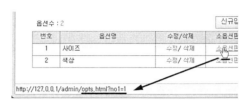

opts.html?**no1**=1

반면에 소옵션 목록화면에서 〈수정〉에 마우스 커저를 대었을 때는 아래와 같이 no1 과 no2값을 같이 가지고 다니는 것을 알 수 있다.

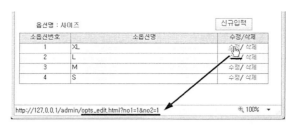

opts_edit.html?**no1**=1&**no2**=1

html 소스에서는 옵션번호와 소옵션번호를 구분하기위하여 옵션번호는 no1, 소옵션 번호는 no2라는 hidden 변수를 사용하고 있으며, 이점을 주의하여 프로그램을 작성 해야 한다.

③ **소옵션 목록으로 이동 처리** : 옵션관리에서 자료의 추가, 수정, 삭제(opt_insert.php, opt_update.php, opt_delete.php)처리를 한 후, 다시 목록으로 이동하는 맨 마지막 줄 프로그램은 다음과 같이 작성하였으나,

```
〈script〉location.href="opt.php"〈/script〉
```

소옵션에서는 소옵션목록 화면으로 돌아갔을 때, 처음에 선택한 옵션명이 표시되어 야 한다. 다시 말해 옵션에서 "사이즈"옵션을 선택했다면, 소옵션을 등록하고는 다시 "사이즈" 소옵션 목록화면이 표시되어야 한다는 말이다. 따라서 다음과 같이 no1값을 가지고 이동해야 원하는 처리를 할 수 있다.

```
〈script〉location.href="opts.php?no1=〈?=$no1?〉"〈/script〉
```

STEP 01 소옵션 목록

① **opts.html → opts.php 저장하기** : opts.html을 새 이름 opts.php로 저장한다.

② **opt.php link 수정하기** : opt.php에서 소옵션편집의 A tag를 수정한다. 여기서 no1
은 다음 문서에 전달될 옵션번호 값이다.

⟨a href='**opts.php?no1=$row[no]**'⟩소옵션편집⟨/a⟩

③ **opts.php 만들기** : opt.php를 참고하여 프로그램을 작성한다. 이 처리에서는 opt테
이블에 대한 select문과 opts테이블에 대한 select문을 각각 실행하여야 한다.

1) 옵션번호 $no1과 opt테이블에 관한 select문을 실행하여 옵션명을 알아내 화면 상
단의 옵션명($row[name]) 표시를 한다.

$query="select name from opt **where no=$no1**";

옵션명 : 사이즈		신규입력
소옵션번호	소옵션명	수정/삭제
1	X1	수정 / 삭제

2) no1 옵션의 소옵션 목록만을 표시하기 위한 select문은 다음과 같이 써야 한다.

$query="select * from opts **where opt_no=$no1** order by name";

소옵션번호	소옵션명	수정/삭제
1	XL	수정/ 삭제
2	L	수정/ 삭제
3	M	수정/ 삭제
4	S	수정/ 삭제

④ **실행 및 결과확인** : 실행하여 결과를 확인한다.

STEP 02 소옵션 추가

① **opts_new.html → opts_new.php로 저장하기** : opts_new.html을 새 이름
opts_new.php로 저장한다.

② **opts.php link 수정하기** : opts.php에서 신규입력 버튼을 클릭한 경우, 호출되는
javascript go_new()함수의 href를 다음과 같이 수정한다. 여기서 no1은 다음 문서

에 전달될 옵션번호 값이다.

```
function go_new()
{
    location.href="opts_new.php?no1=<?=$no1?>";
}
```

③ **opts_new.php link 수정하기** : opts_new.php에서 Form tag의 "opts_insert.html" 을 "opts_insert.php"로 수정한다.

④ **opts_insert.php 만들기** : opt_insert.php를 참고하여 opts_insert.php를 만든다. insert SQL문에서 opt_no 필드에는 no1 값이 저장되도록 SQL문을 작성해야 한다.

⑤ **실행 및 결과확인** : 실행하여 결과를 확인한다.

STEP **03** 소옵션 수정

① **opts_edit.html ➜ opts_edit.php로 저장하기** : opts_edit.html을 읽어 새 이름 opts_edit.php로 저장한다.

② **opts_edit.php link 수정 및 작성하기** : opts_edit.php에서 Form tag의 "opts_update.html"을 "opts_update.php"로 수정한다. 그리고 opt_edit.php를 참 고하여 opts_edit.php를 작성한다. 이때 주의할 사항은 옵션번호 no1과 소옵션번호 no2를 다음과 같이 hidden으로 두 값을 update문서에 전달할 수 있도록 초기화해야 한다.

```
<input type="hidden" name="no1" value="<?=no1 ?>">
<input type="hidden" name="no2" value="<?=no2 ?>">
```

③ **opts_update.php 만들기** : opt_update.php를 참고하여 opts_update.php를 만든다.

④ **실행 및 결과확인** : 실행하여 결과를 확인한다.

STEP **04** 소옵션 삭제

① **opts_delete.php 만들기** : opt_delete.php를 참고하여 opts_delete.php를 만든다.

② **실행 및 결과확인** : 실행하여 결과를 확인한다.

5.3 관리자 제품관리

제품관리에 관한 프로그램 작업을 하기 전에 제품을 설명하기 위하여 필요한 이미지를 서버에 업로드(Upload)하는 방법에 대하여 알아보자.

5.3.1 파일 업로드

○ 실습목적

아래 그림과 같이 upload.html을 실행하여 선택한 파일을 서버 홈페이지의 product폴더에 업로드 할 수 있는 프로그램을 작성하여라.

upload.html   upload.php

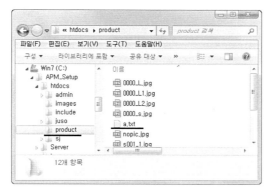

product폴더 업로드 결과화면

```
〈html〉
〈head〉
〈title〉test〈/title〉
〈/head〉
〈body〉
〈form name="form1" method="post" action="upload.php"
          enctype="multipart/form-data"〉
〈input type="file" name="filename" size="40" value=""〉
〈br〉〈br〉
〈input type="submit" value="보내기"〉
〈input type="reset" value="지우기"〉
〈/form〉
〈/body〉
〈/html〉
```

upload.html

실습이론

[1] **upload를 위한 html** : 선택한 파일을 서버로 업로드하기위해서는 아래와 같이 html
소스를 작성해야 한다.

1) Form tag에서 전송방식 method는 "post"를 이용해야 하며, 반드시 enctype
="multipart/form-data" 문장을 포함해야 한다.

2) upload할 파일을 선택하는 찾아보기 대화창을 열기 위해서는 반드시 input type
을 file로 해야 한다.

〈input type="file" name="변수이름" value=""〉

[2] **upload를 위한 php 소스** : upload를 위한 php 소스는 다음과 같다.

```
<?
❶  if ($_FILES["filename"]["error"]==0)        // 선택한 파일이 있는지 조사
    {
❷      $fname=$_FILES["filename"]["name"];    // 파일이름
        $fsize=$_FILES["filename"]["size"];     // 파일크기
❸      if (file_exists("경로/$fname")) exit("동일한 파일이 있음");
❹      if (!move_uploaded_file($_FILES["filename"]["tmp_name"],
            "경로/$fname")) exit("업로드 실패");
        echo("파일이름 : $fname<br> 파일크기 : $fsize");
    }
?>
```

Upload 프로그램

❶ **filename 조사** : 업로드할 파일을 선택했는지를 알기위하여 filename 변수를 조사하는 부분이다. 파일을 선택하지 않은 경우, 0이 아닌 error 값을 갖는다. 따라서 error값이 0이면 업로드 처리를 하도록 if문 처리하였다.

❷ **파일이름과 파일크기** : 업로드할 파일의 이름과 파일크기를 알아낸다.

❸ **file_exist함수를 이용한 동일파일 조사** : 같은 파일이름이 있는지를 조사한다. 만약 같은 파일이름으로 저장하고 싶으면 이 줄을 삭제하면 된다.

❹ **move_upload_file함수를 이용한 업로드** : 지정된 경로의 폴더에 파일을 upload 시킨다.

[php] move_upload_file(파일이름, 목적지)

지정된 소스파일을 지정된 장소로 복사를 한다. 같은 이름의 파일이 있으면 겹쳐 저장한다.

[php] file_exist(파일이름)

지정된 폴더에 같은 파일이름이 있는 지를 조사하여, 있으면 true값을 돌려준다.

---

[3] **새 파일이름으로 업로드** : 다른 파일이름으로 저장하려면 $fname대신에 다른 파일이름으로 지정하면 된다.

```
<?
    if ($_FILES["filename"]["error"]==0)        // 선택한 파일이 있는지 조사
    {
        $fname=$_FILES["filename"]["name"];    // 파일이름
        $fsize=$_FILES["filename"]["size"];    // 파일크기
        $newfilename="새파일이름";
        if (file_exists("경로/$newfilename")) exit("동일한 파일이 있음");
        if (!move_uploaded_file($_FILES["filename"]["tmp_name"],
            "경로/$newfilename")) exit("업로드 실패");
        echo("파일이름 : $newfilename<br> 파일크기 : $fsize");
    }
?>
```

④ **Linux 원격서버인 경우 폴더 권한 설정** : Linux 원격서버인 경우에는 업로드할 폴더가 누구나 접근할 수 있어야 한다. 따라서 권한설정 명령어인 Linux 명령어 chmod를 이용하여 폴더 사용권한을 777로 설정해야 한다. 여기서 777은 누구나 다 읽고 쓰고 실행할 수 있도록 하는 값이다. 따라서 product라는 폴더는 제품이미지를 upload할 폴더이기 때문에, kitty 프로그램으로 접속하여 폴더권한을 777로 변경해야 한다.

chmod 777   upload용으로 사용할 폴더이름

STEP 01 **Linux 사용자인 경우**

Window용 APM사용자인 경우는 STEP01을 건너뛰고 STEP02 부터 하길 바란다.

① **kitty 프로그램으로 Linux 원격서버 접속** : kitty 프로그램을 이용하여 자신의 계정으로 접속한다.

② **폴더 권한 변경** : 다음 명령어를 실행하여 product폴더 권한을 777로 변경한다.

```
cd html
ls -ld p*
chmod 777 product
ls -ld p*
```

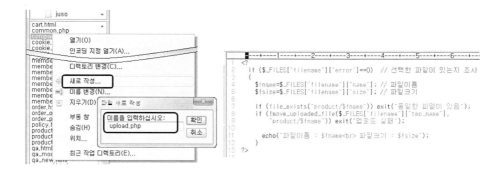

"ls -ld p*" 명령어는 폴더내의 파일이름에서 p로 시작하는 파일을 폴더 포함하여 자세히 표시하라는 명령이고, "chmod 777 porduct"는 product폴더의 사용권한을 777 (누구나 허용)로 변경시키는 명령이다. product폴더이름 맨 앞의 내용을 보면, 변경 전에는 "drwxr-xr-x"이었지만, chmod 명령어 실행 후에는 "drwxrwxrwx"로 변경된 것을 볼 수 있다. 여기서 각 알파벳 d(directory)는 폴더, r(read)은 읽기, w(write)는 쓰기, x(execute)는 실행이라는 의미이다. 그리고 첫 번째 rwx는 계정사용자(user), 두 번째는 그룹(group), 세 번째는 다른 사용자(other)에 대한 권한설정값이다. 따라서 모든 사용자에게 읽고 쓰고 실행할 수 있는 권한을 부여하기 위해서는 777이라고 지정해야 한다. 이런 내용은 Linux에 관련된 내용으로 자세한 내용은 해당 서적을 참고하길 바란다.

STEP 02

① **새 문서 만들기** : 아래 그림처럼 "새로 작성"메뉴를 이용하여 "upload.php"라는 이름의 새 파일을 만든다.

```
<?
  if ($_FILES["filename"]["error"]==0)          // 선택한 파일이 있는지 조사
  {
    $fname=$_FILES["filename"]["name"];      // 파일이름
    $fsize=$_FILES["filename"]["size"];        // 파일크기
    if (file_exist("product/$fname")) exit("동일한 파일이 있음");
    if (!move_uploaded_file($_FILES["filename"]["tmp_name"],
       "product/$fname")) exit("업로드 실패");
      echo("파일이름 : $fname<br> 파일크기 : $fsize");
  }
?>
```

② **실행 및 결과확인** : upload.html을 실행하여 임의의 파일을 업로드 해본다. 그리고
c:₩APM_Setup₩htdocs₩product폴더에 파일이 있는지 확인한다.

    http://127.0.0.1/upload.html

STEP 03 **새 이름으로 업로드하기**

① **upload.php 수정하기** : STEP02의 프로그램을 다음과 같이 수정한다.

```
<?
  $newfilename="new.txt";                     // 새 파일이름
  if ($_FILES["filename"]["error"]==0)          // 선택한 파일이 있는지 조사
  {
    $fname=$_FILES["filename"]["name"];      // 파일이름
    $fsize=$_FILES["filename"]["size"];        // 파일크기
    if (file_exist("product/$newfilename")) exit("동일한 파일이 있음");
    if (!move_uploaded_file($_FILES["filename"]["tmp_name"],
       "product/$newfilename")) exit("업로드 실패");
    echo("파일이름 : $newfilename<br> 파일크기 : $fsize");
  }
?>
```

5.3.2 제품 테이블

🔄 **실습목적**

제품테이블인 product테이블을 만들어라.

🔄 **실습이론**

① **테이블 구조** : product 테이블의 구조는 다음과 같다.

		필드명	자료형	Null	비고
1	제품번호	no	int	☐	auto_increment, 기본키 🗝
2	제품분류	menu	int	V	
3	제품코드	code	varchar(20)	V	
4	제품명	name	varchar(255)	V	
5	제조사	coname	varchar(50)	V	
6	가격	price	int	V	
7	옵션1	opt1	int	V	
	...	...	...	V	
8	제품설명	contents	text	V	
9	상품상태	status	tinyint	V	1=판매중, 2=판매중지, 3=품절
10	등록일	regday	date	V	
11	아이콘:신상품	icon_new	tinyint	V	표시안함=0, 표시=1
12	아이콘:히트	icon_hit	tinyint	V	표시안함=0, 표시=1
13	아이콘:세일	icon_sale	tinyint	V	표시안함=0, 표시=1
14	할인율(%)	discount	tinyint	V	icon_sale=1인 경우
15	이미지1	image1	varchar(255)	V	제품 작은 이미지
16	이미지2	image2	varchar(255)	V	제품 큰 이미지
17	이미지3	image3	varchar(255)	V	제품 설명 이미지
18	...	...	...	...	

product 테이블

제품의 정보를 등록하는 product테이블은 아주 복잡하고 다양한 구조를 가질 수 있지만, 여기서는 가급적 최소의 정보만을 갖는 테이블로 구성하였다. 주요 필드의 내용은 다음과 같다.

1) **menu** : 제품의 종류를 나타내는 필드로서 common.php에서 등록한 menu배열의 첨자 값을 저장하는 필드이다.

2) **opt1, opt2, …** : 이 필드는 옵션종류를 저장하는 필드로서 제품의 성격에 따라 옵션이 없을 수도 있고, opt1, opt2, …와 같이 여러 개가 될 수도 있다. 예를 들어 전자제품인 경우는 옵션사항이 없지만, 의류인 경우는 색상, 사이즈가 될 수 있다. 따라서 이 필드는 독자가 만들려고 하는 쇼핑몰에서 취급할 제품에 따라 결정해야 할 것이다. 여기서는 옵션의 종류가 2가지인 것으로 가정하여 작업하도록 하겠다.

3) **status** : 이 필드는 제품이 현재 판매중(=1), 판매중지(=2), 아니면 품절(=3)인지를 나타내는 필드이다. 판매중지인 경우는 쇼핑몰에서 제품이 표시되지 않으며, 품절인 경우에는 제품이름 옆에 품절표시를 함으로서 고객들에게 알려주는 프로그램 처리에 이용된다..

4) **icon_new, icon_hit, icon_sale** : 이 표시는 고객들에게 상품에 대한 구매정보를 알려주는 아이콘을 표시할 것인지, 말 것인지를 설정하는 필드들이다. 예를 들어 신상품(icon_new), 히트상품(icon_hit), 할인상품(icon_sale)인 경우 제품이름 옆에 해당 아이콘을 표시해준다.

5) **discount** : 이 필드는 할인상품인 경우 몇 %의 할인을 할 것인지를 나타내는 필드이다. 따라서 icon_sale이 1인 경우만 사용되는 필드이다.

6) **image1** : 이 필드는 상품의 축소 그림의 파일이름을 저장하는 필드이다. 쇼핑몰의 메인화면에서는 한 화면에서 수십 개의 상품 그림을 동시에 보여준다. 이 경우 이미지가 크면 표시속도가 떨어진다. 따라서 진열용 이미지는 상품의 작은 그림이 적합하다.

7) **image2** : 제품의 모양을 보여주기 위한 큰 그림으로서, 그림을 클릭한 경우 보여주는 큰 이미지의 파일이름을 저장하는 필드이다.

8) **image3, …** : 제품의 상세설명을 위한 여러 이미지중 하나로서, 이 그림은 하나가 아니라 여러 개일 수 있다. 최근에는 제품의 모양을 고객들에게 정확히 전달하기 위하여 여러 장의 그림을 이용하는 추세이다. 따라서 그림 개수는 독자들이 적당히 결정하길 바란다. 여기서는 설명용 그림을 1개로 가정하여 작업하도록 하겠다.

STEP

① **product테이블 만들기** : phpmyadmin을 이용하여 〈이름〉은 "product", 〈Number of fields〉는 "18"를 입력하여 product 테이블을 만들어라.

데이터베이스 shop0에 새로운 테이블을 만듭니다.
이름: product   Number of fields: 18
실행

서버: localhost ▶ 데이터베이스: shop0 ▶ 테이블 : product

필드	종류 ⑦	길이/값*¹	기본값²	Collation	보기	Null	인덱스	A_I
no	INT		None			☐	PRIMARY	☑
menu	TINYINT		None			☑	---	☐
code	VARCHAR	20	None			☑	---	☐
name	VARCHAR	255	None			☑	---	☐
coname	VARCHAR	50	None			☑	---	☐
price	INT		None			☑	---	☐
opt1	INT		None			☑	---	☐
opt2	INT		None			☑	---	☐
contents	TEXT		None			☑	---	☐
status	TINYINT		None			☑	---	☐
regday	DATE		None			☑	---	☐
icon_new	TINYINT		None			☑	---	☐
icon_hit	TINYINT		None			☑	---	☐
icon_sale	TINYINT		None			☑	---	☐
discount	TINYINT		None			☑	---	☐
image1	VARCHAR	255	None			☑	---	☐
image2	VARCHAR	255	None			☑	---	☐
image3	VARCHAR	255	None			☑	---	☐

저장 또는 Add 1 field(s) 실행

5.3.3 제품 목록

○ 실습목적

아래 그림과 같이 쇼핑몰 관리자가 제품관리를 할 수 있는 프로그램을 만들어라.

제품분류	제품코드	제품명	판매가	상태	이벤트	수정/삭제
코트	Coat001	비싼 코트	4,500,000	판매중	New Hit Sale(10%)	수정/삭제

◁ 1 [2] [3] ▷

제품목록 화면(product.html)

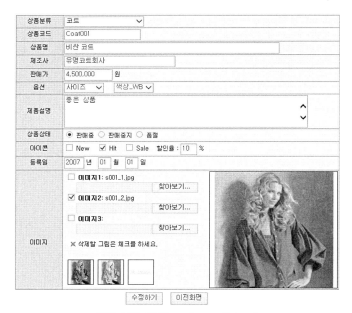

제품등록 화면(product_new.html)

제품수정 화면(product_edit.html)

실습이론

① **제품관리 파일구조** : 실습할 제품관리 파일 구성은 다음과 같다.

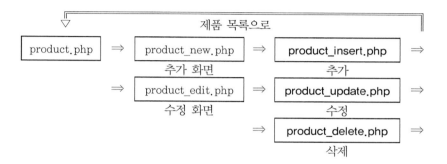

제품 목록으로

product.php ⇒ product_new.php ⇒ **product_insert.php** ⇒
　　　　　　　　추가 화면　　　　　　추가

⇒ product_edit.php ⇒ **product_update.php** ⇒
　　수정 화면　　　　　　수정

⇒ **product_delete.php** ⇒
　　　　삭제

2 **멀티검색** : 제품목록 화면의 상단을 보면 아래 그림과 같이 다양한 조건으로 자료를 검색할 수 있도록 구성되어 있다. 기존의 if문을 이용하는 방법으로 검색을 하는 경우는 발생할 수 있는 SQL문의 종류가 너무 많으므로 프로그램 처리하기가 곤란하다.

따라서 검색을 위하여 선택한 조건 값을 기억하는 변수이름이 sel1, sel2, sel3, sel4, text1이라고 하면 아래와 같은 프로그램으로 이 문제를 해결할 수 있다.

멀티검색용 SQL문 생성 프로그램

```
if (!$sel1)   $sel1=0;
if (!$sel2)   $sel2=0;
if (!$sel3)   $sel3=0;
if (!$sel4)   $sel4=1;
if (!$text1)  $text1="";

$k=0;
if ($sel1 != 0) { $s[$k] = "status=" . $sel1; $k++; }
if ($sel2==1)   { $s[$k] = "icon_new=1";  $k++; }
if ($sel2==2)   { $s[$k] = "icon_hit=1";  $k++; }
if ($sel2==3)   { $s[$k] = "icon_sale=1"; $k++; }
if ($sel3 != 0) { $s[$k] = "menu=" . $sel3; $k++; }
if ($text1)
{
    if ($sel4==1) $s[$k] = "name like '%" . $text1 . "%'";
    if ($sel4==2) $s[$k] = "code like '%" . $text1 . "%'";
}
if ($k > 0)
{
    $tmp=implode(" and ", $s);
    $tmp = " where " . $tmp;
}
$query="select * from product " . $tmp . " order by name";
```

이 프로그램은 where절에 들어갈 조건식을 각 조건변수(sel1,sel2,sel3,sel4)에 따라
하나의 문자열로 만들어주는 프로그램이다. 만약 판매중(sel1=1)이며, hit상품
(sel2=1)인 바지(menu=2)를 검색하는 경우, 각 s배열에는 다음과 같이 저장된다.

```
$s[0] = "status=1";
$s[1] = "icon_new=1";
$s[2] = "menus=2";
```

이 s배열과 "and" 문자열을 implode함수를 이용하면, 각 s배열 값 사이에 " and "가
삽입된 결과를 얻을 수 있다.

```
$tmp="status=1 and icon_new=1 and menu=2";
```

따라서 최종적인 SQL문은 다음과 같을 것이며, 조건의 선택에 따라 다양한 SQL문을 쉽게 만들 수 있을 것이다.

```
select * from product
    where status=1 and icon_hit=1 and menu=2 order by name;
```

이 멀티 검색처리는 앞으로 자주 응용될 구조이므로, 잘 이해하길 바란다.

[php] implode(구분 문자열, 배열명)

배열값들 사이에 구분문자열을 집어넣어 하나의 문자열로 합쳐진 값을 돌려주는 함수.

```
예〉 $tmp=array(1, 2, 3);
    $s=implode("^",$tmp);     // 1^2^3 문자열을 리턴함.
```

---

③ **상품상태, 아이콘, 검색어 전역변수 선언** : 상품상태나 상품에 대한 아이콘은 프로그램에서 자주 사용되는 내용이다. 따라서 전역변수로 사용하기 위하여 아래와 같이 common.php에 선언하는 것이 좋다. 배열의 0번째 값(상품상태, 아이콘)은 실제 사용하는 값이 아니라, 콤보박스에서 "전체"를 의미하는 값으로 사용한다. 분류 콤보박스인 경우는 앞에서 선언한 $a_menu, $n_menu를 이용하면 된다.

```
$a_status=array("상품상태","판매중","판매중지","품절");     // 상품상태
$n_status=count($a_status);
$a_icon=array("아이콘","New","Hit","Sale");     // 아이콘
$n_icon=count($a_icon);
$a_text1=array("","제품이름","제품번호");     // 검색어
$n_text1=count($a_text1);
```

이와 같이 전역변수로 선언하면, 조건부 콤보박스로 선택된 값을 콤보박스 초기값으로 표시할 때 프로그램 작성이 쉬워진다. 아래 프로그램은 멀티검색 조건인 상품상태 status에 관련된 프로그램 예제이다. 나머지 콤보박스도 같은 원리를 이용하여 변수 이름($sel1, $n_status)과 배열 변수이름($a_status)만 해당 변수이름으로 변경하여 작성하면 된다.

```
echo("<select name="sel1">");
for($i=0;$i<$n_status;$i++)
{
    if ($i==$sel1) $tmp="selected"; else $tmp="";
    echo("<option value='$i' $tmp>$a_status[$i]</option>");
}
echo("</select>");
```

주의할 점은 a_text1을 처리할 때는 for문에서 i=0 이 아니라 i=1부터 시작해야 한다.

④ **가격표시** : 가격표시할 때 3자리마다 콤마를 삽입하려면 다음 numer_format 함수를 이용하여 간단히 처리할 수 있다.

[php] number_format(숫자) 함수

3자리마다 콤마를 삽입한 문자열로 변환하는 함수

예〉 number_format(1234);   // 결과 : 1,234

---

⑤ **Form 변수 전달하기** : A tag를 이용하여 다른 문서로 이동할 때 검색과 페이지에 관련된 변수 sel1, sel2, sel3, sel4, text1, page값도 같이 넘겨주어야 한다. 다음 프로그램은 제품 수정을 하는 경우의 A tag에 관련된 프로그램이다.

```
<a href='product_edit.php?no=$no&sel1=$sel1&sel2=$sel2&sel3=$sel3&
        sel4=$sel4&text1=$text1&page=$page'>수정</a>
```

STEP 01   product.php 만들기

① **product.html ➡ product.php 로 저장하기** : admin폴더에 있는 product.html을 읽어 새 파일이름 product.php로 저장한다.

② **common.js link 수정하기** : 상단메뉴 수정을 위해 admin/include폴더의 common.js 파일을 읽어 "product.html"을 "product.php"로 수정한다.

③ **product.php 수정하기** : member.php를 참고하여 프로그램을 작성한다.

④ **실행 및 결과확인** : 실행하여 결과를 확인한다.

5.3.4 제품 등록

○ 실습목적

아래 그림과 같이 관리자가 새 제품 정보를 등록할 수 있는 프로그램을 만들어라.

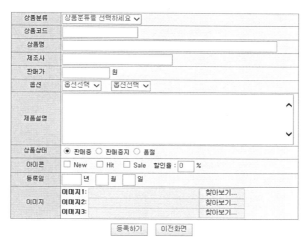

새 제품등록 화면(product_new.html)

○ 실습이론

1️⃣ **제품입력 및 삭제 파일구조** : 새 제품정보를 등록하는 파일 구성은 다음과 같다.

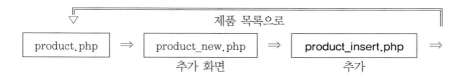

2️⃣ **제품명, 제품설명** : 제품명과 제품설명 내용 중 작은따옴표('), 따옴표("), 슬래쉬(/)
와 같은 문자가 포함되면, SQL을 실행할 때 에러가 발생된다. 예를 들어 다음과 같
이 name필드에 It's를 저장하려는 경우, insert SQL문에서 문자열 표시기호인 '와
혼동되어 에러가 발생된다.

insert into product (name,⋯) values ('It's', ⋯); ➔ 에러

따라서 에러를 막기 위해서는 addslashes 함수를 이용하여 이 문자들 앞에 슬래쉬(/)

를 붙여 escape문자화시켜 저장해야 한다. 그리고 출력할 때는 반대로 stripslashes 함수를 이용하여 슬래쉬(/)를 제거하여 정상 출력을 해야 한다.

```
$name = addslashes($name)
$contents = addslashes($contents)
```

[php] addslashes(문자열)

문자열내의 작은따옴표('), 따옴표("), 슬래쉬(/)와 같은 문자앞에 /를 추가하여 escape화 된 문자열로 만드는 함수.

예〉 addslashes("It's");   ---〉 : It/'s

[php] stripslashes(문자열)

addslashes()함수로 escaped된 문자열을 원상 복귀시키는 함수

예〉 stripslashes("It/'s");   ---〉   It's

---

③ **옵션 콤보박스** : 위의 새 제품등록화면인 경우 옵션사항이 2가지인데, 두개의 콤보박스 모두 opt테이블의 옵션명이 목록으로 똑같이 나와야 한다. 예를 들어 의류쇼핑몰인 경우 옷은 보통 색상과 사이즈 옵션사항이 필요하다. 이 경우 아래 그림과 같이 색상과 사이즈를 선택할 수 있어야 한다.

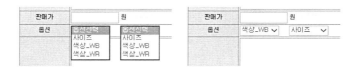

따라서 두 옵션 opt1, opt2 콤보박스를 위한 쿼리문은 다음과 같다.

```
$query="select * from opt order by name;"
```

만약 이 의류 쇼핑몰에서 옷 이외에도 반지를 판매하는 경우, 반지는 옵션이 반지사이즈 한가지이다. 이 경우에는 첫 번째 옵션 콤보박스를 "반지사이즈", 두 번째 옵션 콤보박스에서 "옵션선택(=0)"을 선택한다. 그리고 사용자 쪽의 제품 화면에서는 두 번째 옵션상자가 표시되지 않도록 프로그램 해야 한다.

관리자 화면　　　　　사용자 쪽 화면

옵션 콤보상자의 첫 번째항은 "옵션선택"이 되도록 반드시 있어야 하며,

```
〈select name="opt1"〉
  〈option value="0" selected〉옵션선택〈/option〉
  〈?
        ...
  ?〉
〈/select〉
```

option의 value는 옵션번호 $row[no]가, 콤보상자 목록 값은 $row[name]이 되어야 한다.

```
echo("〈option value='$row[no]'〉$row[name]〈/option〉
```

두 번째 옵션 콤보상자인 경우, 이미 첫 번째 옵션에서 목록값을 구했기 때문에 SQL 문을 다시 실행할 필요가 없다. mysql_data_seek($result, 0)을 이용하여 레코드 포인터를 처음으로 이동시키면 된다.

```
    ...
〈option value="0" selected〉옵션선택〈/option〉
〈?
  mysql_data_seek($result,0);      ' 0은 첫 번째 레코드
  for($i=0; $i〈$count; $i++)
    ...
```

아니면 다음과 같이 다시 SQL문을 실행하여 처리할 수 있다.

```
$query="select * from opt order by name";
```

```
$result=mysql_query($query);
...
```

4 **아이콘 checkbox 처리** : input type이 checkbox인 경우, 체크를 한 경우 변수의 값은 value에 지정한 값이 된다. 만약 value를 지정하지 않은 경우는 'on'이 된다. 그러나 체크를 하지 않은 경우는 null값을 갖는다. 따라서 신상품, 히트상품, 세일상품인지를 표시하는 필드 icon_new, icon_hit, icon_sale인 경우, 체크를 한 경우는 1, 아닌 경우는 0값을 저장해야 한다. 이 문제는 다음과 같이 checkbox에서 value값을 1로 지정한 후,

```
New : <input type="checkbox" name="icon_new" value="1">
```

다음 웹문서에서 다음 프로그램과 같이 값이 null인지를 알아내는 처리를 하면 쉽게 해결할 수 있다.

```
if ($icon_new) $icon_new=1; else $icon_new=0;
```

혹은

```
if ($icon_new==1) $icon_new=1; else $icon_new=0;
```

5 **등록일 처리** : 새로 상품을 등록할 때 오늘 날짜로 제품을 등록 날짜가 자동으로 초기화 하려면, date() 함수를 이용하여 오늘 날짜를 알아내어 처리하면 된다.

[php] date(형식기호)

시스템 날짜와 시간을 알아내는 함수.

```
예> $today = date("Y");              // 결과 : 2008
    $today = date("Y-m-d");          // 결과 : 2008-01-01
    $today = date("Y-m-d H:i:s");  // 결과 : 2008-01-01 17:16:20
```

---

6 **사진 업로드** : 제품 사진을 product폴더에 업로드는 다음과 같은 프로그램을 image1, image2, image3에 대해 반복 사용하면 된다.

```
$fname1=$image1;
if ($_FILES["image1"]["error"]==0)  // 파일이름이 있는지 조사
```

```
    {
        $fname1=$_FILES["image1"]["name"];
        if (!move_uploaded_file($_FILES["image1"]["tmp_name"],
            "../product/$fname1")) exit("업로드 실패.");
    }
```

7 **파일이름 저장** : 제품을 새로 추가하는 insert SQL문에서 product테이블의 image1, image2, image3필드에는 업로드할 사진의 파일이름을 저장해야 한다.

```
insert into product ( ⋯ ,image1, image2, image3)
        values ( ⋯ , 'fname1', 'fname2', 'fname3');
```

STEP ○

① **product_new.html → product_new.php 로 저장하기** : admin폴더에 있는 product_new.html을 읽어 새 파일이름 product_new.php로 저장한다.

② **product.php link 수정하기** : product.php에서 입력버튼을 클릭한 경우, 새 제품등록 화면이 되도록, "product_new.html"을 "product_new.php"로 수정한다.

③ **product_new.php 수정하기** : 제품의 분류, 옵션의 콤보박스의 값이 나오고, 등록일이 오늘 날짜로 초기화되도록 프로그램을 작성한다.

④ **product_insert.php 만들기** : product_insert.php 프로그램을 작성한다.

⑤ **실행 및 결과확인** : 실행하여 제품목록화면에 등록한 제품이 나오는지 결과를 확인한다.

5.3.5 제품 수정 및 삭제

○ **실습목적**

아래 그림과 같이 관리자가 기존의 제품 정보를 수정 및 삭제를 할 수 있는 프로그램을 만들어라.

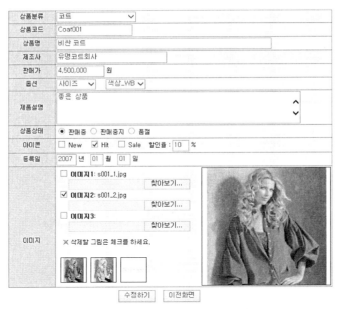

제품 수정화면(product_edit.html)

(○) 실습이론

① **제품수정 파일구조** : 제품정보를 수정 및 삭제하는 프로그램의 구성은 다음과 같다.

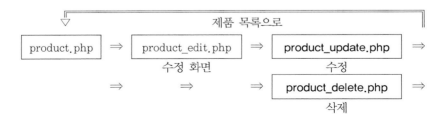

② **제품명, 제품설명** : 제품명과 제품설명은 제품정보를 저장할 때 addslashes 함수를 이용하여 저장하였으므로, 화면에 표시할 때는 stripslashes 함수를 이용하여 다시 원상복구를 하여야 한다.

```
$name = stripslashes($name);
$contents = stripslashes($contents);
```

③ **제품쿼리 및 옵션쿼리 동시 실행 방법** : 제품쿼리와 옵션쿼리를 실행한 후, 두 종류의 결과값을 그대로 가지고 있으려면, mysql_fetch_array($result) 함수에 의해 얻

은 정보를 저장하는 배열을 다른 이름으로 지정하면 된다. 예를 들어 제품정보를 아래 프로그램과 같이 읽은 제품정보를 row 배열에 저장하였다면,

```
...
$query="select * from product where no=$no";
$result=mysql_query($query);
if (!$result) exit("쿼리에러");
$row=mysql_fetch_array($result);   // 제품 정보
...
```

옵션정보는 다음 프로그램과 같이 row1 배열에 저장하여 사용하면 된다.

```
...
$query="select * from opt order by name";
$result=mysql_query($query);
if (!$result) exit("쿼리에러");
$count=mysql_num_rows($result);
for ($i=0;$i<$count;$i++)
{
  $row1=mysql_fetch_array($result);    // 옵션 정보
  if ($row[opt1]==$row1[no])
    echo("<option value='$row1[no]' selected>$row1[name]</option>");
  else
    echo("<option value='$row1[no]'>$row1[name]</option>");
}
...
```

4 **이미지 등록해제 처리** : 이미지에 있는 체크박스를 체크한 경우는 등록된 그림을 해제해야 하며, 새로운 그림을 등록한 경우에는 업로드를 해야 한다. 이 처리는 다음 프로그램과 같이 체크박스 checkno1의 value를 1로 지정하였으므로, 체크된 경우 ($checkno1==1)에는 $fname1을 빈 문자열로 만들어 처리하면 된다. 이 처리를 image2, image3에 대해서도 반복처리하면 된다.

```
$fname1=$imagename1;          // 기존 파일이름
if ($checkno1=="1") $fname1="";   // 삭제 체크가 된 경우
if ($_FILES["$image1"]["error"]==0)   // 파일이름이 있는지 조사
```

```
        {
            $fname1=$_FILES["$image1"]["name"];
            if (!move_uploaded_file($_FILES["$image1"]["tmp_name"],
                "../product/$fname1")) exit("업로드 실패.");
        }
```

⑤ **수정, 삭제 후 이동처리** : 제품정보의 수정(product_update.php) 및 삭제
(product_delete.php)를 하고 제품목록으로 이동할 때, sel1, sel2, sel3, sel4,
text1, page값도 아래 프로그램과 같이 함께 값을 넘겨주어야 한다.

echo("\<script\>location.href='product.php**?sel1=$sel1&sel2=$sel2&sel3=$sel3&**
sel4=$sel4&text1=$text1&page=$page';\</script\>**");**

STEP 01   제품 수정

① **product_edit.html ➜ product_edit.php로 저장하기** : admin폴더에 있는 product_
edit.html을 읽어 새 파일이름 product_edit.php로 저장한다.
② **product.php link 수정하기** : product.php에서 "수정"을 클릭한 경우 제품 수정화면
으로 이동하도록, "product_edit.html"을 "product_edit.php"로 수정한다.
③ **product_edit.php 수정하기** : 읽은 제품의 정보가 표시되도록 프로그램을 작성한다.
④ **product_update.php 만들기** : 다른 update SQL문을 이용하여 프로그램을 작성한
다.
⑤ **실행 및 결과확인** : 실행하여 제품정보를 수정해본다.

STEP 02   제품 삭제

① **product_delete.php 만들기** : 제품을 삭제하는 프로그램을 작성한다.

② **product.php link 수정하기** : product.php에서 삭제버튼을 클릭한 경우 해당 제품이 삭제되
도록 "product_delete.html"을 "product_delete.php"로 수정한다.

③ **실행 및 결과확인** : 실행하여 제품이 삭제되었는지 확인한다.

```
```

5.4 쇼핑몰 제품관리

앞 장에서 관리자가 제품을 등록하는 프로그램이 완성되었으므로, 이제는 등록된 제품을 쇼핑몰 화면에서 표시하는 프로그램을 만들어 보자.

5.4.1 메인화면 상품표시

⟳ **실습목적**

아래 그림과 같이 메인화면에서 신상품을 표시하는 프로그램을 작성하여라.

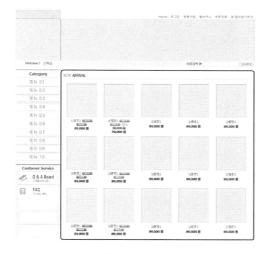

메인화면(main.html)

⟳ **실습이론**

① **제품의 2차원구조 표시** : 위 그림과 같이 제품정보를 2차원 구조로 출력하려면, 다음과 같이 가로축과 세로축에 대해 2중 반복문으로 처리해야 한다. 여기서 num_col 은 세로축의 제품개수를 의미하며, num_row는 줄 수를 의미한다. 위 그림인 경우는 $num\_col=5$, $num\_row=3$ 이 된다.

```
$num_col=5;          // column수, row수
$num_row=3;
$count=mysql_num_rows($result);      // 레코드개수
$icount=0;
echo("<table>");
for ($ir=0;$ir<$num_row;$ir++)
{
    echo("<tr>");
    for ($ic=0;$ic<$num_col;$ic++)
    {
        if ($icount <= $count)
        {
            $row=mysql_fetch_array($result);
            echo("<td> 상품출력 html소스 </td>");
        }
         else
            echo("<td></td>");
        $icount++;
    }
    echo("</tr>");
}
echo("</table>");
```

프로그램 중간에 상품출력 html 소스 부분은 실제 표시할 화면내용으로서, 상품사
진, 상품제목, 아이콘, 가격 등의 정보를 표시하는 html 소스를 의미한다. 그리고
<table>, <tr>, <td>에 대한 부분은 원본 html 소스에 맞게 수정을 해야 한다.

상품출력 html 소스

② **제품의 랜덤 진열** : 쇼핑몰의 메인화면의 경우, 진열되는 상품이 매번 동일한 제품이 소개된다면 화면에 표시되지 않는 제품들은 판매량이 떨어질 것이다. 따라서 메인화면에 표시되는 제품들은 무작위(random)하게 표시할 필요가 있다. 이런 처리는 select문의 order by절에서 MySQL의 rand() 함수를 이용하면 간단하게 처리할 수 있다. 또한 추출되는 제품의 수도 limit절을 이용하면 쉽게 제한할 수 있다. 여기서 만들 메인화면은 현재 진열중(status=1)인 15개(limit 5)의 신상품(icon_new=1)을 무작위하게 추출하는 것이므로, 쿼리는 아래와 같이 조건을 지정하면 된다.

```
$query="select * from product
        where icon_new=1 and status=1 order by rand() limit 15";
```

[MySQL] rand()

0과 1 사이의 랜덤 실수값을 발생하는 함수

[MySQL] limit 시작위치,개수

SQL문에서 함께 사용하여 추출하거나 처리할 레코드의 개수를 제한시키는 절.

예〉 select * from member limit 10;   // 0번 레코드부터 10 개 추출
     select * from member limit 3, 5; // 3번 레코드부터 5 개 추출

---

③ **그림 출력 image1** : 메인용 진열 상품그림은 제품등록을 할 때, image1 필드에 등록된 진열용 작은 크기의 그림을 이용한다.

④ **new, hit, sale 아이콘 표시** : icon_new, icon_hit, icon_sale 값이 각각 1인 경우에만 해당 아이콘을 표시하도록 프로그램을 작성해야 하며, 특히 sale인 경우에는 할인율인 discount값을 출력해야 한다.

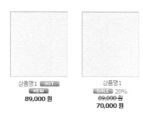

⑤ **제품가격 출력** : 가격을 출력하는 경우에는 numer_format(값,0) 함수를 이용하여 3자리마다 콤마를 출력하여 표시해야 하며, Sale인 경우에는 다음과 같은 식에 의해 빗금이 쳐진 원래 가격(〈strike〉...〈/strike〉)과 세일된 가격을 표시해야 한다. 세일

된 금액 계산에 round 함수를 이용한 이유는 세일된 금액에서 10원단위의 금액이 나오면 반올림하여 절삭하기 위해서다.

세일가격 = round(원래가격*(100−discount)/100, −3)

[php] round(값, 반올림위치)

지정된 위치에서 반올림된 값을 돌려주는 함수

예〉 round(1.95583, 2);   // 1.96
　　 round(41757, −3);   // 42000

PHP, ASP 쇼핑몰 실무 따라하기

STEP ⑤

① **main.php 수정하기** : main.php를 읽어 실습이론을 참고하여 프로그램을 작성한다.
② **실행 및 결과확인** : 실행하여 결과를 확인한다.

5.4.2 분류별 상품표시

⟳ **실습목적**

아래 그림과 같이 메인화면에서 메뉴를 클릭한 경우, 해당 메뉴의 제품을 신상품순으로 표시하는 프로그램을 작성하여라.

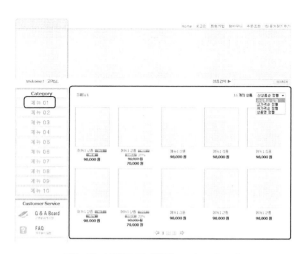

메뉴별 상품표시 화면(product.html)

① **제품의 2차원구조 표시** : 위 그림을 보면, 페이지 기능이 있다는 것 빼고는 main.php에서 제품 진열하는 내용과 거의동일하다. 따라서 main.php의 프로그램을 복사하여 작업을 하면 손쉽게 처리할 수 있다. 주의할 점은 페이지처리를 해야 하므로, 이에 맞게 프로그램도 수정되어야 한다. 여기서는 1줄에 5개씩 4줄을 표시하는 것으로 하면, $page_line의 값은 20이 될 것이며, 프로그램 소스도 다음과 같이 수정해야 한다.

[php] 2차원 구조 출력 프로그램 (page기능 있는 경우)

```php
$num_col=5;      $num_row=4;          // column수, row수
$page_line=$num_col*$num_row;         // 1페이지에 출력할 제품수
$icount=0;
echo("<table>");
for ($ir=0;$ir<$num_row;$ir++)
{
    echo("<tr>");
    for ($ic=0;$ic<$num_col;$ic++)
    {
        if ($icount < $page_last-1 )
        {
            $row=mysql_fetch_array($result);
            echo("<td> 상품출력 html소스 </td>");
        }
         else
            echo("<td></td>");
        $icount++;
    }
    echo("</tr>");
}
echo("</table>");
```

---

② **정렬 콤보박스 sort 처리** : 제품 진열순서를 결정하는 콤보박스 sort처리는 다음과 같이 콤보박스 $sort 값에 따라 해당하는 $query를 만들면 된다. 초기 정렬 상태는 신상품이 되도록 한다.

sort

```
if ($sort=="up")     // 고가격순
   $query="… where menu=$menu order by price desc";
elseif ($sort=="down")   // 저가격순
   $query="… where menu=$menu order by price";
elseif ($sort=="name")   // 이름순
   $query="… where menu=$menu order by name";
else        // 신상품순
   $query="… where menu=$menu order by no desc";
```

③ **이동처리** : 정렬이나 다른 페이지를 선택한 경우, 같은 메뉴와 정렬방식을 적용하려면 다음과 같이 menu, sort, page값을 $menu, $sort, $page로 초기화해야 한다.

```
1) menu  : <input type="hidden" name="menu" value="1">
2) sort  : <select name="sort" size="1" class="cmfont"…> …</select>
3) A tag : <a href="product.asp?menu=1&sort=1&page=1">
```

STEP

① **product.html ➜ product.php로 만들기** : product.html의 일부분 + temp.php를 이용하여 product.php를 만든다.

② **main_left.php link 수정하기** : 메인화면에서 분류메뉴를 클릭하면 product.html을 호출하는 A tag 부분을 찾아, "product.html"을 "product.php"로 모든 메뉴에 대해 수정한다. 그리고 해당 메뉴번호도 맞게 수정한다.

```
<a href="product.php?menu=1"> … </a>
<a href="product.php?menu=2"> … </a>
…
```

③ **product.php 수정하기** : main.php소스를 참고하여 선택한 메뉴의 제품들 정보가 표시되도록 프로그램을 작성한다.

④ **실행 및 결과확인** : 실행하여 제품정보를 수정해본다.

5.4.3 제품 상세정보 표시

⟳ **실습목적**

다음 그림과 같이 메인화면에서 제품을 클릭한 경우, 해당 제품의 상세정보를 표시하는 프로그램을 작성하여라. 그리고 해당 이미지를 클릭하면 이미지를 크게 볼 수 있는 팝업 창을 만들어라.

제품상세 화면(product_detail.html)

그림 크게 보기
(zoomimage.html)

⟳ **실습이론**

① **제품그림 image2, image3 … :** 제품의 큰이미지는 image2 필드에 등록한 그림을 이용하여 표시하고, image3 필드의 그림은 제품 설명하는 곳에 표시한다.

② **옵션 콤보박스 :** 제품의 옵션선택을 할 수 있는 콤보박스는 제품에 등록한 opt1, opt2의 값을 이용하여 opts테이블의 소옵션 값을 콤보박스의 목록에 초기화시켜야 한다. 이 경우 제품의 정보를 다음과 같은 쿼리로 알아냈다면,

```
$query="select * from product where no=$no";
...
$row=mysql_fetch_array($result);    // 제품 정보
```

제품의 옵션 번호는 $row[opt1]에서 알 수 있다. 따라서 opts테이블에서 소옵션 정보

를 알아내는 조건은 where opt_no=$row[opt1]가 되며, 쿼리는 다음과 같이 쓸 수 있다. 여기서 소옵션번호와 이름인 $row1[no], $row1[name]은 콤보상자 〈option〉에서 이용하면 된다.

```
$query = "select * from opts where opt_no=$row[opt1]";
...
$row1 = mysql_fetch_array($result);   // 해당제품의 소옵션 정보
...
    echo("<option value='$row1[no]'>$row1[name]</option>");
...
```

두 번째 옵션 $row[opt2]가 있는 경우에는 방금 설명한 첫 번째 옵션 콤보박스 소스를 복사하여 opts2에 맞게 만들면 된다.

STEP 01 제품상세

① **product_detail.html ➔ product_detail.php로 만들기** : product_detail.html의 일부분 + temp.php를 이용하여 product_detail.php를 만든다.

② **main.php link 수정하기** : 메인화면에서 제품 그림이나 제품명을 클릭하면, 제품상세정보를 호출하는 A tag의 "product_detail.html"을 "product_detail.php"로 모두 수정한다.

③ **product.php link 수정하기** : 분류별 상품진열 화면에서도 제품 그림이나 제품명을 클릭하면, 제품 상세정보 화면을 호출하는 A tag의 "product_detail.html"을 "product_detail.php"로 모두 수정한다.

④ **product_detail.php 수정하기** : 실습이론을 참고하여 제품의 상세정보가 표시되도록 프로그램을 작성한다.

⑤ **실행 및 결과확인** : 실행하여 제품정보를 수정해 본다.

STEP 02 그림 확대

① **zoomimage.html ➔ zoomimage.php로 만들기** : zoomimage.html을 zoomimage.php 라는 새 이름으로 저장한다.

② **product_detail.php link 수정하기** : 제품 상세정보 표시화면에서 제품 그림을 클릭하면 표시되는 그림확대 팝업창을 호출하는 javascript Zoomimage 함수에서 "zoomimage.html"을 "zoomimage.php"로 수정한다.

```
function Zoonimage(no)
{
    window.open("zoomimage.php?no="+no, "", "menubar=no,scrollbars=yes,
            width=560,height=640,top=30,left=50");}
}
```

③ **zoomimage.php 수정하기** : 제품 상세 이미지가 표시되도록 수정한다.
④ **실행 및 결과확인** : 실행하여 결과를 확인한다.

5.4.4 제품 이름검색

○ **실습목적**

아래 그림과 같이 제품이름 일부분으로 검색할 수 있는 프로그램을 작성하여라.

product_search.html

○ **실습이론**

① **찾을 제품이름 입력란 findtext** : 상품검색 입력란 findtext를 이용하여 제품이름 일
부분으로 검색을 하려면 다음과 같이 findtext 양쪽에 와일드문자 %를 붙인 조건의
쿼리를 이용하면 된다.

```
$query = "select * from product
        where name like '%$findtext%' order by name";
```

① **product_search.html ➜ product_search.php로 만들기** : product_search.html의 일부분 + temp.php를 이용하여 product_search.php를 만든다.

② **main_top.php link 수정하기** : main_top.php에서 검색된 제품목록을 호출하는 Form tag의 action "product_search.html"을 "product_search.php"로 수정한다.

〈form name="form1" method="post" action="**product_search.php**"〉

③ **product_search.php link 수정하기** : 검색된 제품의 이름을 클릭하면 제품 상세정보 화면이 표시되도록하는 A tag의 "product_detail.html"을 "product_detail.php"로 수정한다.

④ **product_search.php 수정하기** : 검색된 제품의 목록이 표시되도록 프로그램을 작성한다.

⑤ **실행 및 결과확인** : 실행하여 제품이름으로 검색해본다.

Chapter 08

PHP 주문 관리

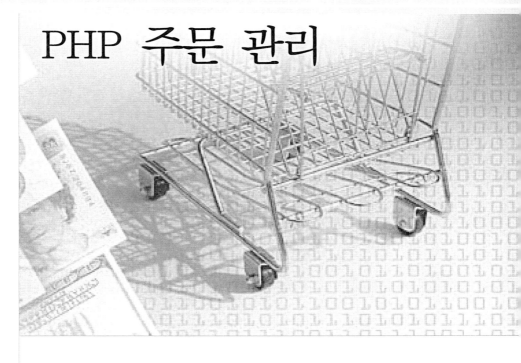

6.1   쇼핑몰 주문관리

6.1.1   주문관리 개요

이번에는 쇼핑몰에서 고객이 선택한 제품의 주문 처리에 대한 프로그램에 대해 알아보자. 쇼핑몰에서 주문관리에 관한 작업은 회원관리와 마찬가지로 쇼핑몰 작업과 관리자 작업으로 나눌 수 있다. 먼저 쇼핑몰 측의 작업에 대해 알아보자.

① **쇼핑몰 주문관리** : 쇼핑몰에서 사용자측 작업에는 아래 그림과 같이 쿠키를 이용하여 장바구니에 물건을 담는 처리, 장바구니에 담은 제품들을 배송하기위한 주문자와 배송지에 대한 정보입력, 그리고 카드 및 무통장 결제를 선택할 수 있는 결제처리 등이 있다.

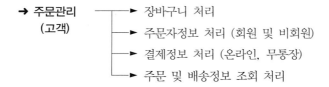

장바구니 (cart.html)

주문지/배송지 정보 입력화면 (order.html)

결제정보 입력화면 (order_pay.html)

그리고 이미 결제된 주문정보의 확인 및 취소, 배송정보를 확인할 수 있는 처리 등이 필요한데 아래 그림은 비회원인 경우에도 주문정보를 확인할 수 있도록 확인하는 절차와 주문정보에 관련된 화면들이다.

MEMBER

□ 주문 조회

회원로그인 Member Login	아이디		로그인 LOGIN
	암호		

비회원 Non-Member	이름		확인 OK
	E-Mail		

주문조회용 로그인(jumun_login.html)

Order

□ 주문 조회

주문일	주문번호	제품명	금액	주문상태
2007-01-02	200701020001	파란 브라우스 (외2)	20,000 원	주문신청
2007-01-01	200701010001	하얀 브라우스 (외1)	30,000 원	배송중
2007-01-01	200701010001	파란 브라우스 (외1)	30,000 원	주문취소
2007-01-01	200701010001	실크 브라우스	30,000 원	주문완료

◁ 1 [2] [3] ▷

주문조회 목록(jumun.html)

Order

□ 주문상품 내역

상품명	수량	금액	합계
상품명3 [옵션]옵션3	1	120,000 원	120,000 원
상품명1 [옵션]옵션1	1	120,000 원	120,000 원
상품명2 [옵션]옵션1	1	20,000 원	20,000 원

□ 결제내역

주문번호	200701020001	결제금액	137,400 원
결제방식	카드	승인번호	12341234
카드종류	국민카드	할부	일시불
결제방식	온라인 (국민:000-00-0000-0000)	보낸사람	홍길동

□ 배송내역

주문자명	홍길동		
전화번호	02-111-1234	휴대폰	011-111-1111
이메일	aaa@aaa.aa.aa		
수취인명	홍길동		
전화번호	02-111-1234	휴대폰	010-111-1234
배달주소	[13911] 서울 노원구 월계4동 인덕대학 산76		
메모			

목록

주문 상세내역(jumun_info.html)

② **관리자 주문관리** : 관리자 작업은 쇼핑몰에서 주문한 정보를 관리자가 확인할 수 있고, 주문처리 과정을 고객에게 알릴 수 있도록 주문 상태를 관리할 수 있는 주문관리

화면으로 구성되어 있다.

| ▶ 회원관리 | ▶ 상품관리 | ▶ 주문관리 | ▶ 옵션관리 | ▶ FAQ관리 |

주문수 : 20   기간 : 2008 1 ∨ 1 ∨ - 2008 1 ∨ 1 ∨ 전체 ∨ 주문번호 ∨

주문번호	주문일	상품명	제품수	총금액	주문자	결제	주문상태	
0803050004	2008-03-05	파란 브라우스 외 1	2	35,000	홍길동	카드	주문신청 ∨	작성
0803030002	2008-03-03	실크 브라우스	1	120,000	이길동	무통장	주문완료 ∨	작성
0803010006	2008-03-01	하얀 브라우스	1	155,000	김미자	카드	주문취소 ∨	작성

주문 목록화면(jumun.html)

주문번호	**0807220001 (주문신청)**	주문일	2008-07-22

주문자	홍길동 (비회원)	주문자전화	02 -123 -1234
주문자 E-Mail	aaa@aa.com	주문자핸드폰	011-123 -1234
주문자주소	(12323) 서울 노원구 월계2동		
수신자	홍길동	수신자전화	02 -123 -1234
수신자 E-Mail	aaa@aa.com	수신자핸드폰	011-123 -1234
수신자주소	(12323) 서울 노원구 월계2동		
메모	집에 없는 경우 수위실에 부탁.		

지불종류	카드	카드승인번호	12345678
카드 할부	일시불	카드종류	개인
무통장	국민은행:123-12-12345	입금자이름	홍길동

상품명	수량	단가	금액	할인	옵션1	옵션2
파란 브라우스	1	20,000	20,000	10 %	파랑	L
파란 티셔츠	1	10,000	10,000		파랑	S
택뻐비	1	5,000	5,000			

총금액		35,000 원

이전화면   프린트

주문 상세정보 화면(jumun_info.html)

6.1.2   주문 테이블

233

⟳ **실습목적**

주문관리에 필요한 주문 및 주문 상세정보 테이블인 jumun과 jumuns테이블을 만들어라.

⟳ **실습이론**

① **테이블 구조** : 주문 정보는 주문자와 배송지에 대한 정보, 그리고 주문한 제품정보로 나눌 수 있으며, 여기서 jumun테이블은 주문자와 배송지, 결제정보 그리고 주문번호와 같은 전체적인 정보를 저장하며, 테이블 구조는 다음과 같다.

		필드명	자료형	Null	비고
1	주문번호	no	char(10)	☐	형식 : YYMMDD####, 기본키 🖼
2	회원번호	member_no	int	☑	비회원=0
3	주문일	jumunday	date	☑	
4	제품명	product_names	varchar(255)	☑	"제품명 외 2"형식
5	제품종류개수	product_nums	int	☑	
6	주문자:이름	o_name	varchar(20)	☑	
7	주문자:전화	o_tel	varchar(11)	☑	
8	주문자:핸드폰	o_phone	varchar(11)	☑	
9	주문자:E-Mail	o_email	varchar(40)	☑	
10	주문자:우편번호	o_zip	varchar(5)	☑	
11	주문자:주소	o_juso	varhar(100)	☑	
12	배송자:이름	r_name	varchar(20)	☑	
13	배송자:전화	r_tel	varchar(11)	☑	
14	배송자:핸드폰	r_phone	varchar(11)	☑	
15	배송자:E-Mail	r_email	varchar(40)	☑	
16	배송자:우편번호	r_zip	varchar(5)	☑	
17	배송자:주소	r_juso	varchar(100)	☑	
18	메모	memo	varchar(255)	☑	
19	결제방법	pay_method	tinyint	☑	카드=0, 무통장=1
20	카드 승인번호	card_okno	varchar(10)	☑	
21	카드 할부	card_halbu	tinyint	☑	0=일시불, 3=3개월,…
22	카드 종류	card_kind	tinyint	☑	1=국민,2=신한,…
23	은행 종류	bank_kind	tinyint	☑	1=국민,2=신한,…
24	송금자	bank_sender	varchar(30)	☑	
25	총금액	total_cash	int	☑	
26	주문상태	state	tinyint	☑	1=주문신청,…

jumun 테이블

1) **no** : 주문번호는 쇼핑몰마다 다양한 방법으로 표시할 수 있지만, 여기서는 2자리 년도의 날짜와 번호를 가지는 YYMMDD####과 같은 형식으로 지정하였으며, 주문테이블의 기본키로 지정하였다.

2) **member_no** : 주문자가 회원인 경우는 고객번호를 저장하지만, 비회원인 경우는 0값을 저장한다.

3) **product_names과 product_nums** : 주문한 제품의 모든 제품명들을 모두 연결하여 저장하거나 "첫 번째 제품이름 …"과 같은 형식으로 주문한 제품이름들과 제품

가지수를 저장하는 필드이다.

4) **o_?????** : 주문자의 정보로서 이름(name), 전화(tel), 핸드폰(phone), E-Mail (email), 우편번호(zip), 주소(juso) 정보를 저장하는 필드들이다.

5) **r_?????** : 배송지와 받는 사람의 정보로서 이름, 전화, 핸드폰, E-Mail, 우편번호, 주소 정보를 저장하는 필드들이다.

6) **memo** : 배송할 때 주의할 사항 등을 적는 짧은 메모를 위한 필드이다.

7) **pay_method** : 결제방법을 저장하는 필드로서 카드결제인 경우 0, 무통장인 경우에는 1값을 저장한다.

8) **card_okno, card_halbu, card_kind** : 카드결제인 경우 카드종류, 승인번호, 할부내역들을 저장하는 필드로서, card_halbu가 0이면 일시불, 숫자면 해당 개월의 할부를 의미한다. 카드 정보를 취급할 때 주의할 점은 카드번호나, 암호 등 개인정보에 관련된 정보는 테이블에 저장하지 말아야 한다.

9) **bank_kind, bank_sender** : 무통장으로 입금하는 경우 보낸 은행 계좌번호와 보낸 사람의 정보를 저장하는 필드이다.

10) **total_cash** : 택배비를 포함한 총 주문한 제품의 금액 합계를 저장한다.

11) **state** : 주문신청부터 주문완료까지 주문상태를 표시하는 필드로, 주문신청=1, 주문확인=2, 임금확인=3, 배송중=4, 주문완료=5, 주문취소=6 값을 갖는다. 그 이외에도 반품 및 교환에 관련된 상태도 있을 수 있지만 여기서는 생략하도록 하겠다.

jumun테이블이 주문전체에 대한 정보를 저장하는 테이블이라면, jumuns테이블은 주문한 제품의 정보, 수량, 옵션사항 등 주문한 제품에 대한 상세 정보를 저장하는 테이블이다.

		필드명	자료형	Null	비고
1	번호	no	int	☐	auto_increment, 기본키 🔑
2	주문번호	jumun_no	char(10)	☑	형식 : YYYYMMDD####
3	제품번호	product_no	int	☑	제품번호=0 ➜ 배송비
4	수량	num	int	☑	
5	단가	price	int	☑	Sale일 때는 Sale된 가격
6	금액	cash	int	☑	수량*단가
7	할인율(%)	discount	tinyint	☑	
8	소옵션번호1	opts1_no	int	☑	
9	소옵션번호2	opts2_no	int	☑	
	...	...	...	...	

jumuns 테이블

1) **jumun_no** : jumun테이블과 관계를 맺기 위한 필드로서, 주문번호가 저장된다.
2) **product_no** : 주문한 제품의 번호이다. 실제 제품번호가 0인 경우는 없지만, 여기서는 배송비도 하나의 제품으로 생각하고 사용하겠다.
3) **price와 discount** : 제품 할인이란 일정기간만 적용되는 내용이므로, 주문장에는 할인이 되었는지를 표시할 필요가 있다. 이 처리는 discount 필드를 이용하여 처리할 수 있다. discount가 0인 경우, 제품가격 price 필드는 정상가격을 의미한다. 그러나 discount가 0보다 크면, price는 할인된 가격으로 저장해야 한다.
4) **opts_no1과 opts_no2** : 고객이 주문한 제품의 옵션정보를 저장하는 필드로서, 소옵션의 번호가 저장된다.

STEP ○

① **jumun 테이블 만들기** : phpmyadmin을 이용하여 〈이름〉은 "jumun", 〈Number of fields〉는 "26"을 입력하여 jumun 테이블을 만들어라.

② **jumuns 테이블 만들기** : phpmyadmin을 이용하여 〈이름〉은 "jumuns", 〈Number of fields〉는 "9"를 입력하여 jumuns 테이블을 만들어라.

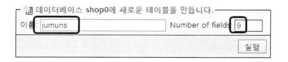

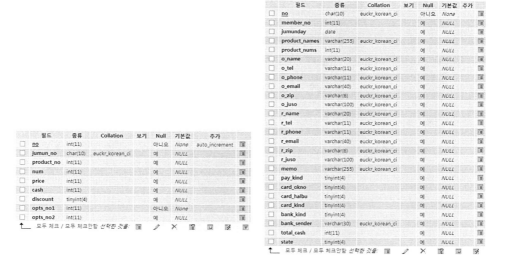

필드	종류	Collation	보기	Null	기본값	추가
no	int(11)			아니오	None	auto_increment
jumun_no	char(10)	euckr_korean_ci		예	NULL	
product_no	int(11)			예	NULL	
num	int(11)			예	NULL	
price	int(11)			예	NULL	
cash	int(11)			예	NULL	
discount	tinyint(4)			예	NULL	
opts_no1	int(11)			아니오	None	
opts_no2	int(11)			예	NULL	

모두 체크 / 모두 체크안함 선택한 것을:

필드	종류	Collation	보기	Null	기본값	추가
no	char(10)	euckr_korean_ci		아니오	None	
member_no	int(11)			예	NULL	
jumunday	date			예	NULL	
product_names	varchar(255)	euckr_korean_ci		예	NULL	
product_nums	int(11)			예	NULL	
o_name	varchar(20)	euckr_korean_ci		예	NULL	
o_tel	varchar(11)	euckr_korean_ci		예	NULL	
o_phone	varchar(11)	euckr_korean_ci		예	NULL	
o_email	varchar(40)	euckr_korean_ci		예	NULL	
o_zip	varchar(6)	euckr_korean_ci		예	NULL	
o_juso	varchar(100)	euckr_korean_ci		예	NULL	
r_name	varchar(20)	euckr_korean_ci		예	NULL	
r_tel	varchar(11)	euckr_korean_ci		예	NULL	
r_phone	varchar(11)	euckr_korean_ci		예	NULL	
r_email	varchar(40)	euckr_korean_ci		예	NULL	
r_zip	varchar(6)	euckr_korean_ci		예	NULL	
r_juso	varchar(100)	euckr_korean_ci		예	NULL	
memo	varchar(255)	euckr_korean_ci		예	NULL	
pay_kind	tinyint(4)			예	NULL	
card_okno	tinyint(4)			예	NULL	
card_halbu	tinyint(4)			예	NULL	
card_kind	tinyint(4)			예	NULL	
bank_kind	tinyint(4)			예	NULL	
bank_sender	varchar(30)	euckr_korean_ci		예	NULL	
total_cash	int(11)			예	NULL	
state	tinyint(4)			예	NULL	

모두 체크 / 모두 체크안함 선택한 것을:

6.1.3 장바구니

실습목적

제품상세화면에서 장바구니담기 버튼을 클릭하면 선택한 제품이 장바구니에 등록되며, 쇼핑몰 화면상단의 장바구니 버튼을 클릭하면 장바구니 내역이 표시되는 프로그램을 만들어라.

제품상세화면 (product_detail.html)   장바구니 (cart.html)

실습이론

① **장바구니 파일구조** : 장바구니처리를 주소록프로그램과 같은 파일 구조로 만든다면 아래와 같을 것이다.

- product_detail.html ➞ cart_insert.php ➞ cart.html (장바구니 담기)
- cart.html ┬➞ cart_update.php (장바구니 수량 수정)
           ├➞ cart_delete.php (장바구니 제품 삭제)
           └➞ cart_deleteall.php (장바구니 모두 삭제)

그러나 아래와 같이 장바구니의 추가, 삭제, 수정 등 모든 처리를 cart_edit.php에서 switch문과 kind변수를 이용하여 처리하면 프로그램 작업이 더 쉬워질 것이다.

- product_detail.html ➞ cart_edit.php?**kind=insert** ➞ cart.html
- cart.html ➞ cart_edit.php?**kind=update** ➞ cart.html
                                    delete
                                    deleteall

따라서 여기서 만들 장바구니 프로그램의 구성은 두 번째 구조를 이용하여 다음과 같이 처리하도록 하겠다.

product_detail.php	⇒	**cart_edit.php**	⇒	cart.php
담기버튼 클릭		추가, 삭제, 수정		화면표시

② **장바구니 제품정보 구조** : 장바구니에 저장할 제품 1개당 정보는 제품번호, 수량, 옵션 값들(여기서는 옵션1, 옵션2라고 가정)로서, 4개의 쿠키변수가 필요하다. 그런데 쿠키로 저장할 수 있는 변수의 개수와 용량이 제한되어있기 때문에, 장바구니에 담을 수 있는 제품의 수도 제한이 된다. 따라서 더 많은 제품을 장바구니에 담으려면 변수의 수를 줄여야한다. 이 처리는 다음과 같이 번호, 수량, 옵션값들을 하나의 문자열로 합치는 방법과 배열을 이용하면 쉽게 해결할 수 있다. 여기서 "^"기호는 우편번호 처리할 때처럼 자료를 구분하는 기호로 사용되며, 다른 기호를 이용해도 무방하다.

- 제품정보 자료형식 : "**제품번호^수량^옵션1^옵션2^…**"
- 자료 구분기호 : ^
  $n_cart = 5   // 장바구니 제품개수
  $cart[0] = "1^1^2^3"   // 1번 제품, 1개, 2번 옵션, 3번 옵션
  $cart[1] = "25^2^1^1"   // 25번 제품, 2개, 1번 옵션, 1번 옵션
      …

또한 제품정보들을 문자열로 합치고, 분해하는 작업은 list, implode, explode 함수를 이용하면 쉽게 처리할 수 있다. 다음은 첫 번째 제품 정보를 cookie인 cart 배열에 저장하고 알아내는 프로그램의 예이다.

- 합치기　 : $cart[위치]=implode("^", array($no, $num, $opts1, $opts2));
- 분해하기 : list($no, $num, $opts1, $opts2)=explode("^", $cart[1]);

[php] list(변수명들,…)

배열안의 값들을 지정된 변수들에 1대1로 대응시켜 할당시킨다.

예〉 $tmp=array(1, 2, 3);
　　 list($a, $b, $c)=$tmp;　 // $a=1, $b=2, $c=3이 됨.

[php] implode(구분 문자열, 배열명)

배열 값들 사이에 구분문자열을 삽입하여 하나의 문자열로 합쳐진 값으로 돌려주는 함수

예〉 $tmp=array(1, 2, 3);
　　 $s=implode("^",$tmp);　　 // 1^2^3 문자열을 리턴함.

[php] explode(구분문자열, 문자열)

구분문자열을 기준으로 문자열을 각각 분리시켜 배열 값으로 돌려주는 함수.

예〉 $s="a^b^c";
　　 $a=explode("^",$s);　 // $a[0]="a", $a[1]="b", $a[2]="c"인 배열값.

---

3 **cart_edit.php** : 장바구니에 제품의 정보를 추가, 삭제, 저장하는 프로그램 구조는 switch문과 $kind값에 따라 처리되도록 구성되어 있다.

❶ if (!$n_cart) $n_cart=0;   // 장바구니 제품개수($n_cart) 초기화
   switch ($kind)
   {
❷   case "insert":   // 장바구니 담기
      case "order":   // 바로 구매하기
         제품개수 ➔ $n_cart 1 증가.
         제품정보 합치기.
         제품개수, 정보를 $n_cart, $cart[$n_cart] 라는 이름의 쿠키로 저장.
         break;
❸   case "delete":   // 장바구니 삭제
         $cart[$pos] 쿠키 값 삭제.
         break;
❹   case "update":   // 장바구니 수량 수정
         $cart[$pos]값에서 제품번호, 옵션값들 알아내기.
         수정된 수량으로 제품정보 다시 합치기.
         수정된 제품정보를 $cart[$pos] 쿠키에 다시 저장.
         break;
❺   case "deleteall":   // 장바구니 전체 비우기
         for($i=1;$i<=$n_cart;$i++)
         { if (i번째 제품정보가 있는 경우) cookie값 삭제. }
         $n_cart 쿠키값을 0으로 초기화.
         break;
   }
   if ($kind=="order")
      주문/배송지 입력 화면(order.php)으로 이동.
   else
      장바구니 화면(cart.php)으로 이동.

❶ if문 : 제품개수 $n_cart값이 있는지를 조사하여 없으면 0으로 초기화한다.

❷ insert : 새 제품을 장바구니에 저장하기 위해서는 장바구니에 등록된 제품개수
($n_cart)를 1 증가시킨 후, 제품번호($no), 수량($num), 옵션1($opts1), 옵션
2($opts2)를 implode 함수를 이용하여 문자열로 합친다. 그리고 setcookie함수를
이용하여 cart배열의 n_cart번째에 저장하면 된다.

      $cart[$n_cart] ⬅ implode("^", array($no, $num, $opts1, $opts2));
         쿠키배열   제품정보 합치기

❸ **delete** : $pos번째 $cart값을 삭제한다. 해당 값이 삭제되었다고 $n_cart값을 1 감소시키면 안된다. 만약 바구니에 저장된 제품수가 3인데, 2번째 제품을 삭제한 경우, $n_cart값은 2가 아니라 여전히 3이어야 한다. 왜냐면 3번째 제품정보는 2번째가 삭제가 되어도 여전히 3번째 위치에 있기 때문이다. 다시 말해 $n_cart는 제품개수가 아니라 마지막 제품이 있는 제품위치 번호를 의미한다. 그래야 장바구니의 모든 제품을 표시할 때 마지막까지 출력을 할 수 있게 된다.

❹ **update** : $pos번째 $cart값에서 수량만 변경하기위해서는 먼저 저장된 제품번호, 옵션값들 알아낸 후, 새 수량으로 다시 조합해 저장하면 된다. 이때 새 수량값은 "$num위치번호"와 같은 형식에 값이 저장된다. 예를 들어 2번째 cart값이라면 새 수량값은 $num2에 있게 되도록 html 소스가 작성되어 있다.

    분해   : list($no, $num, $opts1, $opts2)=explode("^", $cart[$pos]);
    합치기 : implode("^", array($no, 새 수량, $opts1, $opts2));

❺ **deleteall** : 장바구니의 모든 정보를 삭제하려면 1부터 n_cart까지 모든 cookie정보를 삭제하면 된다. 이때 주의할 점은 장바구니에서 삭제된 제품의 cart첨자는 없으므로, 삭제된 정보는 null값을 갖는다. 따라서 if문을 이용하여 $cart[$i]값이 null인지 조사해야 한다. 모두 정보를 삭제했다면 $n_cart값을 0으로 초기화해야 한다.

    if ($cart[$i]) 쿠키값 삭제

④ **배송료** : 쇼핑몰에서 일반적으로 배송비 방식은 쇼핑몰마다 다양한 방법을 이용하여 처리한다. 그러나 여기서는 총 금액이 얼마 이하인 경우에는 배송비를 받는 방식을 이용하도록 하겠다. 따라서 기본 배송비($baesongbi)와 배송비를 내야하는 최소 금액($max_baesongbi)을 common.php에 전역변수로 선언하여 사용하면 편리할 것이다. 아래의 경우는 총금액이 100,000원 이하인 경우에는 배송비 2,500원을 받기 위

하여 common.php에 전역변수를 선언한 예이다.

```
$baesongbi=2500;
$max_baesongbi=100000;
```

⑤ **장바구니 표시** : 장바구니 표시는 쿠키에 저장된 정보를 화면에 표시하는 프로그램은 다음과 같다.

```
$total=0;
if (!$n_cart) $n_cart=0;
for($i=1;$i<=$n_cart;$i++)
{
    if ($cart[$i])
    {
        • list($no, $num, $opts1, $opts2)=explode("^", $cart[$i]);
        • $opts1, $opts2에 대한 소옵션이름 알아내기
            - select * from opts where no=$row[opts1];
            - select * from opts where no=$row[opts2];
        • $no제품에 대한 정보 알아내기
            - select * from product where no=$no;
        • 자료 표시
        • 금액=수량*단가 (sale인 경우는 할인된 단가)
        • $total=$total+금액
    }
}
if ($total < $max_baesongbi) $total=$total+$baesongbi;
```

STEP ⦿

① **common.php에 전역변수 선언** : common.php에 배송비를 위한 전역변수 $baesongbi와 $max_baesongbi를 선언한다.
② **cart_edit.php 만들기** : 실습이론을 참고하여 cart_edit.php를 만든다.
③ **cart.html → cart.php로 만들기** : cart.html의 일부분 + temp.php를 이용하여 cart.php를 만든다.
④ **main_top.php link 수정하기** : main_top.php에서 장바구니를 호출하는 link인 "cart.html"을 "cart.php"로 수정한다.
    `<a href="`**cart.php**`"><img src="images/top_menu05.gif" border="0"></a>`

⑤ **cart.php 프로그램 작성하기** : cart.php를 작성한다.
⑥ **product_detail.php link 수정하기** : product_detail.php에서 장바구니 담기의 link
를 수정하기 위하여 자바스크립트 check_form2()에서 "cart_edit.html"을 "cart_
edit.php"로 수정한다.

    form2.action = "**cart_edit.php**";

⑦ **실행 및 결과확인** : 실행하여 결과를 확인한다.

6.1.4 주문정보

실습목적

장바구니에서 구매하기 버튼을 클릭한 경우, 아래 그림과 같이 장바구니 내용과 주문지와
배송지 정보를 입력하는 프로그램을 작성하여라.

주문지/배송지 정보 입력화면 (order.html)

실습이론

① **사용자 주문처리 파일구조** : 사용자의 주문 및 결제처리를 위한 파일구조는 다음과

같다.

order.html ⇒ order_pay.html ⇒ **order_insert.php** ⇒ order_ok.html
배송정보   결제정보   주문정보 저장   완료

② **장바구니 정보 표시** : 아래 2개의 그림을 보면 알겠지만 화면상단의 제품정보를 표시하는 부분은 수량과 수정/삭제부분만 빼고 장바구니 화면과 거의 동일하다. 따라서 이 부분에 대한 작업은 장바구니(cart.php)에 있는 소스를 최대한 참고하여 작업을 하면 작업량을 단축시킬 수 있다.

주문/결제 화면 일부분   장바구니 화면 일부분

③ **주문자 정보** : 비회원인 경우에는 전화, 주소와 같은 주문정보 입력란을 모두 빈칸으로 처리하겠지만, 로그인을 한 회원인 경우에는 주문자의 정보를 미리 알아내어 표시하는 것이 좋다. 이 처리는 회원이 로그인을 한 경우 저장하는 쿠키인 $cookie_no를 이용하여 회원정보를 알아내어 처리하면 된다.

```
주문자정보를 위한 변수 초기화 ($o_no="0"; $o_name=""; $o_tel=""; … ).
if ($cookie_no)            // 쿠키로 로그인했는지 조사
{
    개인정보 읽기 (select * from member where no=$cookie_no;)
    주문자정보를 의한 변수에 알아낸 값 대입 ($o_no=$row[no], …);
}
주문자정보 출력
```

④ **배송지 정보** : 배송지가 주문자와 동일한 경우에는 아래 그림과 같이 라디오버튼에서 "예"를 선택하는 경우 주문자정보가 복사되도록 하였다. 이 처리는 javascript SameCopy 함수를 이용하였다. "아니오"를 선택한 경우는 다시 빈칸으로 표시된다.

배송지 정보   주문자정보와 동일   : ○ 예 ○ 아니오
               받으실 분 성명   :
               전화번호   :

⑤ **우편번호 찾기** : zipcode.php에서는 zip_kind 라는 변수를 이용하여 회원가입 (zip_kind=0), 주문자 우편번호(zip_kind=1), 배송지 우편번호(zip_kind=2)에 대해 우편번호 찾기 기능이 동작하도록 javascript 프로그램이 되어있다. 따라서 우편번호 찾기 프로그램을 따로 만들 필요가 없으며, 회원 가입할 때 만들었던 zipcode.php를 복사하여 그대로 이용하면 된다. 다만 각 경우에 대한 zip_kind값을 전달하기 위해서 다음과 같은 곳에 zip_kind값을 표시해야 한다.

```
...
<form  name="form" method="post" action="zipcode.asp">
<input type="hidden" name="zip_kind" value="<?=$zip_kind ?>">
<table width="495" border="0" cellspacing="0" cellpadding="0" align="center">
  ...
<!-- 회원가입인 경우:SendZip(0), 주문지인 경우:SendZip(1), 배송지인
경우:SendZip(2) -->
<tr height="55">
   <td align="center">
     <a href="javascript:SendZip(<?=$zip_kind ?>)"><img src="images/b_ok1.gif"
border="0"></a>
   </td>
  ...
```

STEP ◉

① **order.html ➜ order.php로 만들기** : order.html의 일부분 + temp.php를 이용하여 order.php를 만든다.

② **cart.php link 수정하기** : cart.php에서 주문을 호출하는 link인 "order.html"을 "order.php"로 수정한다.

```
<a href="order.php"><img src="images/b_order1.gif" border="0"></a>
```

③ **product_detail.php link 수정하기** : product_detail.php에서 "바로구매"의 link를 수정해야한다. 일단 바로 구매하기 전에 장바구니에 담기위하여 자바스크립트 check_form2()에서 "order.html"을 "cart_edit.php"로 수정한다.

```
form2.action = "cart_edit.php";
```

④ **order.php 프로그램 작성하기** : 실습이론을 참고하여 order.php를 작성한다.
⑤ **실행 및 결과확인** : 아무 회원이나 로그인을 한 후, 장바구니에 구입할 제품을 담고 주문처리 과정을 실행하여 결과를 확인한다.

6.1.5 결제정보

○ **실습목적**

아래 그림과 같이 카드와 무통장입금을 이용한 결제방법과 결제정보를 입력하는 프로그램을 작성하여라.

결제정보 입력화면 (order_pay.html)

○ **실습이론**

1 **결제방법** : 온라인상에서 결제를 하는 방법은 카드, 현금, 이체, 포인트 등 다양한 방법으로 결제를 한다. 여기서는 그중 가장 많이 사용하는 이체와 신용카드로 결제하는 2자지 방법만 이용하도록 하겠다.

1) **무통장이나 온라인 이체방법** : 보통 현금지불방법은 무통장이나 인터넷뱅킹을 이용하여 현금을 이체시키는데, 이때 필요한 정보는 이체시킬 쇼핑몰의 거래은행의 통장번호(bank_kind), 그리고 누가 보냈는지를 구별할 수 있는 송금자의 정보 (bank_sender)가 필요하다.

2) **신용카드 결제방법** : 보통 쇼핑몰은 신용카드 결제 대행서비스 업체와 계약을 맺어 해당 업체가 제공하는 결제프로그램을 이용한다. 이 프로그램은 결제에 필요한 카드정보와 할부, 금액 등을 입력하는 프로그램과 결제가 완료되었을 때 카드승인번호를 알려주는 프로그램으로 되어 있다. 여기서는 이러한 신용카드 결제 프로그램을 사용할 수 없으므로, 앞의 그림과 같이 카드정보를 입력하는 화면을 만들어 필요한 정보를 저장하는 옛날 카드결제방식을 이용하도록 하겠다.

② **주문자/배송자 정보** : 이전 문서에서 입력한 주문자와 배송자에 대한 정보는 모든 결제처리가 완료될 때까지 계속 필요하므로 문서에 반드시 저장해야 한다. 이 처리는 form의 hidden개체를 이용하여 이전 문서에서 입력한 정보를 저장함으로서 해결할 수 있다.

```
〈form name="form2" method="post" action="order_ok.html"〉

〈input type="hidden" name="o_name" value="홍길동"〉
〈input type="hidden" name="o_tel" value="02 111 1111"〉
〈input type="hidden" name="o_phone" value="010222 2222"〉
〈input type="hidden" name="o_email" value="aaa@aa.aa.aa"〉
〈input type="hidden" name="o_zip" value="11111"〉
〈input type="hidden" name="o_juso" value="서울 노원구 월계4동"〉

〈input type="hidden" name="r_name" value="홍길동"〉
〈input type="hidden" name="r_tel" value="02 111 1111"〉
〈input type="hidden" name="r_phone" value="0102222222"〉
〈input type="hidden" name="r_email" value="aaa@aa.aa.aa"〉
〈input type="hidden" name="r_zip" value="11111"〉
〈input type="hidden" name="r_juso" value="서울 노원구 월계4동"〉
〈input type="hidden" name="memo" value="빠른 배송 부탁."〉
```

STEP ⚙

① **order_pay.html ➜ order_pay.php로 만들기** : order_pay.html의 일부분 + temp.php를 이용하여 order_pay.php를 만든다.
② **order.php link 수정하기** : order.php에서 다음 결제문서를 호출하는 link인 "order_pay.html"을 "order_pay.php"로 수정한다.

〈form name="form2" method="post" action="order_pay.php"〉

③ **order.php 작성하기** : 실습이론을 참고하여 order.php를 작성한다.

④ **실행 및 결과확인** : 회원인 경우와 비회원인 경우 모두 실행하여 결과를 확인한다.

6.1.6 주문완료

(ⓒ) 실습목적

결제과정에서 입력한 모든 정보를 실제 jumun, jumuns테이블에 저장하고 다음 그림과 같이 결제완료 화면을 보여주는 프로그램을 작성하여라.

결제완료 화면 (order_ok.html)

(ⓒ) 실습이론

① **사용자 주문처리 파일구조** : 최종적인 사용자의 주문 및 결제 처리를 위한 파일구조는 다음과 같다. 따라서 마지막으로 처리할 프로그램은 order_insert.php를 작성하여 모든 상품정보와 주문정보를 jumun과 jumuns테이블에 저장하는 프로그램을 만들어야 한다.

order.php	⇒	order_pay.php	⇒	order_insert.php	⇒	order_ok.php
배송정보		결제정보		주문정보 저장		완료

② **주문번호 형식** : 주문번호를 만드는 방법은 사이트마다 날짜, 제품정보, 순서 등을 조합하여 만드는데, 여기서는 간단하게 다음과 같이 날짜와 주문 순서번호를 이용하여 표시하도록 하겠다.

주문번호 형식(10자리) : YYMMDD0000

새로운 주문번호는 다음과 같은 방식으로 프로그램을 작성하여 구하면 된다. 주문번호에서 "−"기호가 없으면서, 2자리 년도를 갖는 오늘 날짜(YYMMDD)는 date("ymd")를 이용하여 쉽게 얻을 수 있으며, 주문번호는 오늘 날짜에서 가장 큰 주문번호를 알아내어 +1 한 값을 이용하면 된다. 따라서 가장 큰 주문번호는 오늘날짜(curdate) 주문 중, 주문번호(no)를 내림차순으로 정렬했을 때 첫 번째 자료가 될 것이다. 첫 주문인 경우에는 단순히 오늘 날짜에 "0001"을 붙이면 되지만, 아닌 경우에는 substr함수를 이용해 뒷 4자리를 뽑은 후, 1을 더해야 한다. 그리고 sprintf 함수를 이용해 앞부분이 0으로 채워진 4자리 숫자로 만들어야 한다.

```
jumun 테이블에서 오늘 주문 중, 가장 큰 주문번호 값 조사.
( select no from jumun where jumunday=curdate() order by no desc; )
if ($count>0)        // 주문번호가 있으면
    새주문번호 = 오늘날짜 . (가장 큰 주문번호 뒤4자리 + 1);
else
    새주문번호 = 오늘날짜 . "0001";
```

PHP에는 문자열을 잘라내는 substr(문자열, 시작위치, 길이) 함수가 있다. 이 함수를 이용하면 주문번호 앞 6자리 문자열이나 뒤 4자리 문자열을 구할 수 있다.

```
substr("1401010001",0,6)    ➜ "141011"
substr("1401010001",−4)     ➜ "0001"
```

[MySQL] curdate( )

시스템 날짜를 알아내는 MySQL 함수

예> select curdate() as today ;

---

3 **주문한 제품정보 저장** : 장바구니에 저장된 제품에 대한 쿠키정보를 jumuns테이블에 저장하는 프로그램 처리는 다음과 같다.

```
새주문번호 $jumun_no를 알아낸다.
총금액=0;
$product_nums = 0;
```

```
$product_names = "";
for($i=1;$i<=$n_cart;$i++)
{
    if ($cart[$i])        // 제품정보가 있는 경우만
    {
        • 장바구니 cookie에서 제품번호, 수량, 소옵션번호1,2 알아내기
          list($product_no, $num, $opts1, $opts2)=explode("^", $cart[$i]);
        • 제품정보(제품번호, 단가, 할인여부, 할인율) 알아내기
          (select * from product wher no=$product_no;)
        • insert SQL문을 이용하여 jumuns테이블에 저장.
          (주문번호, 제품번호, 수량, 단가, 금액, 할인율, 소옵션번호1,2)
        • 장바구니 cookie에서 제품 정보 삭제.
        • 총금액 = 총금액 + 금액;
        • $product_nums = $product_nums + 1;
        • if ($product_nums==1) $product_names = 제품이름;
    }
}
if ($product_nums>1)  // 제품수가 2개 이상인 경우만, "외 ?" 추가
{
    $tmp = $product_nums;
    $product_names = $product_names . " 외 " . $tmp;
}
```

$product_nums, $product_names는 주문한 제품의 개수와 주문한 "첫번째 제품이름 외 몇 개"와 같은 형식의 문자열로 저장하기 위한 변수로 사용한다. 예를 들어 브라우스, 반바지, 청바지를 구입했다면, $product_nums=3이 되며, $product_names="브라우스외 2"가 된다. 이 값들은 전체주문정보 jumun테이블에 product_nums, product_names 필드에 저장될 값들이다.

4️⃣ **배송비 처리** : 배송비가 발생하는 경우, 배송비도 하나의 제품정보로 취급하여 jumuns테이블에 저장한다.

```
if (총금액 < 최대배송비)     // 배송비가 있는 경우
{
    •insert SQL문을 이용하여 jumuns테이블에 배송비 정보 저장.
     (주문_번호, 0, 1, 배송비, 배송비, 0, 0, 0,)
```

• 총금액 = 총금액 + 배송비;
     }

5 **회원 및 비회원 구분하기** : 주문정보를 저장하기 전에 먼저 주문자가 회원인지 비회
원인지를 먼저 조사한다. 이 처리는 아래와 같이 $cookie_no 값을 이용하면 쉽게 처
리할 수 있으며, 비회원인 경우에는 회원번호를 0으로 저장한다.

```
주문자가 회원인지 비회원인지 조사 ($cookie_no).
if ($cookie_no)
   회원번호=$cookie_no;
else
   회원번호=0;
```

6 **전체 주문 정보 저장** : 주문번호, 주문지, 배송지, 결제 및 총금액에 대한 주문 전체
에 대한 정보는 jumun테이블에 저장한다. 이때 주문상태 state는 주문신청이므로, 1
을 저장해야 한다. 그리고 product_names, product_nums은 실습이론 3에서 구한
값을 이용하여 저장하면 된다. 카드결제인 경우 카드승인번호 card_okno는 카드결
제회사에서 제공하는 값이므로 여기에서는 처리할 수 없다. 따라서 주문번호와 같은
임의의 값을 저장하길 바란다.

```
insert SQL문을 이용하여 jumun 테이블에 주문 전체정보 저장.
( no, member_no, jumunday, product_names, product_nums,
   o_name, o_tel, o_phone, o_email, o_zip, o_juso,
   r_name,  r_tel, r_phone, r_email, r_zip, r_juso, memo,
   pay_method, card_okno, card_halbu, card_kind, bank_kind, bank_sender,
   total_cash, state)
```

여기서 주의할 점은 카드 결제인 경우 개인정보에 관련된 카드정보(카드번호, 카드기
간, 카드암호)를 테이블에 저장하지 말아야 하며, 카드대행업체에 값을 전달하기만
해야 한다. 그리고 카드승인이 떨어졌을 때 카드승인번호와 할부정보만 저장하도록
프로그램처리를 해야 한다. 카드승인번호(card_okno)는 실제 구현할 수 없으므로 주
문번호를 입력하거나 독자가 임의의 값을 입력하길 바라며, state는 주문신청인 1로
지정해야 한다.

① **order_ok.html → order_ok.php로 만들기** : order_ok.html의 일부분 + temp.php 를 이용하여 order_ok.php를 만든다.

② **order_pay.php link 수정하기** : order_pay.php에서 다음 결제문서를 호출하는 link 인 "order_ok.html" 대신에 "order_insert.php"로 수정한다.

⟨form name="form2" method="post" action="**order_insert.php**"⟩

③ **order_insert.php 프로그램 작성하기** : 실습이론을 참고하여 order_insert.php를 작성한다.

④ **실행 및 결과확인** : 실행하여 결과를 확인한다.

6.2   관리자 주문관리

이번에는 관리자가 고객이 주문한 제품에 대한 관리를 할 수 있는 주문관리 프로그램에 대해 알아보자.

6.2.1   주문 목록

실습목적

아래 그림과 같이 관리자가 고객이 주문한 목록을 볼 수 있는 프로그램을 만들어라.

▶ 회원관리	▶ 상품관리	▶ 주문관리	▶ 옵션관리	▶ FAQ관리

주문수 : 20   기간 : 2008 ▽ 1 ▽ 1 ▽ - 2008 ▽ 1 ▽ 1 ▽ 전체 ▽ 주문번호 [ ] 검색

주문번호	주문일	상품명	제품수	총금액	주문자	결재	주문상태		삭제
0803050004	2008-03-05	파란 브라우스 외 1	2	35,000	홍길동	카드	주문신청 ▽	수정	삭제
0803030002	2008-03-03	실크 브라우스	1	120,000	이길동	무통장	주문완료 ▽	수정	삭제
0803010006	2008-03-01	하얀 브라우스	1	155,000	김미자	카드	주문취소 ▽	수정	삭제

◁ 1 [2] [3] ▷

주문 목록화면(jumun.html)

① **주문목록 파일구조** : 관리자용 주문목록 프로그램 구성은 다음과 같다.

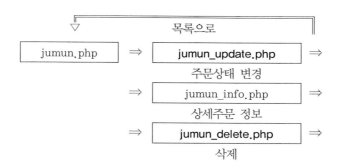

관리자 주문관리에서는 쇼핑몰에서 고객이 주문한 정보를 확인하고, 주문진행과정에 맞추어 주문상태를 변경하여 고객에게 주문 진행상황을 알릴 수 있어야 한다. 또한 주문한 제품에 대한 정보, 주문지, 배송지 등 주문정보를 쉽고 상세하게 볼 수 있는 기능이 필요하다.

② **주문상태 전역변수 선언** : 주문상태를 나타내는 값들을 선언하기 위하여 common.php 파일에 아래와 같이 전역변수로 선언한다.

```
$a_state=array("전체","주문신청","주문확인","입금확인","배송중","주문완료",
            "주문취소");
$n_state=count($a_state);
```

③ **주문상태에 따른 글자색표시** : 주문상태에 따라 아래 그림과 같이 글자색을 다르게 표시하면 구분하기가 편리하다. 여기서는 주문완료는 파란색(blue), 주문취소는 빨 강색(red), 나머지는 검은색(black)으로 표시하였는데,

이 처리는 아래와 같이 콤보박스의 style에서 지정한 $color 값을 주문상태에 따라 다르게 지정하면 쉽게 처리할 수 있다.

```
$color="black";
if ($state==5) $color="blue";
if ($state==6) $color="red";
echo("<select name='state' style='font-size:9pt; color:$color'>");
...
```

④ **기간 및 멀티검색** : 주문목록 상단의 멀티검색 기능은 제품목록에서 이용한 검색방법을 이용해야 하며, 시작날짜, 종료날짜를 지정하는 기간검색인 경우 시작날짜(day1_y, day1_m, day1_d)의 년, 월, 일, 그리고 종료날짜의 년, 월, 일(day2_y, day2_m, day2_d), 주문상태($sel1), 검색어($sel2, $text1)들은 검색할 때 계속해서 가지고 가야 할 값들이다.

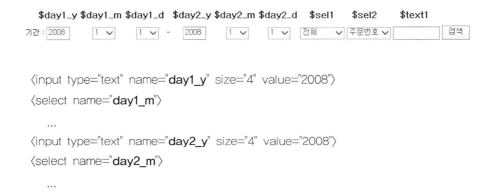

```
<input type="text" name="day1_y" size="4" value="2008">
<select name="day1_m">

   ...
<input type="text" name="day2_y" size="4" value="2008">
<select name="day2_m">

   ...
```

그리고 정렬은 최근 주문이 먼저 나오도록 주문번호를 내림차순으로 정렬해야 한다.

```
$query = "select ··· order by no desc;"
```

STEP 01 jumun.php 만들기

① **common.php에 전역변수 선언하기** : 실습이론의 내용을 참고하여 common.php에 전역변수를 선언한다.

② **jumun.php 수정하기** : 주문 목록을 확인할 수 있는 jumun.php를 작성한다.

③ **jumun.php link 수정하기** : admin/include폴더의 common.js 파일을 읽어 A tag의 "jumun.html"을 "jumun.php"로 수정한다.

④ **실행 및 결과확인** : 실행하여 결과를 확인한다.

6.2.2 주문 상세정보

⟳ 실습목적

아래 그림과 같이 주문목록에서 주문번호를 클릭한 경우, 해당 주문의 상세내역을 확인하고 프린트할 수 있는 프로그램을 작성하여라.

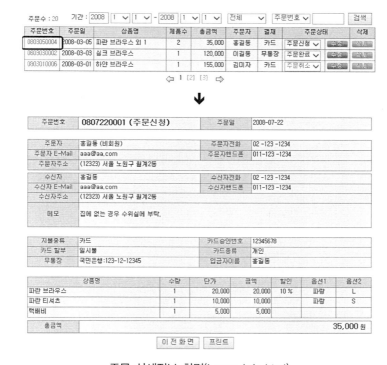

주문 상세정보 화면(jumun_info.html)

⟳ 실습이론

1️⃣ **주문 전체 내용** : 화면의 내용 중 주문번호부터 결제내역까지는 jumun테이블의 내용들이므로, 번호 no를 이용하여 자료를 검색하여 출력하면 된다.

    $query="select * from jumun where no='$no';";

2️⃣ **as 절** : SQL문에서는 필드나 테이블이름, 그리고 계산식은 as절을 이용하면 다른 이름으로 사용할 수 있다.

필드이름 혹은 테이블이름 혹은 계산식 **as 다른 이름**

[예제 1] 필드 이름: select no, **name as aaa**, tel, …

테이블이름: select * from **member as bbb** where …

계 산 식: select no, **num*price as ccc** where …

③ **관계 표시 방법** : SQL에서 관계형을 표현하는 문법은 where절을 이용하는 방법과 from절에서 join을 이용하는 2가지 방법이 있다. 아래 예제를 통하여 관계를 표현하는 2가지 방법에 대하여 알아보자.

[예제 1] 다음 그림과 같이 테이블 A와 B에서 a1칼럼과 b2칼럼이 관계를 맺은 경우, SQL문으로 표현하면 다음과 같이 쓸 수 있다.

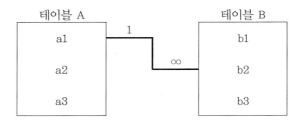

1) where 절인 경우 : from A, B where A.a1=B.b2
2) from 절인 경우 : from A join B on A.a1=B.b2

[예제 2] 테이블 A, B, C에서 다음과 같이 관계를 맺은 경우, SQL문으로 표현하면 다음과 같이 쓸 수 있다.

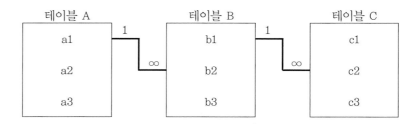

1) where 절인 경우 : from A, B, C where A.a1=B.b2 and B.b1=C.c1
2) from 절인 경우 : from (A join B on A.a1=B.b2) join C on B.b1=C.c2

예제 3 테이블 A, B에서 다음과 같이 B테이블이 A테이블에 2번 관계를 맺은 경우 SQL문으로 표현하면 다음과 같이 쓸 수 있다.

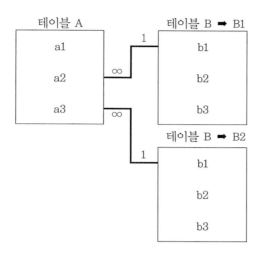

1) where 절인 경우 : from A, B as B1, B as B2
    where A.a2=B1.b1 and A.a3=B2.b1
2) from 절인 경우 : from (A join B as B1 on A.a2=B1.b1)
    join B as B2 on A.a3=B2.b2

그밖에 join에는 left join, right join이 있는데, 다음과 같은 경우를 생각해보자.

관계 설정

번호	고객명	우편번호_번호	⋯
1	홍길동		⋯
2	이길동	1	⋯
⋯	⋯	⋯	⋯

고객 테이블

번호	우편번호	주소1	⋯
1	111−123	서울	⋯
2	111−124	서울	⋯
⋯	⋯	⋯	⋯

우편번호 테이블

이 경우 다음과 같은 SQL문을 실행하면 이길동의 자료는 나와도 홍길동의 자료는 표시되지 않는다.

    select 고객.고객명, 우편번호.우편번호, 고객.주소
        from 우편번호 join 고객 on 우편번호.번호=고객.우편번호_번호;

그 이유는 join인 경우는 정확하게 관계가 일치하는 자료만 표시되기 때문에, 고객우편번호가 비어 있는 홍길동의 자료는 표시되지 않는다. 만약 이러한 자료를 표시하고 싶으면 고객테이블의 자료를 모두 포함시키는 관계형식을 지정해야 한다. 따라서 SQL문은 다음과 같이 수정되어야 한다.

```
select 고객.고객명, 우편번호.우편번호, 고객.주소
    from 우편번호 right join 고객 on 우편번호.번호=고객.우편번호_번호;
```

혹은

```
select 고객.고객명, 우편번호.우편번호, 고객.주소
    from 고객 left join 우편번호 on 우편번호.번호=고객.고객우편번호;
```

join 앞에 붙는 left와 right는 포함시킬 테이블의 위치에 따라 결정된다. 첫 번째 select문인 경우는 고객 테이블이 join을 기준으로 오른쪽에 있으므로 right join이라고 썼지만, 2번째 SQL문인 경우는 왼쪽에 있으므로 left join이라고 써야 한다.

4 **주문 상세 내용** : 주문한 제품의 상세내역은 jumuns테이블에 내용이 있으므로, 주문번호 no를 이용하여 자료를 검색하면 된다. 그리고 제품명, 옵션명 등은 product테이블과 opts테이블에 내용들이므로, 실습이론 2와 3의 관계를 이용하면 원하는 값을 표시할 수 있다.

```
$query="  …   from jumuns, product, opts as opts1, opts as opts2
              where jumuns.product_no=product.no and
                  jumuns.opts_no1=opts1.no and jumuns.opts_no2=opts2.no
                  and jumuns.jumun_no='$no';";
```

혹은

```
$query="  …  from ((jumuns left join product on jumuns.product_no=product.no)
                  left join opts as opts1 on jumuns.opts_no1=opts1.no)
                  left join opts as opts2 on jumuns.opts_no2=opts2.no
              where jumuns.jumun_no='$no';";
```

주문제품을 출력할 때 주의할 점은 jumuns.product_no=0 인 경우는 택배비이므로 제품명 출력 할 때 "택배비"라고 출력해야 한다.

상품명	수량	단가	금액	할인	옵션1	옵션2
파란 브라우스	1	20,000	20,000	10 %	파랑	L
파란 티셔츠	1	10,000	10,000		파랑	S
택배비	1	5,000	5,000			
총금액						35,000 원

이전화면   프린트

product_no=0인 경우, 택배비 표시

⑤ **상품의 소옵션 이름 표시** : 고객이 주문한 제품의 소옵션 이름을 표시하는 경우, ④를 이용하여 SQL문을 작성하면 다음과 같이 name이라는 같은 이름이 된다.

$query="select … , **opts1.name, opts2.name,** …   from jumuns, product,
opts as opts1, opts as opts2 where …";

옵션1의 이름은 $row[name]이며, 옵션2의 이름도 $row[name]이 되어 잘못된 출력을 하게 된다. 따라서 이 경우는 다음과 같이 row배열에서 필드이름과 첨자를 이용하는 2가지 방법 중 하나를 이용하여 처리하면 된다.

1) 필드이름을 이용하는 방법 : as절을 이용하여 다른 이름으로 지정하여 사용하는 방법. 아래 예제의 경우, opts1.name, opts2.name은 $row[name1], $row[name2]와 같이 사용할 수 있다.

$query="select … , opts1.name **as name1**, opts2.name **as name2**, …
from jumuns, product, opts as opts1, opts as opts2 where …";

2) 배열첨자를 이용하는 방법 : $row 배열에서 필드이름을 이용하는 것이 아니라, select문에서 표시한 순서에 따라 배열첨자로 사용하는 방법. 아래 예제의 경우, opts1.name, opts1.name은 $row[1], $row[2]로 사용할 수 있다.

0   1   2
$query="select no, opts1.name, opts2.name, …
from jumuns, product, opts as opts1, opts as opts2 where …";

STEP ◉

① **jumun.php link 수정하기** : jumun.php를 읽어 A tag의 "jumun_update.html"를 "jumun_update.php"로 수정한다.

② **jumun_update.php 만들기** : 주문상태를 변경할 수 있는 jumun_update.php를 작성한다.

③ **실행 및 결과확인** : 실행하여 결과를 확인한다.

6.2.2 주문상태 수정

260

○ **실습목적**

아래 그림과 같이 주문목록에서 콤보박스에서 준문상태를 선택하고, 수정 버튼을 클릭하면, 주문상태를 변경할 수 있는 프로그램을 작성하여라.

○ **실습이론**

① **주문상태 변경 파일구조 및 원리** : 주문상태를 변경하는 프로그램의 구성은 다음과 같다.

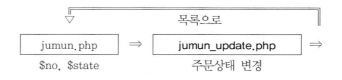

주문상태를 변경하려면 클릭한 줄의 주문번호($no)와 주문상태($state)를 알아내어 jumun_update.php 파일에 넘겨주어 다음과 같은 update SQL문을 이용하여 변경처리를 하면 된다.

```
$query="update jumun set state=$state where no='$no';";
```

② **주문상태 state값 알아내기** : 아래 html 소스를 보면 알겠지만, 콤보박스의 state변수를 같은 이름으로 여러 번 사용한 것을 알 수 있다.

```
...
function go_update(no,pos)
{
    form1.state[pos].value;
    location.href="jumun_update.html?no="+no+"&state="+state+"&page="+
            form1.page.value+"&sel1="+form1.sel1.value+"&sel2=" ··· ;
}
...
〈select name="state" style="font-size:9pt; color:blue"〉  // 0번째 state
    〈option value="1" selected〉주문신청〈/option〉
    ...
〈/select〉 
〈a href="javascript:go_update('0803030002',0);"〉
    〈img src="images/b_edit1.gif" border="0"〉
〈/a〉
...
〈select name="state" style="font-size:9pt; color:blue"〉  // 1번째 state
    〈option value="1"〉주문신청〈/option〉
    ...
〈/select〉 
〈a href="javascript:go_update('0803030006',1);"〉
    〈img src="images/b_edit1.gif" border="0"〉
〈/a〉
...
〈select name="state" style="font-size:9pt; color:blue"〉  // 2번째 state
    〈option value="1"〉주문신청〈/option〉
    ...
〈/select〉 
〈a href="javascript:go_update('0803030008',2);"〉
    〈img src="images/b_edit1.gif" border="0"〉
〈/a〉
...
```

Form tag에서 input 변수가 동일한 이름으로 여러 번 나오면, 자바스크립트에서 해당 변수의 값은 다음과 같이 배열첨자로 그 값을 알 수 있다.

form1.state[0].value   ➔ 1번째 줄의 주문상태 값

따라서 자바스크립트 go_update(주문번호, 위치번호)함수는 jumun_update.php에 주문번호 $no, 위치번호를 전달하여 주문상태 $state(=form1.state[위치번호].value)를 전달하여 처리하면 된다.

STEP

① **jumun.php link 수정하기** : jumun.php를 읽어 A tag의 "jumun_update.html"를 "jumun_update.php"로 수정한다.
② **jumun_update.php 만들기** : 주문상태를 변경할 수 있는 jumun_update.php를 작성한다.
③ **실행 및 결과확인** : 실행하여 결과를 확인한다.

6.2.3 주문 삭제

실습목적

아래 그림과 같이 주문목록에서 삭제 버튼을 클릭하여 주문을 삭제하는 프로그램을 작성하여라.

실습이론

① **주문삭제 파일구조** : 주문을 삭제하는 프로그램의 구성은 다음과 같다.

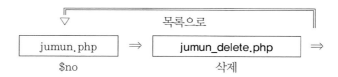

② **jumu, jumuns 삭제** : 주문에 관련된 테이블은 주문일반정보가 있는 jumun과 주문상세정보가 있는 jumuns테이블이다. 따라서 주문을 삭제하려면 주문번호를 이용하

여 두 테이블에서 해당 주문내용을 모두 삭제해야 한다.

```
$query="delete from jumun where no='$no';";

$query="delete from jumuns where jumun_no='$no';";
```

STEP

① **jumun.php link 수정하기** : jumun.php 파일에서 주문 삭제에 관련된 A tag의 "jumun_delete.html"을 "jumun_delete.php"로 수정한다.

② **jumun_delete.php 작성하기** : 주문내용을 삭제할 수 있는 jumun_delete.php 프로그램을 작성한다.

③ **실행 및 결과확인** : 실행하여 결과를 확인한다.

6.3 고객용 주문조회

6.3.1 주문조회 개요

1 **주문조회 메뉴** : 일반적으로 모든 쇼핑몰화면에는 주문정보를 확인하는 기능이 있다. 이 책의 쇼핑몰 화면에서도 상단 우측에 주문조회 메뉴가 있으며, 이 메뉴를 이용하여 주문내용을 조회할 수 있다.

2 **회원 및 비회원 주문 조회** : 주문자가 회원인 경우에는 고객번호를 이용하여 주문내역을 쉽게 조회할 수 있지만, 비회원인 경우에는 회원번호가 없기 때문에 다른 방법을 이용해야 한다. 물론 주문번호를 이용하여 검색이 가능하지만, 대부분 주문번호를 기억하는 사람은 드물 것이다. 따라서 비회원인 경우에는 주문할 때 입력했던 내용 중 고객이 항상 기억하고 있는 내용으로 조회를 할 수 있도록 만들어야 한다. 여기서는 주문자의 이름과 주문자 E-Mail을 이용하도록 구성하였다. 아래 화면은 비회원이거나 회원이 로그인을 하지 않은 경우에 주문조회를 위한 인증 화면이다.

MEMBER

□ 주문 조회

회원로그인
member login

| 아이디 |
| 암호 |

비회원
non-member

| 이름 |
| E-Mail |

주문조회용 로그인(jumun_login.html)

만약 회원이 로그인을 한 경우에는 바로 다음과 같이 주문정보를 표시하는 화면으로 전환되어야 한다. 이 화면에서 주문번호를 클릭하면 주문에 대한 자세한 내용을 볼 수 있다.

Order

□ 주문 조회

주문일	주문번호	제품명	금액	주문상태
2007-01-02	200701020001	파란 브라우스 (외2)	20,000 원	주문신청
2007-01-01	200701010001	하얀 브라우스 (외1)	30,000 원	배송중
2007-01-01	200701010001	파란 브라우스 (외1)	30,000 원	주문취소
2007-01-01	200701010001	실크 브라우스	30,000 원	주문완료

◁ 1 [2] [3] ▷

주문조회 목록(jumun.html)

Order

□ 주문상품 내역

상품명	수량	금액	합계
상품명3 [옵션] 옵션3	1	120,000 원	120,000 원
상품명1 [옵션] 옵션1	1	120,000 원	120,000 원
상품명2 [옵션] 옵션1	1	20,000 원	20,000 원

□ 결제내역

주문번호	200701020001	결제금액	137,400 원
결제방식	카드	승인번호	12341234
카드종류	국민카드	할부	일시불
결제방식	온라인 (국민:000-00-0000-0000)	보낸사람	홍길동

□ 배송내역

주문자명	홍길동		
전화번호	02-111-1234	휴대폰	011-111-1111
이메일	aaa@aaa.aa.aa		
수취인명	홍길동		
전화번호	02-111-1234	휴대폰	010-111-1234
배달주소	[13911] 서울 노원구 월계4동 인덕대학 산76		
메모			

목록

주문 상세내역(jumun_info.html)

264

PHP, ASP 쇼핑몰 실무 따라하기

6.3.2 주문조회 로그인

⟳ **실습목적**

만약 로그인을 한 회원이 주문조회 메뉴를 클릭한 경우에는 바로 주문조회 화면인 jumun.php로 이동되지만,

비회원이거나 로그인을 하지 않은 경우에는 주문자 확인 화면인 jumun_login.html로 이동되도록 프로그램을 작성하여라. 그리고 개인정보가 맞는 경우에는 주문조회 화면 jumun.php로 이동시키는 프로그램을 작성하여라.

주문조회용 로그인(jumun_login.html)

⟳ **실습이론**

① **주문 파일구조** : 주문조회 메뉴를 클릭한 경우, 만약 회원인 고객이 로그인을 한 경우에는 아래 그림과 같이 바로 주문조회 화면이 jumun.php로 이동하면 된다.

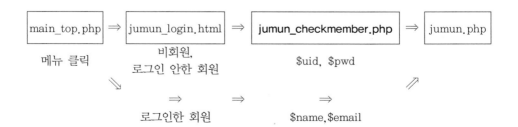

이 처리는 로그인을 한 경우 발생되는 $cookie_no값을 조사하면 쉽게 처리할 수 있다. 그러나 비회원이거나 회원이 로그인을 하지 않은 경우에는 주문자확인을 위한 jumun_login.html을 호출해야 한다.

여기서 id와 암호를 입력한 회원인 경우는 jumun_checkmember.php를 호출하여 회원 로그인처리와 jumun.php 이동처리를 하면 된다. 비회원인 경우에는 주문자 이름 (name)과 주문자 메일주소(email)를 입력한 후, jumun.php로 이동하도록 처리하면 된다.

② **주문조회 메뉴 클릭 처리** : 앞에서 언급했듯이 회원이 로그인을 했는지에 따라 이동할 문서의 link에 대한 처리는 다음과 같이 하면 된다.

```
if (!$cookie_no)    // cookie값이 없는 경우(비회원)
    A tag에서 jumun_login.php로 이동
else
    A tag에서 jumun.php로 이동
```

③ **주문확인용 로그인 처리(jumun_checkmember.php)** : 이 처리는 회원이 로그인을 하는 처리와 동일하다. 따라서 member_check.php 프로그램을 그대로 복사하여 작성하면 되며, 로그인을 한 후, jumun.php로 이동처리 되도록 수정하면 된다.

```
if (로그인한 경우)
    jumun.php 로 이동.
else
    jumun_login.php 로 이동.
```

STEP ◉

① **main_top.php에 수정하기** : 실습이론 ②의 내용을 참고하여 프로그램을 수정한다.

② **jumun_login.html ➡ jumun.login.php로 만들기** : jumun_login.html의 일부분 + temp.php를 이용하여 jumun_login.php를 만든다.

③ **jumun.html ➡ jumun.php로 만들기** : jumun.html의 일부분 + temp.php를 이용하여 jumun.php를 만든다.

④ **member_check.php ➡ jumun_checkmember.php로 복사 후, 수정하기** : member_check.php를 jumun_checkmember.php로 복사를 한 후, 실습이론 ③의 내용을 참고하여 프로그램을 수정한다.

⑤ **실행 및 결과확인** : 실행하여 결과를 확인한다.

6.3.3 주문 목록

○ **실습목적**

다음 그림과 같이 고객이 주문한 전체 정보를 확인할 수 있는 프로그램을 작성하여라.

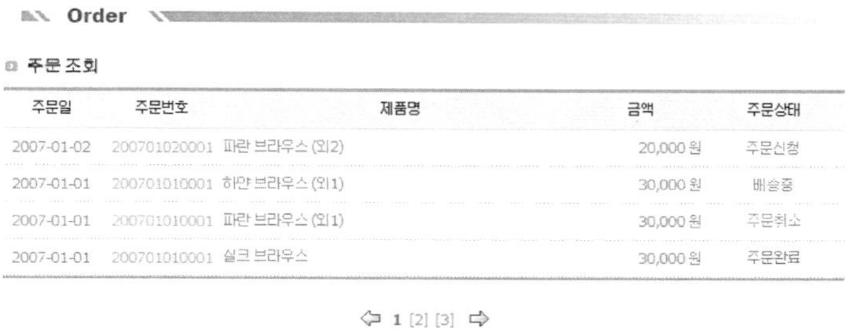

주문조회 목록(jumun.html)

○ **실습이론**

① **회원/비회원 주문목록** : 목록화면에 표시된 jumun테이블에 있는 주문정보들이다. 이 주문정보는 아래와 같이 회원과 비회원인 경우 자료를 검색하는 방법이 다르다. 회원인 경우는 $cookie_no와 주문 테이블의 회원번호(member_no)를 이용하여 조건을 지정하면 되며, 비회원인 경우는 주문자이름(o_name)과 주문자 E-Mail(o_email)을 이용하여 검색하면 된다.

```
if ($cookie_no)  // 로그인을 한 회원인 경우
    $query="select * from jumun where member_no=$cookie_no
            order by no desc";
else              // 비회원이거나 로그인을 하지 않은 회원인 경우
    $query="select * from jumun where o_name='$name' and o_email='$email'
            order by no desc";
```

② **주문상태별 글자색** : 주문상태에 따라 글자를 각기 다른 색으로 지정하기 위해서는 다음과 같이 처리하면 된다.

```
$state=$row[state];
$color="black";
if ($state==5) $color="blue";     // 주문완료인 경우
if ($state==6) $color="red";      // 주문취소인 경우
...
<font color='$color'>$a_state[$state]</font>
```

STEP ⦿

① **jumun.php에 수정하기** : 실습이론 [1], [2]의 내용을 참고하여 프로그램을 수정한다.
② **실행 및 결과확인** : 실행하여 결과를 확인한다.

6.3.4 주문 상세정보

⦿ **실습목적**

주문조회에서 주문번호를 클릭한 경우, 아래 그림과 같이 해당 주문에 대한 상세주문내역
을 보여주는 프로그램을 작성하여라.

주문 상세내역(jumun_info.html)

① **주문 상세내역** : 주문 상세내역을 표시하기 위해서는 여러 테이블들의 관계를 이용하여 표시해야 한다. 주문한 제품에 대한 정보는 jumuns테이블에, 제품명, 제품사진과 같은 정보는 product 테이블, 옵션사항들은 opts테이블이 필요하다. 따라서 jumuns 테이블을 기준으로 다음과 같이 3 테이블의 관계를 복잡하게 정의하여 작성해야 한다.

```
$query="…
    from ((jumuns left join opts as opts1 on jumuns.opts_no1=opts1.no)
          left join opts as opts2 on jumuns.opts_no2=opts2.no)
          left join product on product.no=jumuns.product_no
    where jumuns.jumun_no='$no';";
```

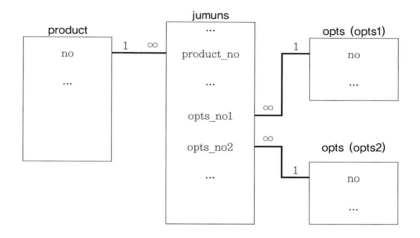

② **결제방식** : pay_method를 이용하여 결제방식이 카드(=0)냐, 무통장(=1)이냐에 따라 결제내용을 다르게 출력해야 한다.

```
if ($row[pay_method]==0)
    카드 내용출력(카드승인번호, 할부, 카드종류).
else
    무통장 내용출력(계좌번호, 보낸 사람).
```

STEP ○

① **jumun_info.html ➜ jumun_info.php로 만들기** : jumun_login.html의 일부분 +

temp.php를 이용하여 jumun_login.php를 만든다.

② **jumun_info.php에 수정하기** : 실습이론 ①, ②의 내용을 참고하여 프로그램을 수정한다.

③ **실행 및 결과확인** : 실행하여 결과를 확인한다.

PHP 게시판

272

PHP, ASP 쇼핑몰 실무 따라하기

7.1 QA 게시판

7.1.1 응답형 게시판 개요

이번에는 쇼핑몰에서 고객과 관리자가 글로 대화를 할 수 있는 응답형 게시판을 만드는
방법에 대하여 알아보자.

1 **게시판 화면** : 게시판은 아래와 그림과 같이 크게 게시판 목록에서 글쓰기, 읽기, 수
정하기와 읽은 글에 대한 답변하기와 같은 화면으로 구성되어 있다.

게시판 목록화면(qa.html)

새글 버튼을 클릭하면 새 글을 쓸 수 있는 화면으로 전환되며,

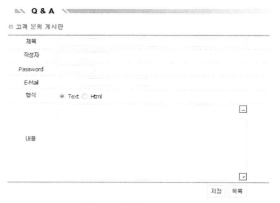

게시판 쓰기화면(qa_new.html)

글 제목을 클릭하면 아래 그림과 같은 읽기화면으로 전환된다.

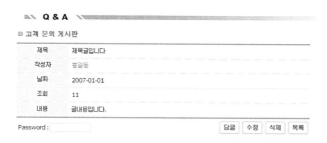

게시판 읽기화면(qa_read.html)

읽기 화면에서는 수정, 삭제, 답글 버튼을 클릭함으로서 다음 그림과 같이 수정, 삭제,
답글 처리를 할 수 있는 화면으로 이동할 수 있다. 이때 수정과 삭제인 경우는 아무나
처리할 수 없도록 암호를 입력하여 본인의 글인지를 확인하는 처리를 해야 한다.

게시판 수정화면(qa_modify.html)

게시판 답변화면(qa_reply.html)

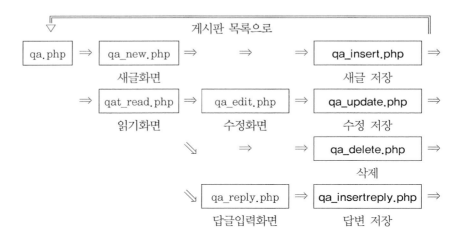

② **게시판 파일 구성** : 앞에서 본 게시판의 각 화면들을 처리할 파일들의 구성은 아래와
같다.

7.1.2 게시판 테이블

◯ **실습목적**

게시판의 글 정보를 저장할 수 있는 qa테이블을 만들어라.

◯ **실습이론**

① **qa 테이블 구조** : 게시판을 위한 테이블 구조는 다음과 같다.

		필드명	자료형	Null	비고
1	번호	no	int	☐	auto_increment, 기본키 🖼
2	위치1	pos1	int	☑	
3	위치2	pos2	varchar(20)	☑	
4	제목	title	varchar(255)	☑	
5	글쓴이	name	varchar(30)	☑	
6	E-Mail	email	varchar(50)	☑	
7	암호	passwd	varchar(20)	☑	
8	작성일	writeday	date	☑	

9	조회수	count	int	☑	
10	html	ishtml	bit	☑	0:text, 1:html
11	내용	contents	text	☑	

qa 테이블

1) **pos1** : 현재 글이 몇 번째 글의 답변인지를 표시하는 필드.
2) **pos2** : 현재 글이 답변 글 중 어느 위치에 있는 글인지를 저장하는 필드.
3) **ishtml** : 글 내용의 html기호를 사용할 것인지를 표시하는 필드.
4) **contents** : 글 내용은 많은 문자를 저장해야하므로, text(long varchar)자료형을 이용해야 한다.

② **응답형 게시판의 원리** : 응답형 게시판을 만들기 위해서는 답변글이 어떤 글에 대한 답변글인지를 표시하기 위한 2개의 pos1, pos2 필드가 필요하다. pos1 필드는 어떤 글에 대한 답변글인지를 표시해야 하는데, 이 문제는 글의 번호(no) 값을 해당 답변 글에 저장함으로서 해결할 수 있다. 다음 표를 보자.

no	title	pos1	pos2
6	**제목2**	6	A
7	⇨ 답변5	6	AA
8	⇨ 답변6	6	AB
9	⇨ 답변7	6	AC
10	⇨ 답변8	6	ACA
1	**제목1**	1	A
2	⇨ 답변1	1	AA
3	⇨ 답변2	1	AAA
4	⇨ 답변3	1	AAAA
5	⇨ 답변4	1	AB

응답 게시판 예

답변 1, 2, 3, 4가 제목1에 대한 답변임을 표시하는 방법은 pos1 필드에 제목1의 no 값인 1값을 저장함으로서 표시할 수 있다. 마찬가지로 답변 5, 6, 7, 8 역시 제목2의 답변임을 표시하기위하여 제목2의 no값인 6을 저장한 것을 알 수 있다.

그리고 답변에 대한 답변이 있는 경우 각 답변의 순서를 작성한 순서에 맞게 입체 적으로 출력할 수 있도록 어떤 정보를 pos2 필드에 저장해야 한다는 점이다. 이 문제는 표와 같이 pos2 필드에 저장되는 문자열의 길이와 값의 종류(A,B,C…)를 이용하여 해결할 수 있다. 답변에 대한 답변의 위치 표시는 알파벳의 위치로 표시한다. 예를 들어 제목1의 pos2는 "A"이고, 제목1에 대한 첫 번째 답변인 답변1의 표시는 "AA"로 표시한다. 따라서 답변 1에 대한 답변 2는 "AAA"가 된다. 그러나 만약 답변4와 같이 제목글1에 대해 답변1(AA)이외에 또 다른 답변4가 있다면, 답변4는 제목1에 대한 2번째 답변이므로 "AB"가 된다. 이와 같은 방식으로 pos2를 저장한 후, 출력할 때 pos1은 내림차순, pos2는 오름차순으로 정렬하여 출력하고, pos2의 문자열 길이만큼 제목글을 뒤로 밀리게 출력하면, 표와 같은 출력을 얻을 수 있다. 설명이 잘 이해가 되지 않으면, 표의 pos1과 pos2의 값을 가지고 잘 생각해보길 바라며, 답글을 만드는 과정에서 다시 설명하도록 하겠다.

7.1.3 게시판 목록

○ **실습목적**

아래 그림과 같이 게시판의 글 제목을 볼 수 있는 게시판 목록화면을 만들어라.

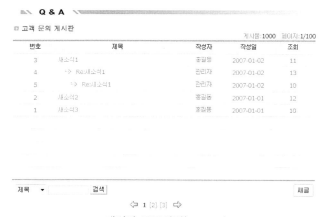

게시판 목록화면(qa.html)

○ **실습이론**

1. **검색을 위한 쿼리** : 게시판 하단을 보면 글제목, 글내용, 작성자 중 하나를 선택할 수 있는 콤보박스 sel1과 텍스트박스 text1이 있다. 따라서 검색을 위한 쿼리 역시 전체 혹은 3가지 형식(제목, 내용, 글쓴이) 중 하나를 선택할 수 있도록 작성해야 하며, 검색단어 일부로 검색할 수 있도록 필드이름 like '%$text1%' 형식으로 조건을 지정해

야 한다.

```
if (!$sel1) $sel1=1;

if (!$text1)
  $query="  전체자료 출력 SQL문  ";
else
{
  if ($sel1==1)        // 제목
    $query="… where title like '%$text1%' order by pos1 desc, pos2;";
  else if ($sel1==2)    // 내용
    $query="… where contents like '%$text1%' order by pos1 desc, pos2;";
  else                  // 작성자
    $query="… where name like '%$text1%' order by pos1 desc, pos2;";
}
```

2 **응답게시판을 위한 정렬** : 응답게시판인 경우 앞에서 설명했지만, 자료출력은 pos1, pos2에 의해 결정된다. 따라서 자료출력을 위한 정렬은 반드시 다음과 같이 pos1은 내림차순, pos2는 오름차순으로 복합정렬로 지정해야 한다.

```
…  order by pos1 desc, pos2
```

3 **글제목 출력** : 글제목이 출력되는 위치는 pos2의 문자열 길이에 따라 결정된다. 문자열 길이가 1인 경우는 답변글이 아니므로, 정상적으로 출력되어야 한다.

```
$n=strlen($row[pos2]);       // 문자열길이 계산
if ($n==1)                   // 정상 글인 경우
  echo(" 글제목 출력");
else                         // 답변글인 경우
{
  for($j=0;$j<$n-2;$j++) echo("  ");
  echo(" ↳ 이미지 및 글제목 출력");
}
```

277

① **qa.html ➜ qa.php로 만들기** : qa.html의 일부분 + temp.php를 이용하여 qa.php를 만든다.

② **qa.php link 수정하기** : main_left.php에서 게시판화면을 호출하는 A tag link의 "qa.html"을 "qa.php"로 수정한다.

③ **qa.php에 수정하기** : 실습이론 ①, ②, ③의 내용을 참고하여 프로그램을 작성한다.

④ **실행 및 결과확인** : 실행하여 결과를 확인한다.

7.1.4 게시판 새글

⟳ **실습목적**

아래 그림과 같이 게시판의 새 글을 작성할 수 있는 프로그램을 만들어라.

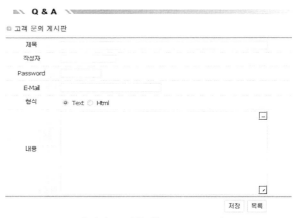

게시판 쓰기화면(qa_new.html)

⟳ **실습이론**

① **파일구조** : 새글을 추가하는 파일구조는 다음과 같다.

② **pos1값 알아내기** : 새로 추가되는 새 글의 pos1값은 자신의 레코드 번호 no값과 같은 값으로 저장해야 한다. 그러나 no값은 auto_increment로 지정되어 있어, 일단 레코드를 저장해야 알 수 있다. 따라서 pos1과 pos2 값은 빼고, 일단 새 글을 저장해야 한다. 그리고 방금 추가된 레코드의 no값은 방금 추가된 id값을 알아낼 수 있는 mysql_insert_id() 함수를 이용하면 쉽게 구할 수 있다. 따라서 알아낸 no값과 update SQL문을 이용하면 pos1과 pos2값을 수정할 수 있다. 이 처리는 다음과 같이 해결할 수 있다.

1) pos1, pos2를 제외한 정보를 insert문을 이용하여 글을 추가한다.
2) mysql_insert_id()를 이용하여 방금 추가된 no값을 구한다.
3) 알아낸 no값을 이용하여 pos1과 pos2값을 update SQL문을 이용하여 수정한다. (pos2값은 새로 추가된 글이므로 항상 "A"임)

[php] mysql_insert_id()

insert SQL문을 이용하여 방금 추가된 레코드의 ID 값을 돌려주는 함수로서, ID는 auto_increment로 생성된 필드여야 한다.

---

③ **글 제목과 내용** : 글 제목 title과 내용 contents에는 특수기호나 html문자가 포함되어 있을 수 있으므로, 함수 addslashes()와 stripslashes() 함수를 이용하여 처리해야 한다.

STEP ◯

① **qa_new.html ➜ qa_new.php로 만들기** : qa_new.html의 일부분 + temp.php를 이용하여 qa_new.php를 만든다.
② **qa.php link 수정하기** : qa.php에서 새글 버튼의 A tag link의 "qa_new.html"을 "qa_new.php"로 수정한다.
③ **qa_insert.php 만들기** : 실습이론 내용을 참고하여 프로그램을 작성한다.
④ **실행 및 결과확인** : 실행하여 결과를 확인한다.

7.1.5 게시판 읽기

◯ **실습목적**

아래 그림과 같이 게시판의 글을 읽을 수 있는 프로그램을 만들어라.

🔵 **실습이론**

① **조회수** : 글을 읽을 때마다 읽은 회수를 1 증가하는 처리는 update SQL문에서 count=count+1을 이용하면 간단하게 처리할 수 있다.

② **글 제목 및 내용 출력** : 글 목록에서 제목 표시할 때와 마찬가지로 글 내용에 특수문자나 html기호가 삽입되어 있을 수 있다. 따라서 글 저장할 때 addslashes() 함수로 코드화한 글제목과 내용을 stripslashes() 함수를 이용하여 원상 복구하여야 한다. 입력된 글 내용중에 줄바꿈 처리를 위해 contents는 nl2br함수를 이용해 줄바꿈기호를 "〈br〉"로 변경처리한다.

```
$title=stripslashes($row[title]);
$contents=stripslashes($row[contents]);
if ($row[ishtml]=="0") $contents=htmlspecialchars($contents);   // text인 경우
$contents=nl2br($contents);
```

[php] htmlspecialchar(문자열)

문자열에서 html 태그에 관련된 특수기호들을 포함한 경우, 해당 기호를 다른 방식으로 변환시키는 함수.

예〉 & ➔ &   " ➔ "   ' ➔ '
    〈 ➔ <   〉 ➔ >

STEP ⚙

① **qa_read.html ➔ qa_read.php로 만들기** : qa_read.html의 일부분 + temp.php를 이용하여 qa_read.php를 만든다.

② **qa.php link 수정하기** : qa.php에서 글 제목의 A tag link의 "qa_read.html"을 "qa_read.php"로 수정한다.

③ **qa_read.php 만들기** : 실습이론 ①, ②의 내용을 참고하여 프로그램을 작성한다.

④ **실행 및 결과확인** : 실행하여 결과를 확인한다.

7.1.6 게시판 수정 및 삭제

⟳ **실습목적**

아래 그림과 같이 게시판의 글을 수정 및 삭제할 수 있는 프로그램을 만들어라.

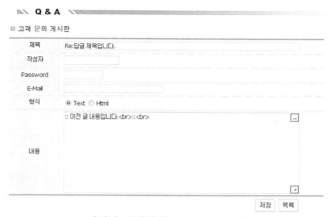

게시판 수정화면(qa_modify.html)

⟳ **실습이론**

① **파일구조** : 글을 수정 및 삭제하는 처리의 파일구조는 다음과 같다.

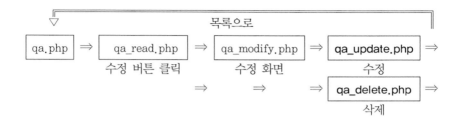

② **암호 확인** : 글을 수정하거나 삭제를 하는 경우는 아무나 수정, 삭제를 하지 못하도

록 글을 쓸 때 입력했던 암호를 확인할 필요가 있다. 만약 틀리는 경우에는 다시 암호를 입력하도록 글 읽기화면을 보여주어야 한다.

번호 no가 $no인 자료에서 passwd 암호를 알아낸다.
if (입력한 암호!=알아낸 암호) echo("<script>history.back();</script>");

수정을 하는 경우에는 qa_modify.php에 자료를 표시하기 전에 먼저 확인을 해야 하며, 글을 삭제하는 경우에는 qa_delete.php에서 글을 삭제하기 전에 확인하도록 프로그램을 작성하여야 한다.

③ **글수정** : 글 수정의 경우 pos1, pos2, writeday, count 필드는 저장할 필요가 없으며, 수정프로그램은 $no번째 자료를 Update SQL문을 이용하여 글 제목, 내용 등을 저장하는 처리를 하면 된다.

④ **글삭제** : 글삭제의 경우 역시 $no번째 자료를 Delete SQL문을 이용하여 삭제하도록 프로그램을 작성하면 된다.

STEP **01** 글 수정

① **qa_modify.html → qa_modify.php로 만들기** : qa_modify.html의 일부분 + temp.php를 이용하여 qa_modify.php를 만든다.
② **qa_read.php link 수정하기** : qa_read.php에서 수정 버튼의 A tag link의 "qa_update.html"을 "qa_update.php"로 수정한다.
③ **qa_update.php 만들기** : 실습이론의 내용을 참고하여 프로그램을 작성한다.
④ **실행 및 결과확인** : 실행하여 결과를 확인한다.

STEP **02** 글 삭제

① **qa_delete.php 만들기** : 실습이론의 내용을 참고하여 프로그램을 작성한다.
② **qa_read.php link 수정하기** : qa_read.php에서 삭제 버튼의 A tag link의 "qa_delete.html"을 "qa_delete.php"로 수정한다.
③ **실행 및 결과확인** : 실행하여 결과를 확인한다.

7.1.7 게시판 답글

실습목적

아래 그림과 같이 게시판의 답글을 쓸 수 있는 프로그램을 만들어라.

게시판 답변화면(qa_reply.html)

실습이론

① **파일구조** : 답글을 추가하는 파일구조는 다음과 같다.

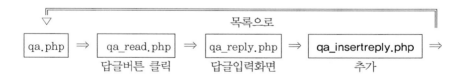

② **답변글 제목 및 내용** : 답변글인 경우에는 보통 글제목과 내용만 보아도 답변글이라는 것을 표시하기 위하여 글제목에는 "Re:" 라는 글자를, 글 내용에는 매 줄 앞에 "::"와 같은 문자를 붙여 표시한다. 이러한 처리는 아래와 같이 문자연결 연산자 . 과 eregi_replace함수를 이용하여 쉽게 처리할 수 있다.

```
$title="Re:" . stripslashes($row[title]);
$content=stripslashes($row[content]);

// 원글과 답변글을 구분하기 위해 원 글의 각 줄앞에 콜론(::)을 추가한다.
```

```
$content = ":: ++ " . $row[name] . " 님의 글 ++\n::\n:: " .
          eregi_replace("\n", "\n:: ", $content) . "\n::\n";
```

[php] eregi_replace(찾을 문자열1, 대치할 문자열2, 문자열3)

문자열3에서 문자열1을 찾아 문자열2로 대치시키는 함수로서, 대소문자 구분을 하지 않는다.

---

③ **답변글 저장** : 답변글을 처리하기 위해서는 답변글에 대한 위치정보 pos1, pos2값을 결정해야 한다. 현재 읽은 글에 대한 pos1과 pos2 값은 qa_replay.php문서에 hidden으로 저장되어 있다. 따라서 qa_insertreply.php에서 이 값들은 $pos1, $pos2값이 된다. 이 경우 아래의 그림과 같은 경우를 생각해보자.

no	title	pos1	pos2
1	제목1	1	A
	...		

답변이 없는 경우

no	title	pos1	pos2
1	제목1	1	A
2	⇨ 답변1	1	AA
	...		

답변이 있는 경우

먼저 현재 작성중인 글이 제목1에 대한 답글인 경우를 생각해보자. 이 경우 제목1에 대해 답변이 없는 경우(왼쪽 그림)와 있는 경우(오른쪽 그림)를 생각할 수 있다. 따라서 먼저 답변이 있는지 없는지를 조사할 필요가 있다. 이 조사는 제목1의 pos2의 문자열길이(길이:1)보다 1 더 긴 pos2(길이:2)값을 갖는 자료가 있는지를 조사하면 알 수 있다.

    length(pos2) = length(답글1의 pos2)+1 인 자료 조사

왼쪽 그림인 경우는 답변이 없으므로, 답변1은 제목1에 대한 첫번째 답글(pos2=AA)이 된다. 반면에 오른쪽 그림과 같이 다른 답변(답변1)이 있는 경우에는 답변글 pos2(AA)에서 끝 자리값(A)을 다음 자리값(B)으로 바꾼 pos2 값(AB)을 저장해야 한다.

no	title	pos1	pos2
1	제목1	1	A
2	⇨ **답변1**	1	AA
3			

답글이 없는 경우 결과

no	title	pos1	pos2
1	제목1	1	A
2	⇨ 답변1	1	AA
3	⇨ **답변2**	1	AB

답글이 있는 경우 결과

만약 아래와 같이 답글이 여러 개인 경우에는 pos2를 내림차순으로 정렬하여 가장 끝 pos2를 갖는 첫 번째 자료를 찾아 끝자리를 다음 알파벳으로 변경해야 할 것이다.

no	title	pos1	pos2
1	제목1	1	A
2	⇨ 답변1	1	AA
3	⇨ 답변2	1	AB
4	⇨ **답변3**	1	AC
	...		

제목1에 대해 답변이 여러 개인 경우

title	pos2
⇨ **답변3**	AC
⇨ 답변2	AB
⇨ 답변1	AA
제목1	A
...	

pos2 내림차순 정렬

마지막으로 고려해야 할 사항은 답변에 대한 답변인 경우이다. 아래 그림에서 답변7인 경우 답변9의 pos2값을 생각해보자. 답변7의 경우는 pos2가 "AB"로 시작된다. 이 말은 앞의 답변 중 "AB"로 시작하지 않는 답변은 아무 상관이 없다는 것을 의미한다.

no	title	pos1	pos2
6	제목2	6	A
7	⇨ 답변5	6	AA
8	⇨ 답변6	6	AAA
9	⇨ 답변7	6	AB
10	⇨ 답변8	6	ABA
11	⇨ **답변9**	6	ABB

응답 게시판 예

따라서 답변7의 pos2값으로 시작하는 자료만 추출하기 위해서는 다음과 같이 조건을 지정해야 한다.

현재 글의 pos2 값 = pos2의 앞부분 값 인 자료

지금까지 모든 조건을 종합한 경우 최종적인 자료를 추출할 수 있는 select문은 다음과 같다.

```
$query = "select pos2, right(pos2,1) from qa
            where pos1=$pos1 and length(pos2)=length('$pos2')+1 and
                locate('$pos2',pos2)=1
            order by pos2 desc limit 1";
$count=레코드개수;
if ($count > 0){
    $row=MySQL_fetch_row($result);
    $new_pos2 = $row[pos2]의 맨 끝자리 값을 다음 알파벳으로 수정한 값;}
else
    $new_pos2 = $pos2 . "A";
```

이 과정에서 다음 알파벳을 알아내는 방법은 다음 프로그램과 같이 ASCII code값을 이용하면 원하는 값을 얻을 수 있다.

```
$a = "A";
$b = ++$a;     // $b ➔ "B"
```

[MySQL] right(문자열, 길이)

문자열에서 오른쪽부터 길이 만큼의 문자열을 잘라 돌려주는 함수.

예〉 right('abcde',3) ➔ 'cde'

[MySQL] length(문자열)

문자열길이를 돌려주는 함수.

예〉 length('abcde') ➔ 5

[MySQL] locate(문자열1,문자열2)

문자열1에서 문자열2가 몇 번째 위치에 잇는지 돌려주는 함수

예〉 locate('abcde','bc') ➔ 2

① **qa_reply.html → qa_reply.php로 만들기** : qa_reply.html의 일부분 + temp.php 를 이용하여 qa_reply.php를 만든다.

② **qa_reply.php link 수정하기** : qa_read.php에서 답변 버튼의 A tag link의 qa_reply.html을 qa_reply.php로 수정한다.

③ **qa_insertreply.php 만들기** : 이론 ①, ②, ③의 내용을 참고하여 프로그램을 작성 한다.

④ **실행 및 결과확인** : 실행하여 결과를 확인한다.

7.2 FAQ 게시판

7.2.1 FAQ 게시판

○ **실습목적**

지금까지 프로그램을 만드는 방법을 이용하여 다음과 같은 자주 묻는 질문들을 보고 관리 할 수 있는 faq 테이블과 쇼핑몰 화면과 관리자용 화면들을 만들어라.

Category
메뉴 01
메뉴 02
메뉴 03
메뉴 04
메뉴 05
메뉴 06
메뉴 07
메뉴 08

◤◥ **FAQ**

◎ 자주 묻는 질문

번호	제목
1	자주 하는 질문 1
2	자주 하는 질문 2

쇼핑몰용 FAQ 화면 (faq.html)

쇼핑몰용 FAQ 보기 화면 (faq_read.html)

관리자용 FAQ 목록화면 (faq.html)

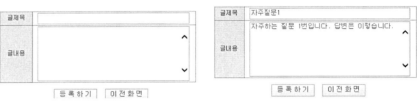

관리자용 FAQ 입력화면 (faq_new.html)　　관리자용 FAQ 수정화면 (faq_edit.html)

이번 예제는 마지막으로 독자들이 faq 테이블부터 모든 화면들을 직접 만들어 보길 바란다.

Part 2

Chapter 08

ASP 쇼핑몰

8.1 ASP 쇼핑몰 개발환경

8.1.1 ASP 쇼핑몰 실습하기 전에

1부에서는 인터넷 쇼핑몰을 만들기 위한 환경으로서 Linux와 MySQL 데이터베이스, 그리고 PHP언어를 이용하였지만, 2부에서는 Microsoft사의 Window Server 환경에서 MS-SQL 데이터베이스와 ASP언어를 이용하여 쇼핑몰을 개발하는 과정에 대해 알아보도록 하겠다. 독자는 1부에서 배운 지식을 이용하여, 운영체제, 데이터베이스, 언어에 대한 차이점에 대해 관심을 갖고 작업을 하길 바란다.

1) 운영체제 환경 : Limux와 Window Server
2) 데이터베이스 : MySQL와 MS-SQL
3) CGI 언어 : PHP와 ASP

만약 1부의 모든 작업을 다 마친 독자라면, PHP 소스를 이용하여 ASP언어로, MS-SQL 데이터베이스로 변환하는 방식으로 작업을 하면 더 효과적일 것이다. 반대로 ASP 쇼핑몰을 먼저 한 독자라면 반대로 ASP소스를 PHP로 변환하는 작업을 통해 두 영역에 대한 공부를 할 수 있을 것이다.

8.1.2 쇼핑몰 구축환경

ASP를 이용한 쇼핑몰을 구축할 서버 환경도 Linux와 마찬가지로 다음과 같이 2가지 방법 중 하나를 이용하여 작업할 수 있다.

1) 자신의 PC에 윈도우용 IIS와 MS-SQL 프로그램을 설치하여 사용하는 방식
2) 도메인을 갖는 원격 Window Server 환경

따라서 독자는 위 2가지 사항 중 자신이 실습 가능한 환경을 선택하여 작업을 진행하길 바란다. 이 책에서는 서버가 없는 독자를 위하여 자신의 PC를 이용하는 첫 번째 방법을 이용하겠으며, 실습에 필요한 프로그램은 PC용 Window 자체에 있는 IIS 프로그램과 MS-SQL Express 데이터베이스 무료버전을 이용하여 설명하도록 하겠다.

8.1.3 IIS 프로그램

◯ **실습목적**

인터넷 http, https 프로토콜 서비스를 지원해주는 프로그램인 IIS(Internet Information System)프로그램을 자신의 PC에 설치하고 ASP에러 표시를 위한 환경설정을 하여라.

◯ **실습이론**

1 **IIS 프로그램** : 이 프로그램은 Window CD에 있는 프로그램이며, 처음 윈도우를 설치할 때 기본으로 설치되지 않는다. 따라서 이 프로그램이 필요한 사람은 자신이 직접 설치를 해야 한다.

2 **ASP 에러 표시 설정** : 인터넷 브라우저에서 ASP프로그램을 실행하여 에러가 날 때 아래 그림과 같이 정확한 에러이유를 표시하면 편리할 것이다. 에러 표시하는 방법에 대해 알아본다.

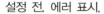

설정 전. 에러 표시.　　　　　　　설정 후. 에러 표시.

STEP 01 **IIS 설치하기**

① **IIS 설치 시작** : 윈도우 탐색기에서 아래 그림과 같이 "컴퓨터"를 선택한 후, "프로그램 제거 또는 변경"을 클릭한다.

② **윈도우 기능 선택** : "Windows기능 사용/사용 안함"을 클릭한다.

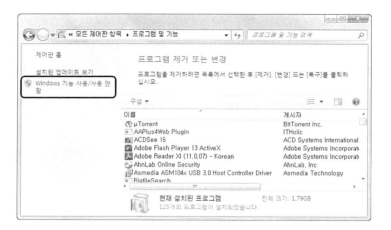

③ **인터넷 정보 서비스 기능 선택** : 아래 그림과 같이 "인터넷 정보 서비스"를 선택한 후, 다음 서비스를 모두 선택한다. 그리고 [확인]버튼을 클릭하여 설치를 한다.

• **응용프로그램개발기능** : .NET 확장성, ASP, ASP.NET, ISAPI필터, ISAPI확장
• **웹관리도구** : IIS 관리 서비스, IIS 관리 스크립트 및 도구, IIS 관리 콘솔

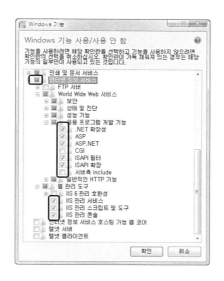

④ **설치테스트** : 인터넷 브라우저 주소 창에 "localhost" 혹은 "127.0.0.1"을 입력하여 아래 그림과 같이 IIS 로고창이 열리는 지 확인한다.

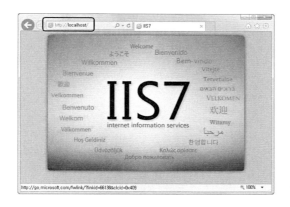

웹브라우저에 IIS로고가 표시되면 성공적으로 설치가 된 것이다. IIS에 관련된 폴더는 c:\interpub 폴더이며, 홈페이지가 있는 폴더는 **c:\interpub\wwwroot** 가 된다. 그리고 이 폴더 안에 index.htm이나 index.asp 파일이 있으면, 웹브라우저 주소란에 도메인명을 입력했을 때 자동으로 실행이 된다. 만약 개인 IP나 도메인명이 없는 경우에는 도메인명 대신에 127.0.0.1이라는 IP주소를 입력하거나 localhost를 입력하면 된다.

IIS 프로그램의 홈페이지 주소 및 폴더

홈페이지 폴더 : c:\interpub\wwwroot
홈페이지 주소 : http://127.0.0.1 혹은 http://localhost

---

① **에러 표시 설정** : [시작]➡[제어판]➡[관리도구]➡[IIS(인터넷 정보 서비스) 관리자]
를 더블 클릭하여 IIS 관리자창을 연다. 그리고 〈IIS〉에서 "ASP"아이콘을 선택하고,
"기능 열기"를 클릭한다.

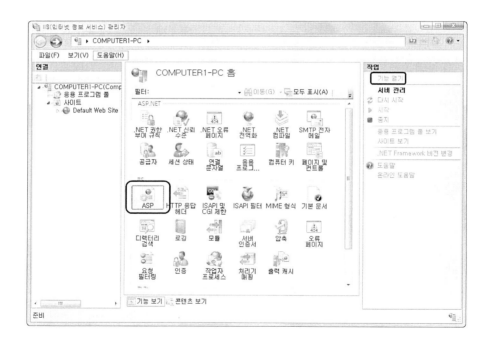

② **브라우저 오류전송 체크** : 아래 그림과 같이 〈디버깅 속성〉에서 〈브라우저 오류전송
〉을 "True"로 변경한 후, "적용"을 클릭하고 설정을 마친다.

③ **인터넷 익스플로 설정** : 아래와 같이 인터넷 속성창을 열고 〈고급〉탭의 〈검색〉에서
〈HTTP 오류 메시지 표시〉 확인란을 해제하고 [확인]버튼을 클릭하여 설정을 마친
다. 브라우저를 종료 후, 다시 실행하여 확인한다.

8.1.4 MS--SQL 2014 Express 프로그램

실습목적

Miscrosoft사의 MS-SQL Express 데이터베이스 프로그램을 자신의 PC에 설치하여라.

실습이론

① **MS-SQL 2014 Express :** MS-SQL Server를 설치하는 과정에 대해 알아보자. 여기서 사용할 MS-SQL Server는 Desktop Free 버전인 Microsoft SQL Server 2014 Express 버전이며, Microsoft의 다음 URL에서 구할 수 있다. 책 부록에는 32bit, 64bit 버전이 있으며, 자신의 운영체제에 맞게 설치를 한다. 만약 아래 URL이 존재하지 않는 경우는, Microsoft사의 Download Center에서 검색하길 바란다.

http://www.microsoft.com/ko-kr/download/details.aspx?id=42299

STEP 01 MS-SQL 2014 Express 설치하기

① **MS-SQL 2014 Express 설치 시작 :** 부록에 있는 파일 중 자신의 Window OS에 맞는 프로그램을 설치한다. 운영체제가 64비트인 경우는 X64를, 32bit인 경우는 X86이 들어가 있는 파일을 실행한다.

② **새 SQL 설치 선택** : "새 SQL Server 독립 실행형 설치 또는 기존 설치에 기능 추가"
를 선택한다. 다음 그림처럼 "동의"를 하고 [다음]버튼을 클릭한다.

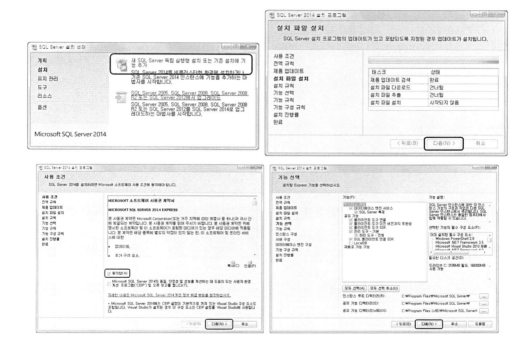

③ **기본 인스턴스 선택** : "기본 인스턴스"를 선택한 후, [다음]버튼을 클릭한다.

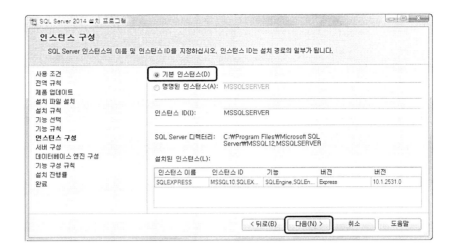

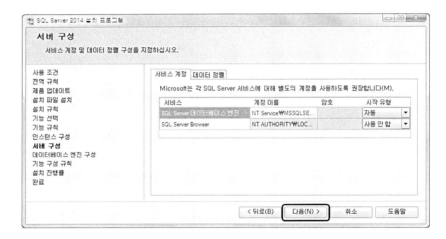

④ **혼합모드 선택 후, 암호 입력** : 〈인증 모드〉에서 "혼합 모드"를 선택한 후, 〈암호입력〉과 〈암호 확인〉에 sa(시스템관리자)계정의 암호를 입력한다. 여기서는 계정 암호로 "1234"를 입력하였다. 그리고 [다음]버튼을 클릭한다.

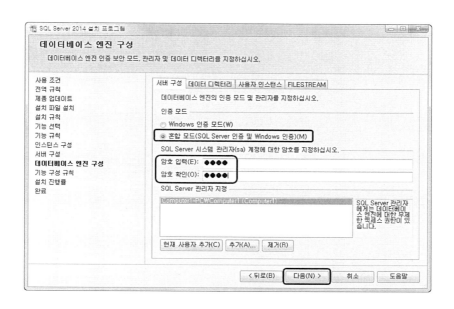

⑤ **설치 종료** : 설치가 다 되면, [닫기]버튼을 클릭하여 설치를 종료한다.

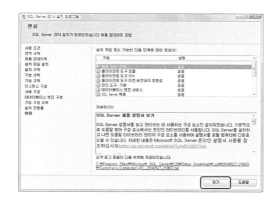

8.1.5 ABCUpload

🔘 **실습목적**

책 부록에 있는 ASP 전용 업로드 유틸리티인 ABCUpload 프로그램을 설치하여라.

🔘 **실습이론**

① **ABCUpload** : ASP에는 파일을 업로드하는 명령어가 없다. 따라서 업로드를 하기위

해서는 제3자 라이브러리나 컴포넌트를 이용해야 한다. 여기서는 ASP 업로드 프로그램으로 많이 알려진 ABCUpload를 이용하겠다. ABCUpload의 최신버전은 다음 URL에서 구할 수 있으며, 책 부록의 ABCUpload를 설치하도록 하겠다.

http://www.websupergoo.com

STEP 01 ABCUpload 설치하기

① **ABCUpload 설치 시작** : 책 부록의 ABCUpload.zip 파일 압축을 푼 후, setup.exe 를 실행하여 설치를 한다.

8.2 Editplus 편집기

8.2.1 Editplus 설치 및 설정

○ **실습목적**

책 부록에 있는 Editplus 프로그램을 자신의 PC에 설치하여라.

○ **실습이론**

① **Editplus 편집기** : 이번에는 프로그램을 작성할 때 이용할 편집기 프로그램을 설치해 보자. 윈도우 자체에도 메모장이나 워드패드와 같은 편집용 프로그램이 있지만, 이 프로그램들에는 원격기능이 없으며, 사용자가 사용하는 컴퓨터 언어에 따라 단어의 색을 표시하는 기능이 없다. 따라서 보다 편한 프로그램 작업을 하기위해서는 필자가 추천하는 편집기 프로그램을 이용해보길 바란다. 물론 독자가 사용하고 있는 원격기능이 있는 편집기 프로그램이 있다면, 그 프로그램을 이용해도 무방하다. 프로그램은 본 책에서 제공하는 부록의 Editplus 프로그램을 이용하거나 다음 사이트에서 최신 버전의 프로그램을 다운 받을 수 있다.

http://www.editplus.co.kr/kr/

STEP ○

① **Editplus 설치 시작** : 부록에 있는 Editplus 설치 프로그램 Epp370.exe를 더블클릭하여 설치한다.

② **Editplus 관리자 권한 실행하기** : Editplus 아이콘의 [속성]을 클릭하여 속성창을 부른다. 그리고 반드시 〈관리자 권한으로 실행〉메뉴를 클릭하여 실행한다.

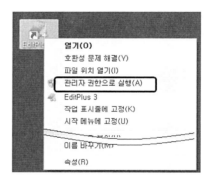

반드시 관리자권한으로 실행을 해야 c:₩inetpub₩wwwroot에 있는 홈페이지 프로그램을 편집할 수 있다. 만약 그냥 실행을 하면 수정된 프로그램을 저장할 수 없게 된다. 이런 실행이 귀찮으면 〈속성〉메뉴의 〈호환성〉탭에서 "관리자 권한으로 이 프로그램 실행" 확인란을 체크하고 사용할 수 있다.

③ **Editplus 환경설정** : [도구]➜[기본설정]메뉴를 클릭한다.

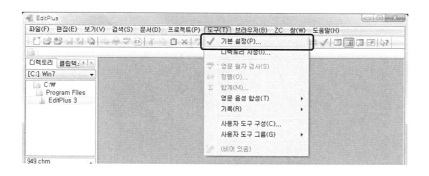

④ **글꼴 설정** : 〈항목〉에서 "글꼴"을 선택한 후, 〈글꼴〉은 "굴림체"를 선택한다.

⑤ **현재 줄 색상 설정** : 〈항목〉에서 "색상"을 선택한 후, 〈영역〉에서 "현재 줄"을 선택한다. 그리고 기본값 체크박스를 해제(□)한 후, 〈바탕색〉 콤보상자를 선택한다. "확장…" 버튼을 클릭하고, 적당한 색을 선택한다.

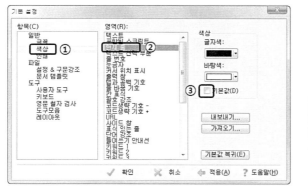

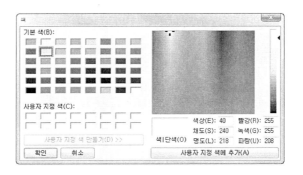

⑥ **탭/들여쓰기 설정** : 〈항목〉에서 "설정 및 구문강조"를 선택한 후, "탭/들여쓰기" 버튼을 클릭한다. 〈탭〉과 〈들여쓰기〉를 각각 "2", "2" 로 수정한다.

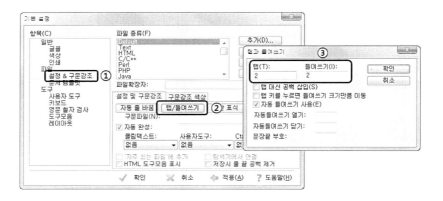

⑦ **원격 도구모음 설정** : 〈항목〉에서 "도구모음"을 선택한다. 〈명령〉의 "원격 열기"와 "원격 저장"을 그림과 같이 〈도구모음〉으로 드래그하여 등록한다.

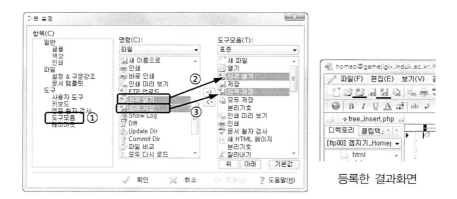

등록한 결과화면

8.2.2 홈페이지 수정

○ **실습목적**

Editplus를 이용하여 앞서 보여준 ASP 정보화면대신에 아래 그림과 같이 자신의 이름이 표시되는 ASP 프로그램을 작성하여라.

○ **실습이론**

① **〈% asp프로그램 %〉** : ASP 파일은 파일 확장자가 *.asp이며, ASP 프로그램 표시는 "〈%"로 시작하여 "%〉"로 끝난다.

[ASP] 〈% … %〉
ASP 프로그램의 시작과 끝을 알리는 기호. 예〉 〈html〉 　　〈% 　　　　a=100 　　%〉

② **response.write** : 이 명령은 웹브라우저로 html tag를 출력시키는 함수이다.

[ASP] response.write "문자열" 혹은 변수
지정된 문자열을 웹브라우저에 출력시킨다. 만약 문자열에 변수나 함수가 있는 경우는 해당 값을 출력한다. 예〉 response.write "홍길동"　　　　　　➡ 홍길동 　　 response.write "〈b〉홍길동〈/b〉"　　　➡ **홍길동** 　　 a ="홍길동"　　　　　　　　　　　➡ 홍길동 　　 response.write a

③ 127.0.0.1 혹은 localhost : 개인 IP가 없거나, 인터넷을 사용하지 않아도 모든 PC는 로컬(local)상태에서 기본적으로 127.0.0.1 이라는 내부 IP를 갖으며, 127.0.0.1 대신에 "localhost"라는 이름을 사용해도 된다. 따라서 PC를 이용하는 독자의 경우, 웹 브라우저에 입력할 홈페이지 주소는 127.0.0.1 이나 localhost를 입력하여 실습을 하면 된다. 홈페이지 주소는 다음과 같다.

홈페이지 폴더 ➡ c:\interpub\wwwroot
홈페이지 주소 ➡ http://127.0.0.1 혹은 http://loccalhost

STEP ◉

① **default.asp 만들기** : Editplus에서 [파일]➡[새파일]➡[보통 문서]를 클릭한다.

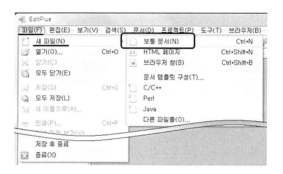

② **프로그램 입력** : 아래 그림과 같이 프로그램을 입력한다.

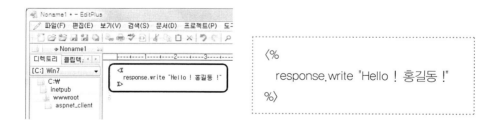

```
<%
    response.write "Hello ! 홍길동 !"
%>
```

③ **"default.asp" 이름으로 저장** : 아래 그림과 같이 "c:\interpub\wwwroot"폴더에 프로그램을 "default.asp"라는 파일이름으로 저장한다.

앞에서 언급했지만 IIS를 설치한 경우, 홈페이지가 있는 폴더의 위치는 "c:₩interpub₩wwwroot"이며, 자동으로 실행되는 파일이름은 "default.htm, default.asp, index.htm, index.html 등이 있다.

④ **파일 삭제** : 폴더에 있는 "iisstart.htm"파일을 삭제한다.

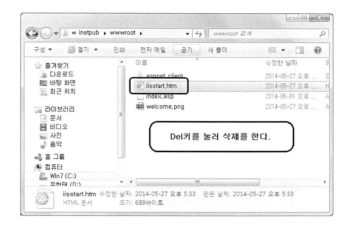

iisstart.htm파일을 삭제하는 이유는 default.asp 이름보다 폴더에서 먼저 자동으로 실행되는 문서이름이기 때문이다.

⑤ **실행 및 결과확인** : 웹브라우저 주소란에 **"localhost"**라고 입력하여 결과를 확인한다.

8.3 실습용 파일 준비

실습목적

이 책에서 사용할 쇼핑몰 html 소스 및 데이터 파일들을 부록에서 자신의 홈페이지로 모두 복사를 하여라.

실습이론

① **실습용 파일 준비** : 다음부터 시작할 웹프로그래밍 작업을 위한 실습용 파일들을 홈페이지에 복사하는 작업을 해보자. 부록의 html 폴더에 있는 모든 파일들을 홈페이지 폴더인 c:\interpub\wwwroot 폴더로 복사를 하면 된다.

STEP 01 디자인 소스 복사

① **부록 파일 복사** : 부록 안의 html 폴더 안에 있는 모든 폴더와 파일들을 선택한다. 그리고 "Ctrl+C"를 눌러 모두 복사를 한다.

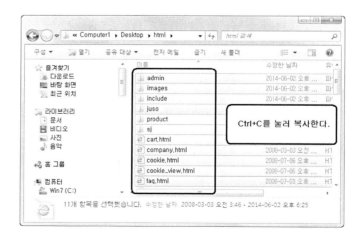

② **wwwroot 폴더에 붙여넣기** : 복사한 모든 파일을 c:\interpub\wwwroot 폴더 안에서 "Ctrl+V"를 눌러 "붙여넣기"를 한다.

8.4 MS-SQL 2014 Express

이번에 소개할 프로그램은 데이터를 관리, 운영 해주는 데이터베이스 프로그램 MS-SQL
이다. 앞에서 MS-SQL 2014 Express 프로그램을 설치하였기 때문에, MS-SQL 사용법
과 쇼핑몰에서 사용할 데이터베이스 shop0와 계정 shop0를 만들어 보도록 하겠다.

8.4.1 데이터베이스 shop0와 계정 shop0 만들기

실습목적

MS-SQL 프로그램을 이용하여 새 데이터베이스 shop0와 shop0라는 계정을 만들어라.

실습이론

1. **DB생성 및 계정 등록** : MS-SQL에서 데이터베이스와 계정을 만든 과정은 다음과 같
   이 3단계 과정을 거쳐야 한다. 데이터베이스를 만들고 만든 데이터베이스를 사용할
   수 있는 사용자계정을 만든다. 그리고 이 사용자계정에 접속할 수 있는 데이터베이
   스의 권한을 부여한다.

1	shop0 DB 생성
2	shop0계정 생성 및 암호 설정
3	shop0 계정에 shop0 데이터베이스 접속 권한 부여

데이터베이스 만드는 순서

① **SQL Server Management studio 실행** : [시작]➔[Microsoft SQL Server 2014]➔
[SQL Server 2014 Management Studio]를 클릭한다.

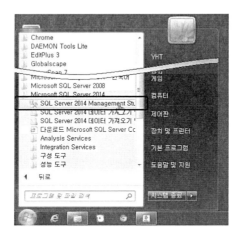

② **로그인 하기** : 〈인증〉에 "SQL Server 인증"을 선택한 후, 〈로그인〉에 "sa", 〈암호〉
에 "1234"를 입력한 후, [연결]버튼을 클릭한다.

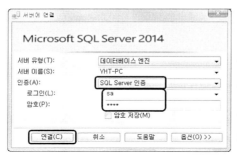

1	인증	SQL Server 인증
2	로그인	sa
3	암호	1234

MS-SQL을 사용하기위해서는 관리자 모드로 접속해야 한다. 따라서 MS-SQL을 설
치할 때 등록한 시스템관리자 아이디인 sa와 암호 "1234"를 이용해야 한다.

③ **새 데이터베이스 만들기** : 아래 그림처럼 "데이터베이스"의 팝업메뉴에서 "새 데이터
베이스"메뉴를 클릭한다.

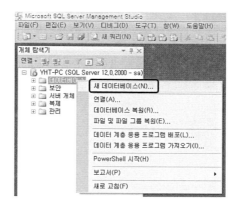

④ **데이터베이스 이름 입력** : 〈데이터베이스 이름〉에 "shop0"을 입력한 후, "확인"버튼
을 클릭하여 shop0라는 이름의 데이터베이스를 만든다.

02 **사용자계정 shop0 만들기**

① **새 로그인 만들기** : 아래 그림처럼 〈로그인〉의 팝업메뉴에서 "새 로그인"을 선택한다.

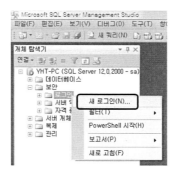

② **사용자계정 정보 입력** : 아래와 같이 ⟨로그인 이름⟩을 "shop0", ⟨암호⟩는 "1234", ⟨다음 로그인할 때 반드시 암호 변경⟩을 체크해제(☐)하고, ⟨기본 데이터베이스⟩를 "shop0"로 선택한다.

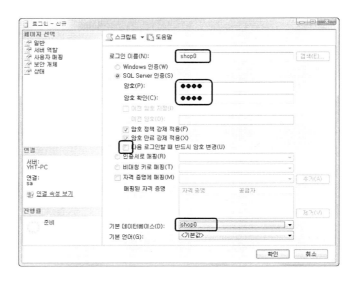

1	로그인이름	shop0	3	다음 로그인할 때 반드시 암호변경	☐
2	암호	1234	4	기본 데이터베이스	shop0

③ **권한 부여** : 먼저 ⟨페이지 선택⟩에서 "사용자 매핑"을 선택한다. 그리고 ⟨이 로그인으로 매핑된 사용자⟩에서 "shop0", ⟨데이터베이스 역할 맴버 자격⟩에서 "db_owner"를 선택한다. "확인"버튼을 클릭한다.

사용자계정 shop0가 데이터베이스 shop0에 접속하고 데이터베이스 관련 작업을 하기위해서는 해당 데이터베이스의 소유자(db_owner) 권한이 필요하다.

8.4.2 sj 테이블 만들기

⟳ 실습목적

데이터베이스 shop0에 실습에 이용할 성적테이블 sj를 만들어라.

⟳ 실습이론

1. **sj 테이블** : 다음 장부터 실습할 성적프로그램에 사용할 테이블 sj의 구조는 국어, 영어, 수학 점수를 관리할 수 있는 성적테이블이며, 테이블의 구조는 다음과 같다.

	필드	종류	NULL	기타
번호	no	int	not null	자동 1 증가 옵션, 🔑 (키본키)
이름	name	varchar(20)	null	
국어	kor	int	null	
영어	eng	int	null	
수학	mat	int	null	
총점	hap	int	null	
평균	avg	real	null	

sj 테이블 구조

1) **no** : no필드는 기본키(primary key)로서 자동으로 1씩 번호가 증가 되도록 테이블을 만들 때 ⟨ID사양⟩의 (ID)옵션을 "예"로 해야 한다.
2) **kor, eng, mat, hap** : 과목은 국어, 영어, 수학 3과목만 입력한다. 그리고 총점과 합계 자료형은 int로 지정하였다.
3) **avg** : 평균은 실수값이므로, 단정도 실수인 real 자료형을 지정하였다.

그리고 기본키 no를 제외하고는 모든 필드의 NULL은 null로 지정하였다. MySQL에서 단정도 실수는 float이지만, MS-SQL에서 float는 배정도 실수이며, 단정도 실수는 real이다.

② **외부파일 Import하기** : sj 테이블에 직접 자료를 입력하려면 아래 그림과 같이 "상위 200개 행 편집" 메뉴를 이용하여 자료를 직접 입력하는 것이 가능하다.

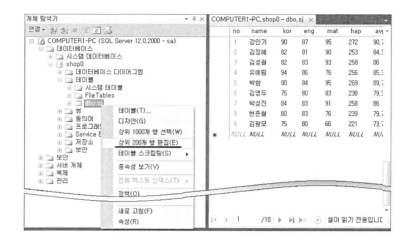

그러나 아래 그림과 같이 많은 자료나 다른 프로그램의 자료를 입력해야 하는 경우는 시간이 많이 걸릴 것이다. 이 문제는 MS-SQL Management Studio의 "데이터 가져오기"라는 기능을 이용하면 다양한 형식의 많은 데이터 파일을 쉽게 읽을 수 있다. 이 실습에서는 부록에 있는 sj_data.txt 파일을 이용하겠다.

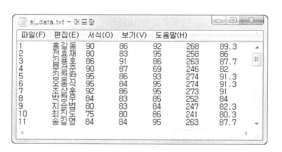

sj_data.txt

STEP 01 sj 테이블 만들기

① **새 테이블 만들기** : 아래 그림처럼 [테이블]➜[테이블] 메뉴를 선택한다.

PHP, ASP 쇼핑몰 실무 따라하기

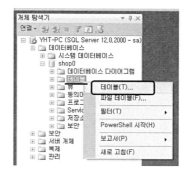

② **no 필드** : no필드를 입력한다.

	이름	데이터 타입	Null	(ID)
번호	no	int	☐	예

MySQL에서 일련번호는 정수형 필드의 default값을 auto_increment로 지정하면 되지만, MS-SQL에서는 정수형 필드의 (ID)를 "예"로 변경해야 한다.

③ **나머지 필드** : name, kor, eng, mat, hap, avg 필드를 입력한다.

	이름	데이터 타입	Null
이름	name	varchar(20)	☑
국어	kor	int	☑
영어	eng	int	☑
수학	mat	int	☑
합계	hap	int	☑
평균	avg	real	☑

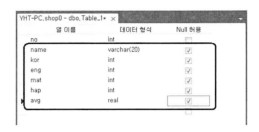

④ **기본키 설정** : no필드를 먼저 선택한 후, 아래 그림처럼 ▥ 아이콘을 클릭하여 no필드를 "기본키"가 되도록 한다.

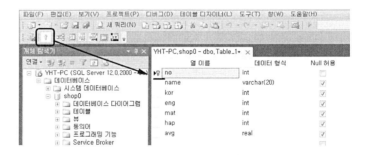

⑤ **테이블 저장** : "저장"아이콘을 클릭하여 "sj"라는 이름으로 테이블을 저장한다.

① **외부자료 Import 하기** : "shop0" 데이터베이스의 팝업메뉴에서 [태스크]➜[데이터 가져오기] 메뉴를 선택한다. 마법사창이 열리면 "다음"버튼을 클릭한다.

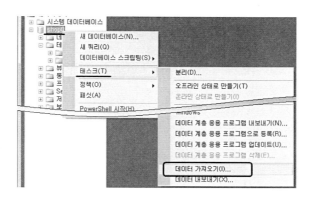

② **데이터 원본 선택** : 〈데이터 원본〉의 ▼를 열어 "플랫 파일 원본"을 선택한다. 그리고 〈파일 이름〉의 "찾아보기"버튼을 클릭한 후, 부록에 있는 "sj_data.txt"파일을 선택한다. 그리고 마지막으로 〈첫 번째 데이터 행의 열 이름〉의 확인란을 해제(□)한다. "다음"버튼을 클릭한다.

1	데이터원본	플랫 파일 원본	3	첫 번째 데이터 행의 열이름	□
2	파일이름	sj_data.txt			

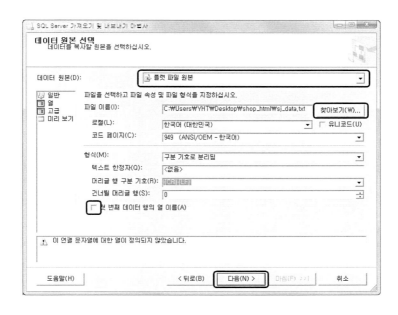

③ **다음 클릭** : 미리보기 화면이 나오면, "다음"버튼을 클릭한다.

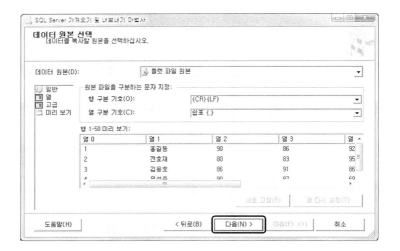

④ **대상 선택** : 〈대상〉에서 "SQL Server Native Client 11.0"을 선택한 다. 〈인증〉에서 "SQL Server 인증 사용"을 선택 한 후, 〈사용자 이름〉에 "shop0", 〈암호〉에 "1234" 를 입력한다. "다음"버튼을 클릭한다.

1	대상	SQL Server Native Client 11.0	3	암호	1234
2	사용자이름	shop0			

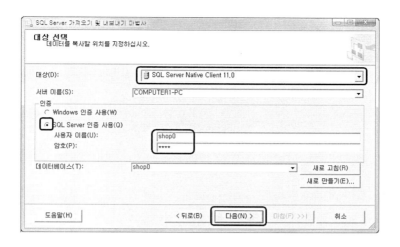

⑤ **대상 테이블 선택** : 〈테이블 및 뷰〉에서 아래 그림과 같이 〈대상〉 콤보상자에서
"[dbo].[sj]"을 선택한다. 그리고 "매핑 편집"버튼을 클릭한다.

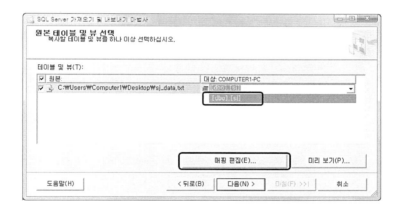

⑥ **열 매핑** : 〈ID 삽입가능〉의 확인란을 체크(☑)한다. 그리고 확인 버튼을 클릭한다.

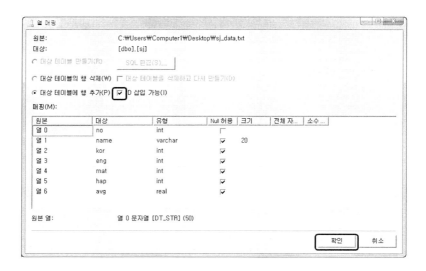

〈ID 삽입 가능〉을 체크하는 이유는 sj테이블의 no필드가 기본키이면서 자동으로 값
이 증가하는 일련번호로 지정했기 때문이다. 만약 이것을 체크하지 않으면 가져오기
가 되지 않으므로 반드시 체크해야 한다.

⑦ **실행** : 계속해서 "다음"버튼을 클릭한 후, "닫기"버튼을 클릭하여 작업을 마친다. 경
고 표시가 나오지만 무시하고 진행한다.

⑧ **결과 확인** : 테이블 "dbo.sj"에서 [상위 200개 행 편집]메뉴를 선택하여 import된 성
적 자료를 확인한다.

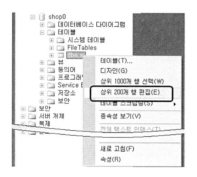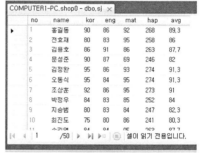

import된 결과화면

ASP 성적프로그램

9.1   ASP 기초 프로그램

9.1.1   웹문서에서 값 전달방법

🔵 **실습목적**

아래 그림과 같이 웹문서에 입력한 값(irum1)이나 문서에 저장되어 있는 변수 값(irum2)을 Form tag와 A tag를 이용하여 다음 문서에서 값을 출력시키는 프로그램을 작성하여라.

test.html

testout.asp (Form tag : irum1)

testout.asp (A tag : irum2)

🔵 **실습이론**

① **파일구조** : 소스는 test.html에 있는 irum1, irum2 변수의 값을 testout.asp 문서에서 출력시키도록 구성되어 있으며, test.html 내용은 다음과 같다.

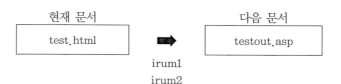

현재 문서   다음 문서

test.html   ➡   testout.asp

irum1
irum2

```
〈html〉
〈head〉
〈title〉test〈/title〉
〈/head〉
〈body〉
〈form name="form1" method="post" action="testout.html"〉
  irum1 : 〈input type="text" name="irum1" size="20" value=""〉
  〈input type="submit" value="보내기"〉
  〈input type="reset" value="지우기"〉
  〈br〉〈br〉
  irum2 : 〈a href="testout.asp?irum2='홍길동'" 〉홍길동 보내기〈/a〉
〈/form〉
〈/body〉
〈/html〉
```

test.html

② **FORM tag를 이용하는 방법** : Form tag가 지정된 웹문서에서 submit를 하면, form tag의 action에 지정된 웹문서가 실행이 된다. 이 경우 Form tag와 Input tag에서 선언된 개체(text, radio, select, check, textarea, …)의 값들은 다음 웹문서에서 개체이름을 통하여 접근할 수 있다.

[HTML] Form tag를 이용한 값 전달방법

```
〈form name="폼이름1" method="post or get" action="웹문서1"〉
  〈input type="종류" name="변수1" value="값1" … 〉
  〈input type="종류" name="변수2" value="값2" … 〉
  …
  〈input type="submit" value="보내기"〉
  〈input type="reset"   value="지우기"〉
〈/form〉
```

[ASP] request("개체이름")

이전 문서의 Form tag에 선언된 개체의 값을 현재 문서에서 알아내려면 request개체를 이용해야 한다.

예〉 request("irum1")

따라서 Form tag에 input type으로 선언된 **변수1**과 **변수2**는 **웹문서1**에서 **변수1**과 **변수2**라는 변수명으로 사용할 수 있다. 이 예제의 경우에는 Form tag에서 사용한 이름이 irum1이므로, 입력한 값은 testout.asp에서 irum1을 이용하여 화면에 출력할 수 있다.

```
〈form name="form1" method="post" action="testout.asp"〉
  irum1 : 〈input type="text" name="irum1" size="20" value=""〉
  〈input type="submit"   value="보내기"〉
  〈input type="reset"      value="지우기"〉
〈/form〉
```

[HTML] post와 get의 차이점

현재 웹문서에서 입력한 값이나 변수값을 다음 웹문서로 전달하는 방식으로, post방식은 용량 제한없이 form tag의 변수로 값을 전달한다.

```
〈form name="form1" method="post 혹은 get" action="다음웹문서이름"〉
〈input type="text" name="aaa" value="홍길동"〉
〈/form〉
```

반면에 get 방식은 용량이 제한되며, A tag의 주소 뒤에 "변수이름=값"과 같은 형식으로 전송이 된다.

```
〈a href="다음웹문서이름.html?aaa=홍길동"〉
```

③ **A tag를 이용하는 방법** : A tag를 이용하여 값을 전달하는 경우는 아래 그림의 형식과 같이 이동할 웹문서 후미에 변수이름과 값을 지정하여 전달할 수 있다.

[HTML] A tag를 이용한 값 전달방법

```
〈a href="웹문서이름?변수1=값1&변수2=값2 … "〉
```

주소정보에서 **?** 기호를 이용하여 문서이름과 변수들을 구분하며, **&** 기호를 이용하여 변수들을 구분한다. 그리고 변수 지정은 반드시 "**변수이름=값**"과 같은 형식을 이용해야 한다.

---
irum2 : 〈a href="**testout.asp?irum2=홍길동**" 〉홍길동 보내기〈/a〉

---

4. **변수값 화면 출력방법** : ASP에서 〈% 와 %〉는 이 부분이 ASP 프로그램이라는 표시를 의미하며, 보통 화면출력은 response.write 를 이용한다.

[ASP] 변수값 화면 출력방법

Form tag 변수인 경우 :   〈%=request("변수이름") %〉
                       〈% response.write request("변수이름") %〉
메모리 변수인 경우   :   〈%=변수 %〉
                       〈% response.write 변수 %〉

그리고 단순히 값만을 출력하는 경우는 "=변수명"과 같은 방법을 이용해도 되며, response.write 를 이용하여 출력해도 된다.

[ASP] response.write("문자열")

지정된 문자열이나 변수를 웹브라우저에 출력시킨다.

예〉 response.write "문자열" 혹은 변수명

STEP 01 PC IIS인 경우

① **testout.html 읽기** : Editplus에서 그림과 같이 c:₩interpub₩wwwroot 폴더로 이동한 후, "testout.html"을 더블클릭하여 읽는다.

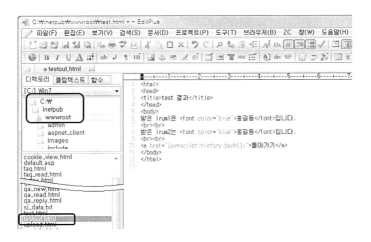

② **프로그램 수정** : 프로그램을 다음과 같이 수정한다.

```
〈html〉
〈head〉
〈title〉testout〈/title〉
〈/head〉
〈body〉
받은 irum1은 〈font color="blue"〉**〈%=request("irum1") %〉**〈/font〉입니다.
〈br〉〈br〉
받은 irum2는 〈font color="blue"〉**〈% response.write request("irum2") %〉**〈/font〉
입니다.
〈br〉〈br〉
〈a href="javascript:history.back();"〉돌아가기〈/a〉
〈/body〉
〈/html〉
```

③ **testout.asp로 저장** : [파일] ➔[새 이름으로] 메뉴를 이용하여 "testout.asp"라는 새

이름으로 저장한다.

④ **실행 및 결과확인** : 웹브라우저에 다음 주소를 입력하여 결과를 확인한다.

　　http://127.0.0.1/test.html

9.2　ASP 성적프로그램

9.2.1　프로그램 개요

이번에 만들 프로그램은 다음 그림과 같이 shop0 데이터베이스의 sj 테이블에 있는 성적
자료를 웹브라우저에서 처리할 수 있는 간단한 성적프로그램을 만들겠다. 이 프로그램을
만들면서 소개되는 프로그램들은 이 책 전반에 걸쳐 사용할 기본 ASP 프로그램이 되므로
독자는 이 프로그램에 대해 잘 이해해야 한다.

① **성적프로그램 화면 및 기능** : 이 프로그램에서는 성적 목록화면에서 추가, 삭제, 수정
을 할 수 있는 화면 전환이 가능하며, 이름으로 검색할 수 있는 기능, 그리고 20줄마
다 한 페이지로 표시되는 페이지 표시기능을 만들겠다.

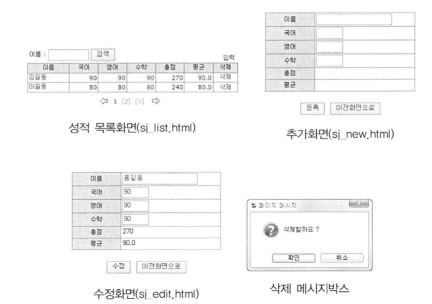

성적 목록화면(sj_list.html)

추가화면(sj_new.html)

수정화면(sj_edit.html)

삭제 메시지박스

2 **파일 구성** : 이 프로그램의 전체 파일 구조와 처리 흐름은 다음과 같다. 여기서
sj_insert.asp, sj_update.asp, sj_delete.asp는 새로 만들어야 할 파일로 추가
(insert SQL문), 수정(update SQL문), 삭제(delete SQL문)기능을 하는 파일들이다.

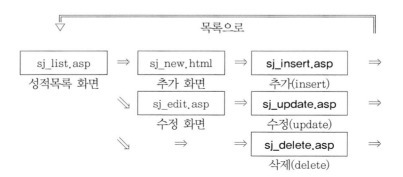

9.2.2 성적 목록

⟳ **실습목적**

9장에서 만든 sj 테이블에 있는 성적자료를 읽어 아래 그림과 같이 성적 목록을 출력시키
는 프로그램을 작성하여라.

이름	국어	영어	수학	총점	평균
김길동	90	90	90	270	90.0
이길동	80	80	80	240	80.0

sj_list.html

```html
<html>
<head>
  <title>성적처리 프로그램</title>
  <link rel="stylesheet" href="font.css">
</head>
<body>
<table width="400" border="1" cellpadding="2" style="border-collapse:collapse">
  <tr bgcolor="lightblue">
    <td width="100" align="center">이름</td>
    <td width="50"  align="center">국어</td>
    <td width="50"  align="center">영어</td>
    <td width="50"  align="center">수학</td>
    <td width="50"  align="center">총점</td>
    <td width="50"  align="center">평균</td>
  </tr>
  <tr bgcolor="lightyellow">
    <td>  김길동</td>
    <td align="right">90  </td>
    <td align="right">90  </td>
    <td align="right">90  </td>
    <td align="right">270  </td>
    <td align="right">90.0  </td>
  </tr>
  ...
</table>
<body>
</html>
```

실습이론

1. **MS-SQL 서버 연결** : MS-SQL 데이터베이스인 shop0을 이용하려면, 먼저 데이터베

이스 shop0에 연결하는 프로그램을 작성해야 한다.

```
<%
    Dim cnn, rs
    set cnn = Server.CreateObject("ADODB.Connection")
    strConn="Provider=SQLOLEDB; Server=(local); Initial Catalog=shop0;
User ID= shop0; Password=1234;"          ' 한 줄에 입력
    cnn.open strConn
%>
```

대부분의 웹문서는 데이터베이스에 있는 자료를 읽기위해서는 먼저 서버에 연결을 해야 한다. 위 프로그램은 MS-SQL 계정ID와 계정암호를 이용하여 연결을 하는 프로그램이다. 연결을 하기위해서는 먼저 ADODB방식으로 연결할 연결변수 cnn을 선언해야한다. 여기서 Server에는 연결할 도메인이름이나 IP주소를 지정해야하지만, PC를 서버로 이용하는 경우에는 "(local)"이라고 지정해야 한다. Initial Catalog의 "shop0"는 데이터베이스이름이며, User ID의와 "shop0"와 Password의 "1234"는 사용자계정 ID와 암호이다. 이렇게 만들어진 연결문자열 strConn을 cnn.open 함수에 지정해 실행함으로써 서버에 연결할 수 있다.

[ASP] MS-SQL 서버 연결문자열

ADODB방식을 이용하여 MS-SQL 서버의 연결은 다음과 같은 프로그램을 이용한다.

```
Dim cnn
set cnn= Server.CreateObject("ADODB.Connection")
strConn="Provider=SQLOLEDB; Server=도메인이름; Initial Catalog=데이터베이스
이름; User ID=계정ID; Password=계정암호;"          ' 한줄에 입력
cnn.open strConn
```

---

2 **include virtual 명령어** : 앞에서 설명한 데이터베이스 연결 프로그램은 앞으로 작성할 대부분의 프로그램에 계속하여 사용해야 한다. 따라서 아래 그림과 같이 반복 부분을 common.asp로 따로 작성한 후, 다른 프로그램을 작성할 때 함수처럼 common.asp프로그램을 삽입한다면 대단히 편리할 것이다. 이 처리를 가능하게 해주는 명령어가 include다. 여기서는 common.asp가 같은 폴더에 있으므로 절대경로를 이용하는 include virtual을 이용하도록 하겠다.

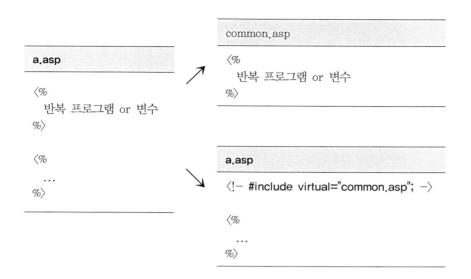

335

[ASP] 〈!- #include file="파일이름" -〉 혹은 〈!- #include virtual="파일이름" -〉

지정된 파일을 현재 파일에 읽어 삽입시키는 명령어.
- file : 파일위치지정은 상대경로를 이용하며, 상위폴더를 지정할 수 없다.
- virtual : 파일위치지정은 루트 폴더를 기준으로 절대경로를 지정한다.

---

③ **목록자료 출력방법** : 이 책에서 가장 많이 작성하는 프로그램은 아마 테이블에 있는 자료들을 읽어 화면에 표 형식으로 출력시키는 프로그램일 것이다. 이러한 프로그램은 보통 다음과 같이 정형화된 구조를 가지고 있어, 이 구조를 잘 이해한다면 앞으로의 작업을 쉽게 할 수 있다.

[ASP] 전체 자료 출력 프로그램

❶ Set rs=Server.CreateObject("ADODB.RecordSet")   ' recordset변수 선언
❷ q="select SQL문"   ' select문
❸ rs.open q, cnn, 3, 3   ' SQL 실행
❹ count=rs.RecordCount   ' 자료 개수
❺ for i=1 to count   ' 반복문
❻   response.write "값출력"
    rs.movenext   ' 다음자료로 이동.
  next

---

❶ 일반적으로 서버에서 원하는 자료를 추출했다면, 이 자료를 통칭할 때 RecordSet 이라고 한다. 이 자료들을 컨트롤하려면 먼저 Recordset을 가리키는 변수를 선언해야 하며, 여기서는 ADODB방식의 rs를 선언하였다.

❷ 원하는 자료를 추출할 수 있는 SQL문을 문자열로 정의한다.

❸ 레코드집합의 Open메서드와 원하는 방식으로 SQL문을 실행하여 자료를 읽어오고, 그 결과는 rs에 저장된다.

❹ 얻어진 레코드 개수는 rs.recordcount에 저장된다.

❺ 반복문 for문을 이용하면 전체 모든 자료의 정보를 읽어 화면에 출력한다. 여기서 rs.movenext메서드는 다음 레코드로 이동하라는 명령이다. 이밖에도 recordset에서 사용할 수 있는 메서드는 다음과 같다.

Method	설 명
AddNew	새로운 빈 레코드를 추가하는 기능
Bof	처음 레코드 위로 이동시 True값이 되는 속성
Close	RecordSet을 닫는 기능
Delete	현재 레코드를 삭제하는 기능
Edit	레코드를 편집할 수 있도록 설정하는 기능
Eof	끝 레코드 다음으로 이동시 True값이 되는 속성
FindFirst 조건	지정된 조건의 자료를 앞에서부터 만족하는 첫자료를 찾는 기능
FindLast 조건	지정된 조건의 자료를 끝에서 부터 만족하는 첫자료를 찾는 기능
FindNext 조건	지정된 조건의 자료를 현재위치에서 아래로 찾는 기능
FindPrevious 조건	지정된 조건의 자료를 현재위치에서 위로 찾는 기능
MoveFirst	첫 레코드로 이동하는 기능
MoveLast	마지막 레코드로 이동하는 기능
MoveNext	다음 레코드로 이동하는 기능
MovePrevious	이전 레코드로 이동하는 기능
RecordCount	전체 레코드 개수
Update	변경된 내용을 레코드로 저장하는 기능

Recordset에 대한 메서드

❻ 학생들의 성적을 출력하는 프로그램은 아래 그림과 같이 한 줄의 학생 자료를 학생 수만큼 반복적으로 출력시키는 부분이 되며,

곽규만	82	83	89	254	84.7

학생 수만큼 반복출력

```
<tr bgcolor="lightyellow">
  <td>김길동</td>
  <td align="right">90</td>
  <td align="right">90</td>
  <td align="right">90</td>
  <td align="right">270</td>
  <td align="right">90.0</td>
</tr>
```

sj 테이블에서 자료를 읽어, 학생 수만큼 출력하는 프로그램을 작성하면 다음과 같이
될 것이다.

```
<%
  set rs=server.createobject("ADODB.recordset")
  q="select * from sj order by name;"
  rs.open q, cnn, 3, 3
  count=rs.recordcount
  for i=1 to count
    avg=formatnumber(rs("avg"),1)
%>
  <tr bgcolor="lightyellow">
    <td width="100"><%=rs("name") %></td>
    <td width="50" align="right"><%=rs("kor") %></td>
    <td width="50" align="right"><%=rs("eng") %></td>
    <td width="50" align="right"><%=rs("mat") %></td>
    <td width="50" align="right"><%=rs("hap") %></td>
    <td width="50" align="right"><%=avg %></td>
  </tr>
<%
      rs.movenext
  next
```

여기서 "select * from sj order by name;"은 sj 테이블의 모든 자료를 읽어 이름순
으로 출력시키는 SQL문이다.

④ rs("필드이름" 혹은 배열첨자번호) : 자료를 추출할 Select문이 다음과 같을 때,

```
            0    1
select name, hap from sj;
```

recordset에 저장된 자료는 rs 배열에 저장된다. 이때 저장된 필드의 값을 알아내는 방법은 다음과 같이 2가지 방법이 있다.

1) **필드이름을 이용하는 방법** : rs("필드이름")
   예〉 rs("name"), rs("hap")

2) **배열첨자를 이용하는 방법** : rs(0), rs(1)
   예〉 rs(0) ➡ name,   rs(1) ➡ hap

⑤ **평균** : 평균은 실수 값으로 소수점 첫 번째 자리까지 표시를 해보자. 이 처리는 ASP 의 formatnumber함수를 이용하면 쉽게 처리할 수 있다. 다음 프로그램은 rs("avg") 값을 소수점 첫 번째 자리까지의 문자열로 변환하라는 의미이다.

```
avg = formatnumber(rs("avg"),1)
```

[ASP] FormatNumber(값,소숫점이하자리) 함수

3자리마다 콤마를 삽입하고 지정한 소수점이하자리에서 반올림한 문자열로 변환하는 함수. 만약 정수값에 소수점이하자리를 0으로 지정하면 3자리마다 콤마를 삽입한 문자열로 변환한다.

예〉 FormatNumber(1234.56)   ➡ 1,234.67
    FormatNumber(1234.56,1)   ➡ 1,234.7
    FormatNumber(1234,0)   ➡ 1,234

---

⑥ **select문** : select문은 자료의 정렬방식, 조건 등을 지정하여 원하는 자료를 추출하는 SQL문으로서 기본 문법은 다음과 같다.

[SQL] Select 문의 기본구조

select 필드이름1, 필드이름2,…
from 테이블이름들
where 논리, 관계연산자를 이용한 조건식
order by 정렬할 필드이름들 asc(오름차순) 혹은 desc(내림차순)
group by 필드이름들
having 그룹에 대한 조건식;

SQL문은 여러 줄에 걸쳐 쓸 수 있으며, C언어처럼 맨 끝에 세미콜론(;)을 이용하여 문장이 끝났음을 표시한다. Select문의 from, where, order by, group by, having 과 같은 관계절들은 상황에 따라 생략할 수 있으며, 이외에도 다양한 관계절(into, join on, limit …)등이 있다.

예제 1 "나의 이름은 ???입니다." 형식으로 자료를 표시하여라.
☞ select '나의 이름은 ' + name + '입니다.' from sj;

예제 2 sj 테이블의 이름, 총점, 평균을 표시하여라.
☞ select name, hap, avg from sj;

모든 자료를 대상으로 하는 경우는 where조건을 사용하지 않으며, select 다음에 원하는 필드이름을 콤마로 구분하여 나열하면 된다. 정확한 필드이름은 **테이블이름.필드이름** 형식으로서, name필드인 경우 **sj.name**이다. 그러나 필드이름이 유일하거나 테이블이 하나인 경우는 테이블 이름을 생략할 수 있어, name이라고 해도 무방하다. 필드이름을 * 로 지정하는 경우는 테이블의 모든 필드를 의미한다.

예제 3 sj 테이블의 이름, 총점, 평균만을 이름으로 오름차순 정렬하여 표시하여라.
☞ select name, hap, avg from sj <u>order by name</u>;
     select name, hap, avg from sj <u>order by name asc</u>;

정렬(Sort)을 지정하는 경우는 order by절을 이용한다. 오름차순인 경우는 asc (ascending), 내림차순 정렬인 경우는 desc(descending)를 붙이며, 생략한 경우는 asc로 지정된다. 1차 정렬 후, 다시 2차, 3차 재정렬을 하는 복합정렬인 경우는 order by에 계속해서 필드이름을 콤마로 구분하여 나열하면 된다.

예제 4 sj 테이블의 이름, 총점, 평균을 평균으로 내림차순 정렬하고, 평균이 같으면 총점으로 오름차순 정렬하여 표시하여라.

☞ select name, hap, avg from sj <u>order by avg desc, hap</u>;

전체자료가 아닌 자료 일부를 추출하는 경우는 where절의 조건식을 이용하면 된다. 조건식은 관계연산자(=, >, >=, <, <=, <>, !=), 논리연산자(and, or, not), 그 밖의 like, between, is null과 같은 연산자들을 이용하여 **"필드이름 연산자 값"**과 같은 형식으로 지정하면 된다. 복합조건인 경우는 and, or, not, 그리고 괄호를 이용하여 표시하면 된다.

SQL문에서 문자열을 표시할 때는 따옴표가 아닌 작은따옴표(')를 이용하여 표시해야 하며, 날짜 자료형은 문자열처럼 취급하여 지정해야 한다. 그리고 자료 중에 특정 문자가 포함되어있는 자료를 찾을 때는 Wild문자 **%**를 이용하여 **필드이름 like '%값%'**와 같은 형식으로 조건을 지정해야 한다.

1) "홍"자로 시작하는 이름을 찾는 경우 : name like '홍%'
2) 이름 끝 자가 "홍"자인 경우   : name like '%홍'
3) 이름 중에 "홍"자가 있는 경우   : name like '%홍%'

예제 5 sj 테이블에서 평균이 90점 이상인 자료를 표시하여라.

☞ select * from sj <u>where avg >= 90</u>;

예제 6 sj 테이블에서 평균이 70점이상 90점 이하인 자료를 표시하여라.

☞ select * from sj <u>where avg between '70' and '90'</u>;

예제 7 이름이 "홍길동"인 자료의 모든 필드를 표시하여라(문자인 경우).

☞ select * from sj <u>where name='홍길동'</u>;

예제 8 이름이 "홍" 씨로 시작하는 자료들의 모든 필드를 표시하여라.
(글자 일부가 들어가 있는 자료를 추출하는 경우)

☞ select * from sj <u>where name like '홍%'</u>;

예제 9 이름이 "홍" 씨이면서 평균이 90점 이상인 자료를 총점 내림차순으로 모든 필드를 표시하여라(복합조건인 경우).

☞ select * from sj <u>where name like '홍%' and avg>=90</u>
   order by hap desc;

그밖에 관계가 맺어진 2개 이상의 테이블에서 원하는 정보를 추출하는 방법, 윈도우 내의 컨트롤과 SQL문을 연결하는 방법 등 select문 사용법이 더 있지만, 이 내용은 관련 예제가 나올 때 다시 설명하도록 하겠다.

STEP ◉

① **DB연결 프로그램 common.asp 작성** : 새 파일 "🗋"에서 "보통 문서"를 선택한 후, 아래와 같은 프로그램을 작성한다.

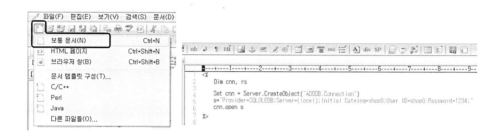

```
<%
  Dim cnn, rs
  Set cnn = Server.CreateObject("ADODB.Connection")
  s="Provider=SQLOLEDB;Server=(local);Initial Catalog=shop0;User ID=shop0;
Password=1234;"      ' 한 줄에 입력
  cnn.open s
%>
```

만약 다른 데이터베이스 이름, 계정ID, 암호를 이용했다면, 독자가 사용한 이름을 이용해야 한다. Window Server인 경우에는 (local)대신에 도메인이름이나 IP주소를 지정하면 된다.

② **sj 폴더에 저장** : sj 폴더에 "common.asp"라는 이름으로 저장한다.

③ **sj_list.html➜sj_list.asp로 저장** : sj_list.html을 더블클릭하여 읽은 후, [파일]➜[새 이름으로]메뉴를 이용하여 sj_list.asp로 파일이름을 변경하여 저장한다.

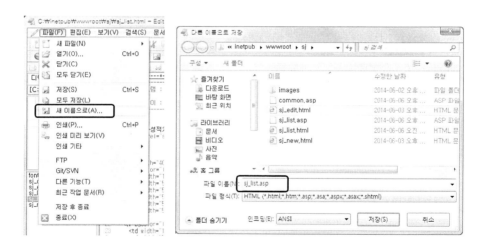

④ **프로그램 수정** : 프로그램을 다음과 같이 수정한다.

```
<!-- #include virtual="common.asp" -->

<html>
<head>
  <title>성적처리 프로그램</title>
  <link rel="stylesheet" href="font.css">
</head>
...
    <td width="50"  align="center">총점</td>
    <td width="50"  align="center">평균</td>
  </tr>
<%
  set rs=server.createobject("ADODB.recordset")
  q="select * from sj order by name;"
  rs.open q, cnn, 3, 3
  count=rs.recordcount
  for i=1 to count
    avg=formatnumber(rs("avg"),1)
%>
```

```
      <tr bgcolor="lightyellow">
        <td width="100"><%=rs("name") %></td>
        <td width="50" align="right"><%=rs("kor") %></td>
        <td width="50" align="right"><%=rs("eng") %></td>
        <td width="50" align="right"><%=rs("mat") %></td>
        <td width="50" align="right"><%=rs("hap") %></td>
        <td width="50" align="right"><%=avg %></td>
      </tr>
    <%
        rs.movenext
      next
    %>
    </table>
    </body>
    </html>
```

⑤ **실행 및 결과확인** : 웹브라우저의 주소란에 다음 주소를 입력하여 결과를 확인한다.

http://127.0.0.1/sj/sj_list.asp

9.2.3 성적 추가

실습목적

아래 그림과 같이 목록 상단우측에 "입력"을 클릭하면 새로운 자료를 등록할 수 있는 프로그램을 작성하여라.

입력

이름	국어	영어	수학	총점	평균
강인기	90	87	95	272	90.7
곽규만	82	83	89	254	84.7

수정된 sj_list.asp

이름	
국어	
영어	
수학	
총점	
평균	

[등록] [이전화면으로]

sj_new.html

실습이론

① **자료추가 파일구조** : 새로운 자료를 추가하는 프로그램의 구성은 다음과 같다.

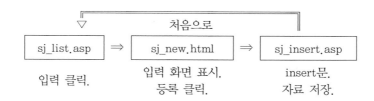

```
            ▽        처음으로
  sj_list.asp  ⇒  sj_new.html  ⇒  sj_insert.asp

  입력 클릭.      입력 화면 표시.      insert문.
                  등록 클릭.          자료 저장.
```

sj_list.asp에서 입력버튼을 클릭하면 새로운 자료를 입력할 수 있는 화면이 표시된다. sj_new.html에서 자료를 입력하고 등록버튼을 클릭하면, sj_insert.asp 프로그램을 호출한다. 입력한 자료는 insert문을 이용하여 sj테이블에 저장을 한 후, 다시 sj_list.asp문서로 돌아간다.

② **insert문** : insert문은 새로운 자료를 테이블에 추가하는 경우 사용하는 SQL문이며, 문법은 다음과 같다.

[SQL] insert문

insert into 테이블이름 (필드이름 1, 필드이름 2, …) values (값 1, 값 2, …);

예제 〉 **이름 박길동, 남자 0, 생일 2000-01-01 인 자료를 추가하여라.**
☞ insert into member (name, sex, birthday)
    values ('박길동', 0, '2000-01-01');

insert문을 사용할 때 주의할 점은 다음과 같다.

1) 모든 필드가 아닌 필드의 일부분만 이용하여 새 자료를 추가하는 경우, Null이 No로 지정한 필드는 반드시 값이 있어야 한다.
2) insert문에 사용한 필드이름들과 값들은 1대1로 대응하므로, 그 개수와 자료형은 반드시 같아야 한다.
3) 만약 필드이름을 모두 생략하는 경우는 테이블내의 필드개수만큼 values에 값들이 지정되어야 한다.
4) 필드의 자료형이 문자와 날짜인 경우는 반드시 값 양쪽에 작은따옴표(')를 붙여야 한다.

① **sj_list.asp에 입력 html 추가** : sj_list.asp에 A tag를 이용하여 sj_new.html 웹문서를 연결할 html 소스를 추가한다.

```
7  <html>
8  <head>
9      <title>성적처리 프로그램</title>
10     <link rel="stylesheet" href="font.css">
11 </head>
12 <body>
```

수학	총점	평균
95	272	90.7
89	254	84.7

입력 →

```
13 <table width="400" border="0">
14   <tr>
15     <td align="right">
16       <a href="sj_new.html">입력</a>
17     </td>
18   </tr>
19 </table>
20
22 <table width="400" border="1" cellpadding="2" style="border-collapse:collapse">
23   <tr bgcolor="lightblue">
24     <td width="100" align="center">이름</td>
25     <td width="50" align="center">국어</td>
26     <td width="50" align="center">영어</td>
27     <td width="50" align="center">수학</td>
28     <td width="50" align="center">총점</td>
29     <td width="50" align="center">평균</td>
30   </tr>
```

```
...
<body>
<table width="400" border="0">
  <tr>
    <td align="right">
      <a href="sj_new.html">입력</a>
    </td>
  </tr>
</table>
<table width="400" border="1" cellbappding="1" cellspacing="0">
  <tr bgcolor="lightblue">
    <td align="center">이름</td>
    <td align="center">국어</td>
...
```

"입력"을 클릭했을 때 sj_new.html 문서로 이동하도록 하는 A tag html이다.

② **sj_new.html에 form tag 추가** : "등록"버튼을 클릭했을 때, 입력한 정보를 저장하는 sj_insert.asp를 호출할 수 있도록 Form tag의 Action 내용을 수정한다.

```
16      form1.avg.value=(form1.hap.value/3.).toFixed(1);
17  }
18  </script>
19
20  <body>
21
22  <form name="form1" method="post" action="sj_insert.asp">
23
24  <table width="300" border="1" cellpadding="2" bgcolor="lightyellow" style="border-collapse:collapse">
25    <tr>
26      <td width="100" align="center" bgcolor="lightblue">이름</td>
27      <td width="200">
28        <input type="text" name="name" size="20" value="">
29      </td>
30    </tr>
31    <tr>
32      <td width="100" align="center" bgcolor="lightblue">국어</td>
33      <td width="200">
34        <input type="text" name="kor" size="6" value="">
                                              ...arry style="border:0;background-color...
        </td
50    </tr>
51  </table>
52  <br>
53  <table width="300" border="0">
54    <tr>
55      <td align="center">
56        <input type="submit" value="등록">  
57        <input type="button" value="이전화면으로" onclick="javascript:history.back();">
58      </td>
59    </tr>
70  </table>
71
72  </form>
73
74  </body>
75  </html>
```

347

```
...
</script>
<body>
<form name="form1" method="post" action="sj_insert.asp">
<table width="300" border="1">
  <tr>
    <td bgcolor="lightblue" align="center">이름</td>
      <td align="center">
        <input type="text" name="name" value="">
      </td>
...
      <input type="submit" value="등록">
      <input type="button" value="취소"
          onClick="javascript:history.back();">
    </td>
  </tr>
</table>
</form>
</body>
</html>
```

등록버튼을 클릭했을 때 sj_insert.asp 웹문서를 실행하기 위해서는 Form tag의 action에 실행할 문서이름을 반드시 지정해야 한다. 그리고 입력한 성적 정보는 input tag의 이름인 name, kor, eng, mat, hap, avg 변수에 저장된다.

③ **sj_insert.asp 작성** : 새문서 "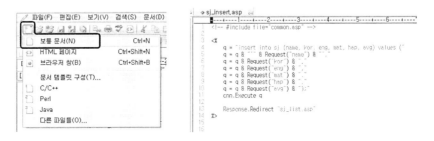"의 "보통문서"를 클릭하여 다음과 같은 프로그램을 작성한다.

```
<!-- #include virtual="common.asp" -->

q="insert into sj (name, kor, eng, mat, hap, avg) values ("
q = q & "'" & request("name") & "',"
q = q & request("kor") & ","
q = q & request("eng") & ","
q = q & request("mat") & ","
q = q & request("hap") & ","
q = q & request("avg") & ");"
cnn.execute q

response.redirect "sj_list.asp"
%>
```

select문과는 달리 insert, update, delete와 같은 실행 SQL문은 cnn의 execute 메서드를 이용하여 실행시킬 수 있다. 따라서 sj_new.html의 input tag의 변수 name, kor, eng, mat, hap, avg에 저장된 값과 insert SQL문을 이용하여 저장할 수 있다. 그리고 name은 문자형 자료이므로, name 양쪽에 작은따옴표(')를 붙여 문자임을 표시해야 한다.

④ **sj_insert.asp 이름으로 저장** : [파일] ➔ [새 이름으로]메뉴를 이용하여 sj_insert.asp 라는 이름으로 저장한다.

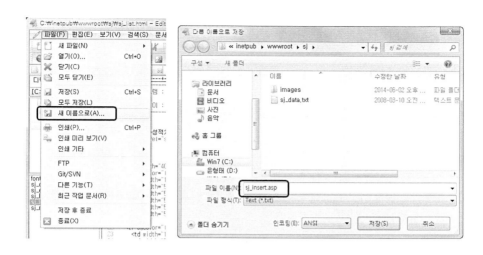

349

⑤ **실행 및 결과 확인** : 실행하여 결과를 확인한다.

이름	국어	영어	수학	총점	평균
1번	100	100	100	300	100.0
강인기	90	87	95	272	90.7
곽규만	82	83	89	254	84.7
구교민	82	83	95	260	86.7
구본영	93	85	95	273	91.0
김경민	85	85	91	261	87.0

9.2.4 성적 삭제

🔘 **실습목적**

이번 실습은 아래 그림과 같이 성적목록에 삭제라는 칼럼을 삽입한다. 그리고 이 삭제를 클릭하면 "삭제할까요 ?"라는 메시지상자가 열려, 해당 자료를 삭제할 수 있는 프로그램을 작성하여라.

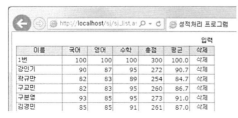

삭제가 추가된 sj_list.asp

ⓒ 실습이론

① **자료삭제 파일 및 처리** : 기존의 자료를 삭제하는 프로그램의 구성은 다음과 같다.

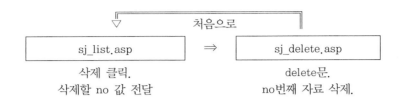

sj_list.asp에서 삭제할 사람의 삭제를 클릭하면, 아래와 같이 A tag형식을 이용하여 선택한 사람의 no 필드값을 sj_delete.asp에 전달한다.

〈a href="sj_delete.asp**?no=값**"〉삭제〈/a〉

sj_delete.asp 프로그램에서는 no번째 자료를 delete SQL문을 이용하여 삭제를 한 후, 다시 sj_list.asp문서로 돌아간다.

② **delete 문** : delete문은 기존에 있는 특정 레코드나 전체 레코드를 삭제할 때 사용하는 SQL문이며, 문법은 다음과 같다. delete문을 사용할 때 where조건절을 포함하지 않으면, 모든 레코드가 삭제된다.

[SQL] delete 문

delete from 테이블이름 where 조건식;

예제 1〉 이름이 "박길동"인 자료를 삭제하여라.
    ☞ delete from sj where name='박길동';

예제 2〉 sj 테이블의 모든 자료를 삭제하여라.
    ☞ delete from sj;

STEP ⓒ

① **sj_list.asp에 삭제 html 추가** : sj_list.asp에 A tag와 javascript를 이용하여 삭제처리를 할 수 있는 html 소스를 추가한다.

```
22 <table width="400" border="1" cellpadding="2" style="border-collapse:collapse">
23   <tr bgcolor="lightblue">
24     <td width="100" align="center">이름</td>
25     <td width="50" align="center">국어</td>
26     <td width="50" align="center">영어</td>
27     <td width="50" align="center">수학</td>
28     <td width="50" align="center">총점</td>
29     <td width="50" align="center">평균</td>
30     <td width="50" align="center">삭제</td>
31   </tr>
32
33 <%
34     Set rs=Server.CreateObject("ADODB.RecordSet")
35     query="select * from sj order by name;"
36     rs.open query,cnn,3,3
37     count=rs.RecordCount
38     For i=1 To count
39         avg=Formatnumber(rs("avg"),1)
40 %>
41   <tr bgcolor="lightyellow">
42     <td width="100"><%=rs("name") %></td>
43     <td width="50" align="right"><%=rs("kor") %></td>
44     <td width="50" align="right"><%=rs("eng") %></td>
45     <td width="50" align="right"><%=rs("mat") %></td>
46     <td width="50" align="right"><%=rs("hap") %></td>
47     <td width="50" align="right"><%=avg %></td>
48     <td align="center">
49         <a href="sj_delete.asp?no=<%=rs("no") %>"
50            onClick="javascript:return confirm('삭제할까요 ?');">
51         삭제
52         </a>
53     </td>
54   </tr>
55 <%
56         rs.movenext
57     Next
58 %>
59 </table>
```

입력 / 평균 / 삭제 / 100.0 삭제 / 90.? 삭제

```
...
    <td width="50" align="center">총점</td>
    <td width="50" align="center">평균</td>
    <td width="50" align="center">삭제</td>
  </tr>
<%
...
        <td width="100">  $row[eng]</td>
        <td width="100">  $row[mat]</td>
        <td width="100">  $row[hap]</td>
        <td align='right'>$avg  </td>
        <td align="center">
          <a href="sj_delete.asp?no=<%=rs("no") %>"
            onClick="javascript:return confirm('삭제할까요 ?');">
          삭제
          </a>
        </td>
      </tr>");
  }
%>
...
```

confirm함수는 "예, 아니오"를 묻는 메시지박스를 보여주는 Javascript함수이다. 따라서 A tag의 click이벤트에 이 함수의 리턴값을 이용하면 "예"를 선택했을 때만 삭제하는 처리를 쉽게 할 수 있다.

[JavaScript] confirm("메시지") 함수

확인, 취소 버튼이 있는 메시지상자를 보여주는 함수로서, 확인을 선택하면 true, 취소를 선택하면 false를 돌려준다.

---

② **sj_delete.asp 작성** : sj_insert.asp를 더블클릭하여 읽는다. 그리고 아래와 같이 프로그램을 수정한다.

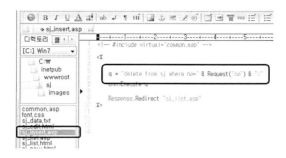

```
<!— #include virtual="common.asp" —>
<%
  q="delete from sj where no=" & request("no") & ";"
  cnn.execute q

  response.redirect "sj_list.asp"
%>
```

sj_delete.asp 프로그램은 SQL문만 빼고는 sj_insert.asp와 동일한 프로그램이다. 따라서 다시 프로그램을 입력하는 것보다는 기존의 프로그램을 이용하여 작성하는 것이 편리하다.

③ **sj_delete.asp 로 저장** : [파일] ➔[새 이름으로] 메뉴를 이용하여 sj_delete.asp라는 새 이름으로 저장한다.

④ **실행 및 결과 확인** : 실행하여 결과를 확인한다.

9.2.5 성적 수정

○ **실습목적**

아래 그림과 같이 이름을 클릭하면 해당 자료를 수정할 수 있는 프로그램을 작성하여라.

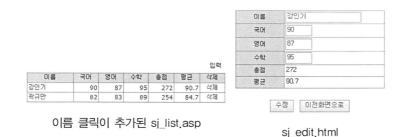

이름 클릭이 추가된 sj_list.asp

sj_edit.html

○ **실습이론**

① **처리순서** : 성적자료를 수정하는 프로그램의 처리 순서는 다음과 같다.

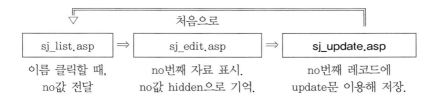

sj_list.asp에서 수정할 사람의 이름을 클릭하면, 선택한 사람의 no 필드 값을 다음 웹문서에 전달해야 한다. 이 처리는 아래와 같이 A tag형식을 이용하여 몇 번째 자료인지에 대한 no 정보를 sj_edit.asp에 전달하면 된다..

⟨a href="sj_edit.asp?no=**값**"⟩홍길동⟨/a⟩

sj_edit.asp에서는 이 no값을 이용하여 해당 사람의 성적자료를 읽어 수정할 수 있도록 화면으로 표시한다.

2 **no값 문서에 기록** : 이 no값은 다음 sj_update.asp에서 update SQL문을 이용하여 수정된 자료를 저장 처리할 때 반드시 필요한 값이므로, 다음과 같은 html을 이용하여 sj_edit.asp에 hidden으로 기록해야 한다.

⟨input type="hidden" name="**no**" value="**⟨%=no %⟩**"⟩

자료를 수정하고, 수정버튼을 클릭하면, sj_update.asp 프로그램을 호출하여 수정한 자료를 sj테이블에 저장을 한 후, 다시 sj_list.asp문서로 돌아간다.

3 **update SQL문** : 이 SQL문은 기존에 있는 특정 레코드의 자료를 수정하거나 전체 자료의 값을 일괄적으로 수정할 때 사용하는 SQL문이며, 문법은 다음과 같다.

[SQL] update 문

update   테이블이름 set 필드1=값1, 필드2=값2, … where 조건식;

예제 1〉 이름이 "박길동"인 자료의 우편번호와 주소를 44444, 수원으로 변경하여라.
☞ update member set zip='44444', address='수원' where name='박길동';

예제 2〉 모든 자료의 성별을 여자로 변경하여라.
☞ update member set sex=1;

---

update문을 사용할 때 주의할 점은 where 조건절을 포함하지 않으면, 모든 레코드에 적용되므로 원하지 않는 자료도 변경이 된다는 점이다.

① **sj_list.asp에서 이름에 A tag html 추가** : 학생의 이름을 클릭하는 경우, 학생의 성적을 보여주는 sj_edit.asp를 호출하는 A tag 소스를 추가한다.

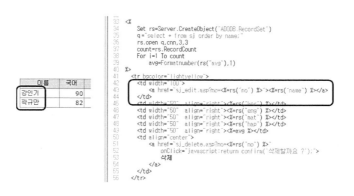

```
…
count=rs.recordcount
for i=1 to count
    avg=Formatnumber(rs("avg"),1)
%〉
  〈tr bgcolor="lightyellow"〉
    〈td width="100"〉
      〈a href="sj_edit.asp?no=<%=rs("no") %〉">〈%=rs("name") %〉〈/a〉
    〈/td〉
    〈td width="50"  align="right"〉〈%=rs("kor") %〉〈/td〉
    〈td width="50"  align="right"〉〈%=rs("eng") %〉〈/td〉
    〈td width="50"  align="right"〉〈%=rs("mat") %〉〈/td〉
…
```

이런 수정 프로그램을 만들 때 주의할 점은 어떤 학생의 성적을 수정할 것인지를 다음 문서인 sj_edit.asp에 알려줘야 한다는 점이다. 이 처리는 A tag에서 "sj_edit.asp?no=번호"와 같은 형식을 이용하면 쉽게 처리 할 수 있다.

② **sj_edit.html을 sj_edit.asp로 저장** : sj_edit.html을 더블클릭하여 읽는다. [파일] ➜ [새 이름으로] 메뉴를 이용하여 sj_edit.asp라는 이름으로 저장한다.

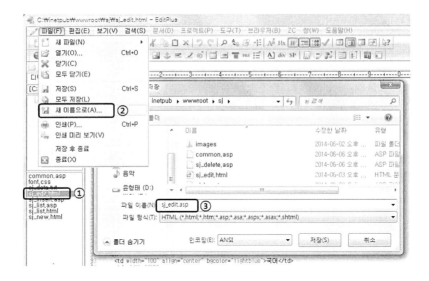

③ **sj_edit.asp 수정** : sj_edit.asp를 다음과 같이 수정한다.

```asp
<!-- #include virtual="common.asp" -->

<html>
<head>
<title>성적처리 프로그램</title>
...
<body>

<%
  no=request("no")
  set rs=Server.CreateObject("ADODB.RecordSet")
  q="select * from sj where no=" & no
  rs.open q, cnn, 3, 3
%>
<form name="form1" method="post" action="sj_update.asp">
<input type="hidden" name="no" value="<%=no %>">
<table width="300" border="1" cellspacing="0" bgcolor="lightyellow">
  <tr>
    <td width="100" align="center" bgcolor="lightblue">이름</td>
    <td width="200">
      <input type="text" name="name" size="20"
          value="<%=rs("name") %>">
    </td>
...
    <input type="text" name="kor" size="6" value="<%=rs("kor") %>"
        onChange="javascript:cal_jumsu();">
...
    <input type="text" name="eng" size="6" value="<%=rs("eng") %>"
        onChange="javascript:cal_jumsu();">
...
    <input type="text" name="mat" size="6" value="<%=rs("mat") %>"
        onChange="javascript:cal_jumsu();">
...
    <input type="text" name="hap" size="6" value="<%=rs("hap") %>"
        readonly style="border:0;background-color:#ffffe0">
...
    <input type="text" name="avg" size="6" value="<%=rs("avg") %>"
```

```
        readonly style="border:0;background-color:#ffffe0">
    </td>
  </tr>
</table>
</form>
...
```

위의 프로그램은 select문을 이용하여 no번째 성적자료를 읽어 input tag의 값을 초기화
시키는 프로그램이다. 이 프로그램에서 주의있게 보아야 할 부분은 no값을 sj_update.asp
에서 이용해야 하므로, input type을 hidden으로 하여 문서에 기억시킨 점이다.

④ **sj_update.asp 작성** : sj_delete.asp를 더블클릭하여 읽는다. 그리고 다음과 같이
수정한다.

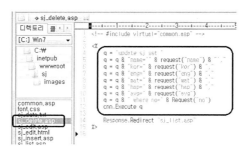

```
<!-- #include virtual="common.asp" -->
<%
  q = "update sj set "
  q = q & "name='" & request("name") & "',"
  q = q & "kor=" & request("kor") & ","
  q = q & "eng=" & request("eng") & ","
  q = q & "mat=" & request("mat") & ","
  q = q & "hap=" & request("hap") & ","
  q = q & "avg=" & request("avg")
  q = q & " where no=" & Request("no")
  cnn.Execute q
  Response.Redirect "sj_list.asp"
%>
```

기존의 sj_delete.php 프로그램을 이용하여 sj_update.php를 작성하면 편리할 것이다. update문을 사용할 때 숫자는 그냥 값을 대입하면 되지만, 문자는 반드시 작은따옴표(')를 이용하여 'name' 형식으로 사용해야 한다. 날짜인 경우 역시 '2008-01-01'과 같은 문자열 형식으로 간주하여 처리하면 된다.

⑤ **sj_update.asp 로 저장** : [파일] ➜ [새 이름으로] 메뉴를 이용하여 sj_update.asp라는 이름으로 저장한다.

⑥ **실행 및 결과 확인** : 실행하여 결과를 확인한다.

9.2.6 이름 검색

실습목적

아래 그림과 같이 이름으로 검색할 수 있는 부분을 추가하여, 이름 전체나 이름 앞부분으로 자료를 검색할 수 있는 프로그램을 작성하여라.

검색기능 추가된 화면

실습이론

① **이름 검색 방법** : 전체 학생의 성적 자료를 추출하는 SQL문은 1)번과 같이 where절

이 없는 select문을 이용하지만, text1에 입력한 이름과 일치하는 자료를 찾는 경우
는 2)번과 같이 where절을 이용해야 한다. 그리고 이름의 일부분만으로 조회를 하려
면 like연산자와 Wild문자 %를 사용하는 3)번을 이용해야 한다.

1) select * from sj;   → 전체 자료
2) select * from sj where name = 'text1';   → text1과 일치하는 자료
3) select * from sj where name like 'text1%';   → text1로 시작하는 자료
   select * from sj where name like '%text1';   → text1로 끝나는 자료
   select * from sj where name like '%text1%';   → text1을 포함하는 자료

sj_list.php

따라서 찾을 이름 입력란 text1에 검색할 값이 없는 경우는 1)번을 이용하고, 검색어
가 있는 경우는 3)번 select문을 이용하도록 sj_lisp.asp에서 아래와 같이 프로그램을
작성해야 한다.

```
if request("text1")<>"" then text1=request("text1") else text1=""
if text1="" then        ' text1에 값이 있는 경우
   q="select * from sj;"
else
   q="select * from sj where name like '" & text1 & "%';"
end if
```

② **찾을 이름 입력란 text1** : 어떤 이름으로 검색한 후에도 text1 입력란에는 그 이름이
계속해서 표시되어야 한다. 이 처리는 아래와 같이 이전 text1의 값이 표시되도록
text1의 value에 text1 값을 지정해야 한다.

```
이름 : <input type="text" name="text1" size="10" value="<%=text1 %>">
```

① **sj_list.asp에 이름 검색용 html 추가** : 검색할 이름을 입력할 수 있는 Form tag와 Input tag html 소스를 추가한다.

```
...
<html>
<head>
    <title>성적처리 프로그램</title>
    <link rel="stylesheet" href="font.css">
</head>
<body>

<table width="400" border="0">
  <form name="form1" method="post" action="sj_list.asp">
  <tr>
    <td>
      이름 : <input type="text" name="text1" size= "10" value="">
      <input type="button" value="검색" onClick="javascript:form1.submit();">
    </td>
    <td align="right"><a href="sj_new.html">입력</a> </td>
  </tr>
  </form>
</table>

<table width="400" border="1" cellpadding="1" cellspacing="0">
...
```

② **프로그램 수정** : 다음과 같이 프로그램을 수정한다.

```
<!-- #include virtual="common.asp" -->
<%
   if request("text1")<>"" then text1=request("text1") else text1=""
%>
<html>
...
<form name="form1" method="post" action="sj_list.asp">
   <tr>
      <td width="400">  이름 :
         <input type="text" name="text1" size="10" value="<%=text1%>">
         <input type="button" value="검색" onClick="javascript:form1.submit();">
      </td>
...
<%
   set rs=server.createobject("adodb.recordset")
   if text1="" then
      q="select * from sj order by name;"
```

```
    else
       q="select * from sj where name like '" & text1 & "%' order by name;"
    end if
    rs.open q, cnn, 3, 3
    count=rs.recordcount
    ...
```

③ **실행 및 결과확인** : 실행하여 결과를 확인한다.

9.2.7 페이지 처리

○ **실습목적**

아래 그림과 같이 성적 목록 화면에서 1 페이지마다 20개의 레코드만 표시되며, 화면 하단에 다른 페이지로 이동할 수 있는 페이지 표시를 할 수 있는 프로그램을 작성하여라.

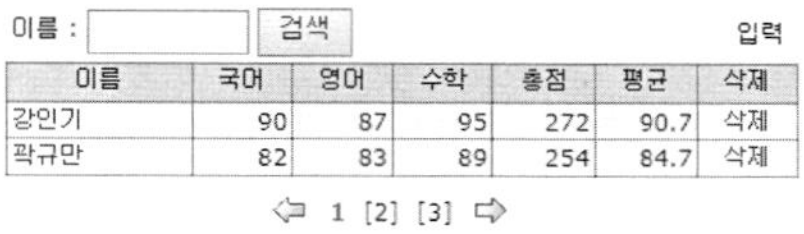

페이지기능이 추가된 화면

○ **실습이론**

1 **환경설정 변수의 전역변수화** : 페이지 처리는 여러 웹문서에서 이용된다. 따라서 페이지 처리에 필요한 변수들을 전역변수로 선언 해두면 나중에 수정 작업할 때 편리할 것이다. 따라서 모든 문서에 포함되는 common.asp에 이런 환경설정 변수를 선언하여 사용하면 전역변수 처리한 효과를 얻을 수 있다. 페이지 처리에서는 다음과 같은 변수를 common.asp에 선언해 사용하도록 하겠다.

   - page_line : 한 화면에 몇 개의 레코드를 표시할 지를 나타내는 변수
   - page_block : 한 블록에 몇 개의 페이지를 표시할 지를 나타내는 변수

2 **ADO Recordset 페이지 관련속성** : ADO Recordset 속성에는 레코드를 컨트롤하는

메서드 이외에 페이지 처리에 도움이 되는 속성이 있다.

속 성	설 명
pagesize	1페이지 당 표시할 수 있는 레코드 개수.
pagecount	전체 레코드에서 pagesize를 기준으로 한 페이지 개수.
absolutepage	현재 레코드위치를 지정한 페이지의 첫 레코드 위치로 이동
absoluteposition	현재 레코드위치를 지정한 레코드 위치로 이동.
bof	첫 번째 레코드 이전으로 이동할 때 True값이 됨.
eof	마지막 레코드 다음으로 이동할 때 True값이 됨.

Recordset에 대한 속성

예를 들어 ADO recordset rs에서 전체 레코드 개수(rs.recordcount)가 65이고, 페이지 당 20(rs.pagesize)개씩 표시하는 경우, 전체 페이지수(rs.pagecount)는 4가 된다. 이 경우 2페이지를 표시하려면(rs.absolutepage=2)라고 지정하면 21번째 레코드로 이동하여 20개의 레코드를 출력하면 된다. 따라서 페이지를 고려한 목록 프로그램은 다음과 같이 작성할 수 있다.

```
...
If Request("page")<>"" Then page=Request("page") else page=1    ' page초기화
...
count=rs.recordcount
rs.pagesize=page_line                         ' 페이지당 라인수 지정
pages = rs.pagecount                          ' 전체 페이지수
If count>0 Then rs.absolutepage = page        ' 현재 페이지로 이동
For i=1 To page_line
   If Not rs.eof and i <= rs.pagesize Then    ' 자료가 있는 경우만 출력
      레코드 출력
         rs.Movenext                          ' 다음 자료로 이동
   End if
Next
...
```

③ **화면하단 페이지 표시** : 페이지의 블록단위 표시 처리는 레코드와 페이지에서의 처리와 유사하다. 10개 페이지를 하나의 블록으로 한다면, 일단 전체 블록수(blocks)를

계산하고 현재 블록의 시작 페이지(page_s)부터 표시할 페이지 수(bloack_page)만큼 페이지 번호를 표시하면 된다. 맨 끝 블록인 경우에는 10개의 페이지보다 적을 수 있으므로 해당 페이지까지만 표시한다. 이때 주의할 점은 for문을 이용하여 현재 페이지를 표시할 때 page값은 문자값이므로 cint()함수를 이용하여 정수로 변환해 i값과 비교해야 한다. 예를 들어 2페이지인 경우 page에는 "2"값이 기억된다. 따라서 cint("2")해서 정수 2로 변환해서 for문의 i값과 비교해야 한다.

```
...
blocks = -(Int(-(pages/page_block)))     ' 전체 블록 수
block  = -(Int(-(page/page_block)))      ' 현재 블록
page_s = page_block * (block-1)     ' 표시해야 할 시작페이지번호
page_e = page_block * block           ' 표시해야 할 마지막 페이지번호
if blocks <= block then page_e = pages
... ... ...
if block > 1 then    ◀ 표시    ' 이전 블록으로
For i=page_s+1 to page_e
  if cint(page) = i then        ' page는 문자값이므로 정수변환 필요
    현재 블록의 현재 페이지 표시
  else
    현재 블록의 나머지 페이지 표시 ( [1] [2] [3]…)
  end if
next

if block < blocks then    ➡ 표시    ' 다음 블록으로
...
```

[ASP] php의 ceil(실수)함수 처리방법

ASP에는 php의 ceil함수와 같은 기능의 함수가 없다. 그러나 다음과 같이 처리하면 ceil함수처럼 가장 가까운 다음 크기의 정수 값을 알아낼 수 있다.

변수 = -(Int(-(실수값)))

예> -(Int(-(4.3)))   ➡ 5   -(Int(-(9.999))) ➡ 10
    -(Int(-(-3.14))) ➡ -3

PHP, ASP 쇼핑몰 실무 따라하기

[ASP] cint(문자열) 함수

숫자로 된 문자열을 정수로 변환하는 함수

예〉 Cint("123") ➡ 123

---

4 **A tag 인수들** : 페이지를 클릭할 때 해당 페이지의 자료가 표시되도록 하려면, A tag 로 sj_list.asp를 다시 호출할 때 검색단어 text1값과 이동할 page번호도 아래와 같 이 함께 넘겨주어야 한다.

> response.write "〈a href='sj_list.asp?page=" & i & "&text1=" & text1
> & "")[" & i & "]〈/a〉"

STEP ⊙

① **common.asp 수정** : "common.asp"를 읽어 다음과 같은 프로그램을 추가한다.

```asp
<%
  Dim cnn, rs
  Set cnn = Server.CreateObject("ADODB.Connection")
  s="Provider=SQLOLEDB;Server=(local);Initial Catalog=shop0;User ID=shop0;Password=1234;"
  cnn.open s

  page_line=20    ' 페이지당 라인수
  page_block=10    ' 블럭당 페이지수
%>
```

② **sj_list.asp 수정** : 다음과 같이 sj_list.asp 프로그램을 수정한다.

```asp
<%
   if Request("text1")<>"" then text1=Request("text1") else text1=""
   if Request("page")<>"" then page=Request("page") else page=1
%>

<html>
...
```

```asp
...
<%
   Set rs=Server.CreateObject("ADODB.RecordSet")
   if text1="" then
      q="select * from sj order by name;"
   else
```

```asp
        q="select * from sj where name like '" & text1 & "%' order by name;"
      End if
      rs.open q,cnn,3,3
      count=rs.RecordCount

      rs.pagesize=page_line
      pages = rs.pagecount                          ' 전체 페이지수
      If count>0 Then rs.absolutepage = page        ' 현재 페이지 설정

      For i=1 To page_line
        If Not rs.eof and i<=rs.pagesize Then
          avg=Formatnumber(rs("avg"),1)
%>
  <tr bgcolor="lightyellow">
    <td width="100">
      <a href="sj_edit.asp?no=<%=rs("no") %>"><%=rs("name") %></a>
    </td>
    <td width="50"   align="right"><%=rs("kor") %></td>
    <td width="50"   align="right"><%=rs("eng") %></td>
    <td width="50"   align="right"><%=rs("mat") %></td>
    <td width="50"   align="right"><%=rs("hap") %></td>
    <td width="50"   align="right"><%=avg %></td>
    <td align="center">
      <a href="sj_delete.asp?no=<%=rs("no") %>"
        onClick="javascript:return confirm('삭제할까요 ?');">
        삭제
      </a>
    </td>
  </tr>
<%
      rs.movenext
    End If
  Next
%>
</table>
...
```

```
76      Next
77  %>
78  </table>

80  <%
81    blocks = -(Int(-(pages/page_block)))   ' 전체 블록수
82    block  = -(Int(-(page/page_block)))    ' 현재 블록
83    page_s = page_block * (block-1)        ' 시  작 페이지
84    page_e = page_block * block            ' 마지막 페이지
85    If blocks <= block then page_e = pages
86  %>
87  <table width='400' border='0' cellspacing='0' cellpadding='0'>
88      <tr>
89          <td  height="20" align="center">
90  <%
91      if block > 1 then      ' <== 이전 블록으로
92          Response.write "<a href='sj_list.asp?page=" & page_s & "&text1=" & text1 & "'><img src='images/i_prev.gif' align='absmiddle' border='0'></a> "
93      End if
94      For i=page_s+1 To page_e     ' 현재 블록의 페이지 [1] 2 [3] ...
95          if CInt(page) = i then
96              Response.write " <font color='red'><b>" & i & "</b></font> "
97          else
98              Response.write " <a href='sj_list.asp?page=" & i & "&text1=" & text1 & "'>[" & i & "]</a> "
99          End if
100     Next
101     if block < blocks then      ' ==> 다음 블록으로
102         Response.write " <a href='sj_list.asp?page=" & page_e+1 & "&text1=" & text1 & "'><img src='images/i_next.gif' align='absmiddle' border='0'></a>"
103     End if
104 %>
105         </td>
106     </tr>
107 </table>

109 </body>
110 </html>
111
```

```
...
    Next
%>
</table>


<%
  blocks = -(Int(-(pages/page_block)))   ' 전체 블록수
  block  = -(Int(-(page/page_block)))    ' 현재 블록
  page_s = page_block * (block-1)        ' 시  작 페이지
  page_e = page_block * block            ' 마지막 페이지
  If blocks <= block then page_e = pages
%>
<table width='400' border='0' cellspacing='0' cellpadding='0'>
  <tr>
    <td  height="20" align="center">
<%
  if block > 1 then    ' 이전 블록으로
    Response.write "<a href='sj_list.asp?page=" & page_s & "&text1=" & text1 & "'><img src='images/i_prev.gif' align='absmiddle' border='0'></a> "
  End if
  For i=page_s+1 To  page_e     ' 현재 블록의 페이지
    if CInt(page) = i then
```

9.2 ASP 성적프로그램

```
          Response.write " <font color=red><b>" & i &
"</b></font> "
     else
          Response.write " <a href='sj_list.asp?page=" & i & "&text1=" &
text1 & "'>[" & i & "]</a> "
     End if
   Next
   if block < blocks then      ' 다음 블록으로
     Response.write " <a href='sj_list.asp?page=" & page_e+1 &
"&text1=" & text1 &"'><img src='images/i_next.gif' align='absmiddle'
border='0'></a>"
   End if
%>
     </td>
   </tr>
</table>
</body>
</html>
```

③ **실행 및 결과확인** : 실행하여 결과를 확인한다.

Chapter 10

ASP 주소록프로그램

10.1.1   프로그램 개요

이번에 만들 프로그램은 앞에서 만든 성적프로그램을 최대한 참고하여 아래 그림과 같은
주소록프로그램을 만들어 보도록 하겠다.

① **주소록프로그램 화면** : 이 프로그램에서는 성적프로그램과 마찬가지로 목록화면에서
    추가, 삭제, 수정을 할 수 있는 화면 전환이 가능하며, 이름 검색기능, 페이지 표시
    기능을 할 수 있다. 다른 점이 있다면 다양한 자료형과 input tag형식을 접할 수 있
    도록 구성한 점이다.

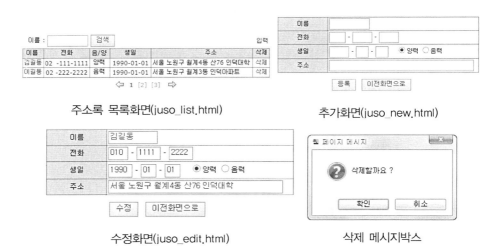

주소록 목록화면(juso_list.html)   추가화면(juso_new.html)

수정화면(juso_edit.html)   삭제 메시지박스

② **파일 구성** : 이 프로그램의 전체 파일 구조는 다음과 같다. 주소록프로그램은 다음
    장부터 시작하는 ASP 고객관리 프로그램의 기본이 되는 프로그램이므로, 잘 이해하
    길 바란다.

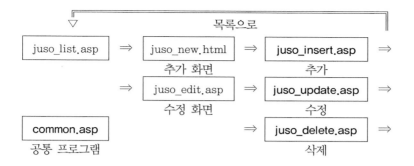

10.1.2 주소록 테이블

⟳ **실습목적**

주소록프로그램을 위한 주소록 테이블 juso를 데이터베이스 shop0에 만들어라. 그리고 juso_data.txt를 Import해라.

⟳ **실습이론**

① **juso 테이블 구조** : 주소록프로그램을 만들기 위하여 제일 먼저 해야 할 작업은 juso 테이블을 데이터베이스 shop0에 만드는 일이다. 주소록 테이블 구조는 아래 표와 같이 비교적 간단한 구조가 되도록 만들었다.

		필드명	자료형	비고
1	번호	no	int	자동 1 증가 옵션, 기본키 🔑
2	이름	name	varchar(20)	
3	전화	tel	varchar(11)	
4	양력/음력	sm	tinyint	양력=0, 음력=1
5	생일	birthday	date	
6	주소	juso	varchar(100)	

1) **no** : 기본키(primary key)로서, 자동으로 1씩 번호가 증가 되도록 테이블을 만들 때 ⟨ID사양⟩의 (ID)옵션을 "예"로 해야 한다.

2) **tel** : 전화 필드인 경우 숫자로 된 자료이지만, 02와 같은 지역번호 때문에 반드시 문자형으로 지정해야 하며, 길이는 "000-0000-0000"형식에서 "-"기호를 뺀 11로 지정했다. 만약 "-"기호까지 저장하려면 길이를 13으로 지정해야 한다.

3) **sm** : 양력/음력 필드는 꼭 필요한 자료는 아니지만, 라디오박스, 콤보박스, 체크 박스와 같은 html 입력 형식을 공부하기 위하여 삽입하였다. 이 필드는 논리형으로 사용하는 bit형이 적합하나, 여러 값 중 하나를 선택하는 경우도 있으므로 가장 작은 정수형인 1바이트 tiny integer로 지정했다. 그리고 양력인 경우는 0, 음력인 경우는 1로 사용하도록 하겠다.

4) **birthday** : 생일은 날짜 자료형 date를 사용하였다.

juso 테이블 만들기

① **SQL Server 2014 Management Studio 실행 및 shop0 로그인** : SQL Server 2014 Management Studio 프로그램을 실행한 후, 데이터베이스 shop0로 로그인한다.

② **새 테이블 만들기** : 아래 그림처럼 [테이블]➔[테이블] 메뉴를 선택한다.

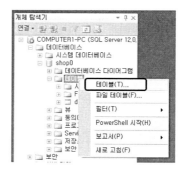

③ **no 필드** : no필드를 입력한다.

	이름	데이터 타입	Null	(ID)
번호	no	int	☐	예

④ **나머지 필드** : name, tel, sm, birthday, juso 필드를 입력한다.

	필드명	자료형	Null 허용	비고
이름	name	varchar(20)	☑	
전화	tel	varchar(11)	☑	
양력/음력	sm	tinyint	☑	양력=0, 음력=1
생일	birthday	date	☑	
주소	juso	varchar(100)	☑	

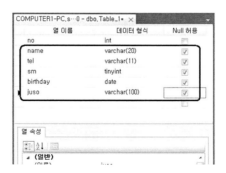

⑤ **기본키 설정** : no필드를 먼저 선택한 후, 아래 그림처럼 🖼 아이콘을 클릭하여 no필드를 기본키가 되도록 한다.

⑥ **테이블 저장** : "저장"아이콘을 클릭하여 "juso"라는 이름으로 테이블을 저장한다.

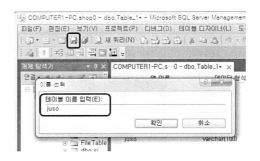

PHP, ASP 쇼핑몰 실무 따라하기

성적 자료 Import 하기

① **외부자료 Import 하기** : "shop0" 데이터베이스의 팝업메뉴에서 [태스크]➜[데이터 가
져오기] 메뉴를 선택한다. 마법사창이 열리면 "다음"버튼을 클릭한다.

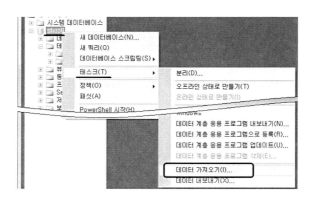

② **데이터 원본 선택** : 〈데이터 원본〉의 ▾를 열어 "플랫 파일 원본"을 선택한다. 그리고
〈파일 이름〉의 "찾아보기"버튼을 클릭한 후, 부록에 있는 "juso_data.txt"파일을 선

택한다. 그리고 마지막으로 〈첫 번째 데이터 행의 열 이름〉의 확인란을 해제(□)한
다. "다음"버튼을 클릭한다.

1	데이터원본	플랫 파일 원본	3	첫 번째 데이터 행의 열이름	□
2	파일이름	juso_data.txt			

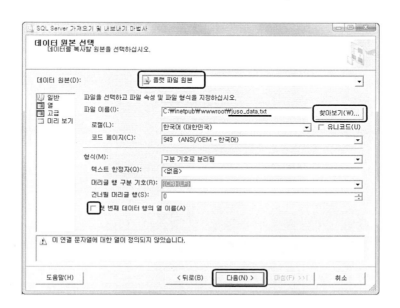

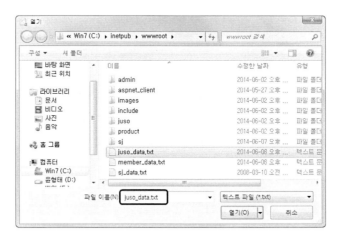

③ **대상 선택** : 〈대상〉에서 "SQL Server Native Client 11.0"을 선택한 다. 〈인증〉에서
"SQL Server 인증 사용"을 선택 한 후, 〈사용자 이름〉에 "shop0", 〈암호〉에 "1234"
를 입력한다. "다음"버튼을 클릭한다.

1	대상	SQL Server Native Client 11.0	3	암호	1234
2	사용자이름	shop0			

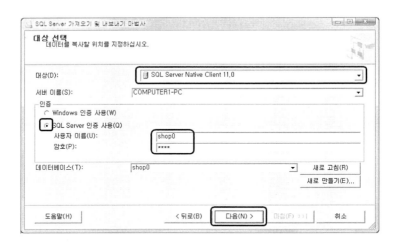

④ **대상 테이블 선택** : 〈테이블 및 뷰〉에서 아래 그림과 같이 〈대상〉 콤보상자에서 "[dbo].[juso]"을 선택한다. 그리고 "매핑 편집"버튼을 클릭한다.

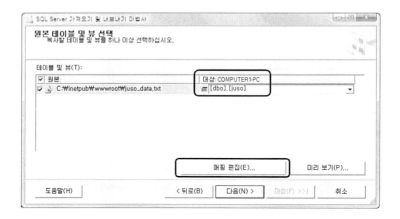

⑤ **열 매핑** : 〈ID 삽입가능〉의 확인란을 체크(☑)한다. 그리고 "확인"버튼을 클릭한다.

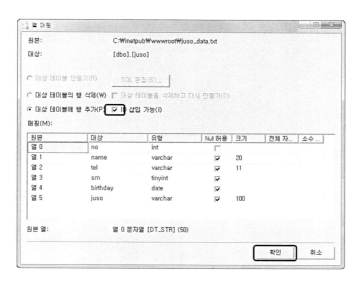

⑥ **실행** : 계속해서 "다음"버튼을 클릭한 후, "닫기"버튼을 클릭하여 작업을 마친다. 경고
표시가 나오지만 무시하고 진행한다.

⑦ **결과 확인** : 테이블 "dbo.juso"에서 [상위 200개 행 편집]메뉴를 선택하여 import된
주소록 자료를 확인한다.

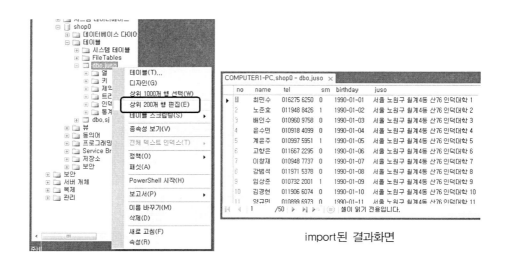

import된 결과화면

10.1.3 주소록 목록

🔄 **실습목적**

juso 테이블에 있는 주소록 자료를 읽어 아래 그림과 같이 주소록을 출력시키는 프로그램
을 만들어 보자.

주소록 목록화면(juso_list.html)

🔄 **실습이론**

① **sj_list.asp 프로그램 참고** : 아래의 성적프로그램 목록화면(sj_list.asp)의 구성을 보
면 알겠지만, 이번에 만들 주소록프로그램과 거의 동일한 구성과 기능을 가지고 있
다. 따라서 프로그램을 처음부터 만드는 것보다는 기존에 만들어진 성적프로그램인
sj_list.asp를 최대한 이용하여 juso_list.asp를 만들면 효율적인 작업이 될 것이다.

성적프로그램의 목록화면

② **양력/음력 표시** : sm 필드는 정수로서, 양력은 0, 음력은 1로 사용하기로 하였다. 만약 rs("sm")을 이용하여 값을 출력한다면, 0과 1로 표시가 될 것이다. 따라서 아래 프로그램과 같이 if문을 이용하여 0일 때는 양력, 1일 때는 음력으로 표시되도록 임시변수 sm을 지정하고 이 변수를 출력하면 될 것이다.

```
if rs("sm")=0 then sm="양력" else sm="음력"
```

③ **전화번호 000-0000-0000 표시** : tel 필드에 저장된 전화번호는 지역(3), 국(4), 번호(4)인 "00000000000" 형식으로 저장되어 있다. 따라서 이 값을 "000-0000-0000" 형식으로 출력하려면, 전화번호에서 지역, 국, 번호에 해당하는 부분 문자열을 추출할수 있어야 한다. 그리고 추출된 문자열들은 문자열 연결연산자(+ 나 &)를 이용하여다시 합치면 된다.

```
tel1=trim(mid(rs("tel"),1,3))        ' 1번 위치에서 3자리 문자열 추출
tel2=trim(mid(rs("tel"),4,4))        ' 4번 위치에서 4자리
tel3=trim(mid(rs("tel"),8,4))        ' 8번 위치에서 4자리
tel=tel1 & "-" & tel2 & "-" & tel3   ' 추출된 문자열 합치기
```

[ASP] mid("문자열",시작위치, 길이)

문자열에서 시작위치로부터 지정된 길이만큼 문자열을 추출하는 함수로서, 시작위치는 0부터 시작한다. 길이를 생략한 경우는 시작위치부터 나머지 모든 문자열을 의미한다.

```
예〉 mid("abcdef", 1)        →  "bcdef"
    mid("abcdef", 1, 3)     →  "bcd"
    mid("abcdef", -2)       →  "ef"
    mid("abcdef", -3, 1)    →  "d"
    mid("abcdef", 0, -1)    →  "abcde"
```

[ASP] 문자연결 연산자 ('&')

2개의 문자열을 합쳐 하나의 문자열로 만들어 주는 연산자.

예1〉 a = "Hello "
　　 b = a & "World!"　　➜　 b = "Hello World!"
예2〉 a = "Hello "
　　 a &= "World!"　　　➜　 b = "Hello World!"

[ASP] trim("문자열")

문자열 앞, 뒤에 있는 빈 문자열을 제거해주는 함수.

예〉 trim(" abc ")　 ➜　 "abc"

STEP 01　common.asp 복사하기

① **주소록용 common.asp 만들기** : 먼저 "sj 폴더의 common.asp"를 읽는다.

② **common.asp로 juso폴더에 원격저장** : [파일] ➜ [새 이름으로] 메뉴를 클릭한다. 그리고 현재 〈저장 위치〉를 반드시 "juso" 폴더로 변경한다. 그리고 "common.asp"라는 같은 이름으로 저장한다.

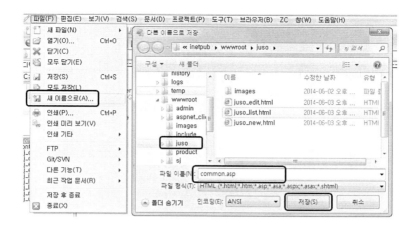

성적프로그램의 common.asp와 주소록프로그램의 common.asp는 똑같은 프로그램
이다. 따라서 새로 작성하는 것보다는 성적프로그램의 common.asp를 복사하여
juso폴더에 저장하는 것이 작업시간을 줄일 수 있다. 앞으로 작업시간 단축을 위하여
이와 같은 작업을 많이 하게 된다. 윈도우 탐색기를 이용하여 복사작업을 하면 더 편
리하다.

STEP 02 juso_list.asp 만들기

① **sj_list.asp 읽기** : sj폴더의 sj_list.asp 프로그램을 읽어 온다.

② **juso_list.html ➜ juso_list.asp로 저장** : juso폴더의 "juso_list.html"을 더블클릭하여
읽는다. 그리고 [파일]➜[새 이름으로] 메뉴를 이용하여 "juso_list.asp"로 저장한다.

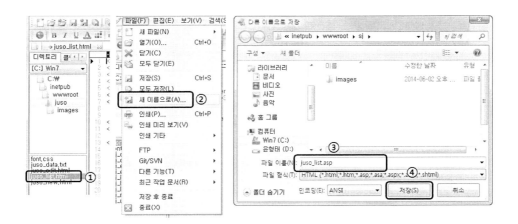

③ **juso_list.asp 수정1** : 먼저 sj_list.asp 탭을 선택한 후, 아래 그림처럼 include 부분
과 ASP소스부분을 "Ctrl+C"를 눌러 복사한다. 그리고 오른쪽 그림과 같이
juso_list.asp탭을 선택한 후, "Ctrl+V"를 눌러 첫 줄에 "붙여넣기"를 한다.

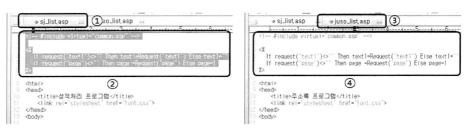

sj_list.asp에서 영역 복사   juso_list.asp에서 붙여넣기

④ **juso_list.asp 수정2** : 과정 ③번과 같이 juso_list.asp 나머지 부분에 대해서 ASP 소
스 프로그램 작업을 한다. 작업할 곳은 다음과 같다.

    1) SQL문에서 테이블이름 수정 : sj ➡ juso
    2) Link 문서이름 : sj_???.asp ➡ juso_???.asp, sj_???.html ➡ juso_???.html
    3) 평균 avg 대신에 음력/양력 sm, 전화 tel에 대한 프로그램 작성.

```
if rs("sm")=0 then sm="양력" else sm="음력"
tel1=trim(mid(rs("tel"),1,3))
tel2=trim(mid(rs("tel"),4,4))
tel3=trim(mid(rs("tel"),8,4))
tel=tel1 & "-" & tel2 & "-" & tel3
```

4) sj테이블의 필드출력부분을 juso테이블의 필드내용으로 수정.

sj_list.asp에서 영역 복사　　　　　　juso_list.asp에서 붙여넣기와 수정

5) 성적 프로그램의 페이지처리 부분을 복사하여 주소록에 맞게 수정.

⑤ **실행 및 결과확인** : 웹브라우저에서 다음 주소를 입력하여 결과를 확인한다.

http://127.0.0.1/juso/juso_list.asp

이름	전화	음/양	생일	주소	삭제
강범석	011-971-5378	양력	1990-01-08	서울 노원구 월계4동 산76 인덕대학 8	삭제
계윤주	010-997-5951	음력	1990-01-05	서울 노원구 월계4동 산76 인덕대학 5	삭제
고명한	011-173-1347	음력	1990-01-26	서울 노원구 월계4동 산76 인덕대학 26	삭제
고윤진	010-390-9565	양력	1990-01-23	서울 노원구 월계4동 산76 인덕대학 23	삭제
고향은	011-667-2295	양력	1990-01-06	서울 노원구 월계4동 산76 인덕대학 6	삭제
권혜미	010-245-7190	양력	1990-02-10	서울 노원구 월계4동 산76 인덕대학 41	삭제
김경현	011-906-6074	양력	1990-01-10	서울 노원구 월계4동 산76 인덕대학 10	삭제
김동우	011-291-4844	양력	1990-01-31	서울 노원구 월계4동 산76 인덕대학 31	삭제
김민석	019-346-0583	양력	1990-02-06	서울 노원구 월계4동 산76 인덕대학 37	삭제
김민식	016-441-4818	양력	1990-02-07	서울 노원구 월계4동 산76 인덕대학 38	삭제
김상현	010-715-4586	양력	1990-01-17	서울 노원구 월계4동 산76 인덕대학 17	삭제
김인곤	010-478-5553	음력	1990-01-14	서울 노원구 월계4동 산76 인덕대학 14	삭제

1 [2] [3]

10.1.4 주소록 추가

⟳ 실습목적

아래 그림과 같이 새 주소록 정보를 추가할 수 있도록 juso_new.asp와 juso_insert.asp

를 작성하여라.

추가화면(juso_new.html)

⟳ 실습이론

1 **자료추가 파일구조** : 새로운 자료를 추가하는 주소록프로그램의 파일구성은 다음과
같다.

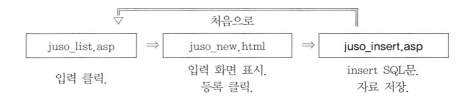

2 **음력/양력** : 양력/음력 입력형식이 라디오버튼으로 되어 있으나, 프로그램 작업은 이
전 작업과 동일하다. 라디오버튼에서 선택한 값은 sm 변수에 저장되므로, 양력을 선
택했으면, rs("sm")은 0이 되며, 음력인 경우는 1이 된다. 따라서 juso_insert.asp에
서 insert SQL문과 sm을 이용하여 프로그램을 처리하면 된다.

⟨input type="radio" name="sm" value="0" checked⟩양력
⟨input type="radio" name="sm" value="1"⟩음력

3 **LFill, RFill 함수** : 전화번호("02 -123 -1234")나 날짜 자료("2014-01-01")를 보면
빈 칸과 0이 있는 것을 알 수 있다. 그런데 ASP에는 "02 "혹은"01"과 같이 빈칸이나
0을 채워주는 전용함수가 없다. 그러나 함수는 지정된 문자를 지정된 회수만큼 반복
시키는 string함수와 문자열 길이를 알아내는 len함수를 이용하면 쉽게 구현할 수 있
다. 예를 들어 문자열"X"를 2자리"0X"로 만드는 경우, string(2-len("X"),"0") & "X"
라고 하면 되고, 4자리"X   "를 만들려면 "X" & string(4-len("X")," ")라고 하면 된
다.

왼　쪽 채우기 : string(전체길이 − len("문자열"), "채울 문자") & 문자열
오른쪽 채우기 : 문자열 & string(전체길이 − len("문자열"), "채울 문자")

이 처리는 전화번호나 날짜자료에 자주 이용하므로, 다음과 같이 LFill, RFill 함수로 만들어 사용하면 편리할 것이다. 따라서 앞의 경우 이 함수를 이용하는 경우, LFill("X",2,"0"), RFill("X",4," ")라고 하면 된다.

```
Function LFill(s, n, c)   ' (문자열, 전체길이, 채울 문자)
    RFill = string(n−len(s), c) & s
End Function


Function RFill(s, n, c)
    RFill = s & string(n−len(s), c)
End Function
```

[ASP] string(반복회수, 문자열)

문자열을 지정된 반복회구만큼 반복되는 문자열을 만드는 함수.

예〉 string(4,"0")　　➡　"0000"
　　 string(3,"ab")　➡　"ababab"

[ASP] len(문자열)

문자열의 길이를 알아 돌려주는 함수

예〉 len("12345")　　➡　5

[ASP] Function문

사용자 함수를 정의하는 문으로서, 리턴 값은 함수 이름으로 돌려준다.

```
Function  함수이름(가인수,…)
   …
   함수이름 = 리턴값
End Function
```

---

④ **전화번호** : juso_list.asp에서는 숫자로만 되어 있던 전화번호사이에 "−"기호를 삽입하는 처리를 했지만, 이번에는 반대로 tel1, tel2, tel3에 각각 있는 지역, 국, 번호들을 지정된 길이 3, 4, 4에 맞추어 하나의 문자열로 만들어야 한다. 이 처리는 연결연

산자 '&'와 string함수를 이용하여 쉽게 처리할 수 있다. string함수는 지정된 숫자만큼 지정된 문자열을 반복하는 문자열을 만드는 함수이다. 예를 들어 string(4,"0")는 "0000" 문자열이 된다. 이것을 이용하면 전화번호에서 빈 공간을 빈 칸으로 채울 수 있다.

```
tel = sting(" ",3-len(tel1)) & tel1 & string(" ",4-len(tel2)) & tel2 &
      string(" ",4-len(tel3)) & tel3
```

사용자함수 LFill을 이용하면 다음과 같이 쓸 수 있다.

```
tel = LFill(tel1,3," ") & LFill(tel2,4," ") & LFill(tel3,4," ")
```

⑤ **생일** : 생일은 date자료형이므로, 각각 분리되어 있는 birthday1, birthday2, birthday3을 "0000-00-00"형식으로 변환해야 한다. 이 처리는 전화번호와 마찬가지로 string함수를 이용하여 간단하게 처리할 수 있다. 숫자 앞의 빈 공간을 0으로 채우는 것만 전화번호와 다를 뿐이다.

```
birthday = string(4-len(birthday1),"0") & birthday1 & "-" &
           string(2-len(birthday2),"0") & birthday2 & "-" &
           string(2-len(birthday3),"0") & birthday3
```

사용자함수 RFill을 이용하면 다음과 같이 쓸 수 있다.

```
birthday = RFill(birthday1,4,"0") & "-" & RFill(birthday2,2,"0") & "-" &
           RFill(birthday3,2,"0")
```

STEP ○

① **LFill, Rfill 함수 정의하기** : "common.asp"를 열어 다음과 같이 LFill함수와 RFill함수를 정의한다.

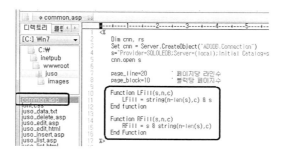

② **juso_new.html의 Form tag link 수정하기** : 등록버튼을 클릭했을 때, 입력한 정보를 저장하는 juso_insert.asp 를 호출할 수 있도록 Form tag의 action 을 수정한다.

```
khtml>
<head>
    <title>주소록 프로그램</title>
    <link rel="stylesheet" href="font.css">
</head>

<body>

<form name="form1" method="post" action="juso_insert.asp">

<table width="500" border="1" cellpadding="2" bgcolor="lightyellow" style="border-collapse:collapse">
    <tr>
    <td width="100" align="center" bgcolor="lightblue">이름</td>
    <td width="400" align="left">
    <input type="text" name="name" size="10" value="">
    </td>
```

③ **sj_insert.asp 읽어 수정** : 성적프로그램의 sj폴더에 있는 sj_insert.asp를 읽는다. 주소록프로그램에 맞게 수정한다.

```
<!-- #include file="common.asp" -->

<%
        tel1=Request("tel1")
        tel2=Request("tel2")
        tel3=Request("tel3")
        tel= RFill(tel1,3," ") & RFill(tel2,4," ") & RFill(tel3,4," ")
        birthday1=Request("birthday1")
        birthday2=Request("birthday2")
        birthday3=Request("birthday3")
        birthday=LFill(birthday1,4,"0") & "-" & LFill(birthday2,2,"0") & "-" & LFill(birthday3,2,"0")

        q = "insert into juso (name, tel, sm, birthday, juso) values ("
        q = q & "'" & Request("name") & "',"
        q = q & "'" & tel & "',"
        q = q & "'" & Request("sm") & "',"
        q = q & "'" & birthday & "',"
        q = q & "'" & Request("juso") & "');"
        cnn.Execute q

        Response.Redirect "juso_list.asp"
%>
```

④ **juso_insert.asp 이름으로 저장** : [파일] ➜ [새 이름으로] 메뉴를 선택한다. 먼저 현재 폴더위치를 "juso" 폴더로 변경한 후, "juso_insert.asp"라는 이름으로 저장한다.

⑤ **실행 및 결과 확인** : 실행하여 결과를 확인한다.

10.1.5 주소록 삭제

◎ **실습목적**

주소록 목록화면에서 삭제를 클릭한 경우, 해당 자료를 삭제할 수 있는 프로그램을 작성하여라.

주소록 목록화면(juso_list.html)

삭제 메시지박스

◎ **실습이론**

① **자료삭제 파일 및 처리** : 기존의 자료를 삭제하는 프로그램의 구성은 다음과 같다.

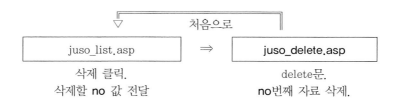

juso_list.asp에서 삭제할 사람의 삭제를 클릭하면, 몇 번째 사람의 자료인지에 대한 no 정보를 juso_delete.asp에 전달한다. 그리고 juso_delete.asp 프로그램에서는 no 번째 자료를 delete SQL문을 이용하여 삭제를 한 후, 다시 juso_list.asp로 돌아간다.

STEP ○

① **juso_delete.asp 작성** : juso_insert.asp를 읽는다. 그리고 delete SQL문을 이용하여 수정한다.

② **juso_delete.asp 이름으로 저장** : [파일]➔[새 이름으로] 메뉴를 선택한 후, "juso_delete.asp"라는 이름으로 저장한다.

③ **실행 및 결과 확인** : 실행하여 결과를 확인한다.

10.1.6 주소록 수정

⟳ **실습목적**

아래 그림과 같이 주소록 목록화면에서 이름을 클릭하면 해당 자료를 수정할 수 있는 프로그램을 작성하여라.

주소록 목록화면(juso_list.html)   수정화면(juso_edit.html)

⟳ **실습이론**

1️⃣ **처리순서** : 기존의 주소록 자료를 수정하는 프로그램의 처리 순서는 다음과 같다.

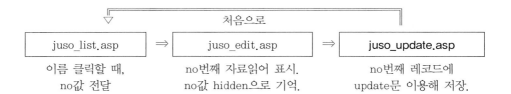

juso_list.asp에서 수정할 사람의 이름을 클릭하면, 몇 번째 사람의 자료인지에 대한 no 정보를 juso_edit.asp에 전달한다. juso_edit.asp에서는 이 no값을 이용하여 해당 사람의 성적자료를 읽어 수정할 수 있도록 처리한다. 그리고 이 no값을 다음 juso_update.asp에서 사용하기 위하여 hidden으로 문서에 저장한다.

⟨input type="hidden" name="no" value="값"⟩

자료를 수정하고, 수정버튼을 클릭하면, juso_update.asp 프로그램을 호출한다. 수정한 자료는 juso테이블에 저장한다. 그리고 다시 juso_list.asp 문서로 돌아간다.

2️⃣ **전화, 생일** : 수정화면에서 전화번호를 각각 분리하여 초기화하려면, 주소록 목록화면에서 마찬가지로 substr함수를 이용하여 쉽게 처리할 수 있다. 또한 "0000-00-00"형

식인 생일도 마찬가지 방법을 이용하면 년, 월, 일을 쉽게 분리할 수 있도 있으며, year, month, day 함수를 이용할 수 있다.

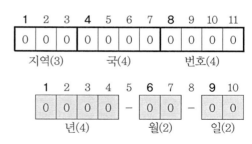

```
tel1=trim(mid(rs("tel"),1,3))
tel2=trim(mid(rs("tel"),4,4))
tel3=trim(mid(rs("tel"),8,4))
birthday1=mid(rs("birthday"),1,4)
birthday2=mid(rs("birthday"),6,2)
birthday3=mid(rs("birthday"),9,2)
    혹은
birthday1=year(rs("birthday"))
birthday2=month(rs("birthday"))
birthday3=day(rs("birthday"))
```

③ **양력/음력** : input type이 radio인 경우, 라디오버튼의 초기값 선택은 해당 버튼의 html에 "checked"를 삽입하면 된다. 따라서 양력/음력 값에 따라 라디오버튼의 초기 값을 선택하려면 아래와 같이 if문을 이용해야 한다.

1) **라디오버튼을 이용하는 경우 :** ● 양력 ○ 음력

```
if rs("sm")=1 then
    response.write "〈input type='radio' name='sm' value='0'〉양력
        〈input type='radio' name='sm' value='1' checked〉음력"
else
    response.write "〈input type='radio' name='sm' value='0' checked〉양력
        〈input type='radio' name='sm' value='1'〉음력"
end if
```

2) **콤보박스를 이용하는 경우 :** [양력 ▼]

```
sm_name=array("양력","음력");      ' 이 줄은 common.asp에 작성.

response.write "〈select name='sm'〉"
For i=0 to 1
  if rs("sm") = i then
    response.write "〈option value='" & i & "' selected〉" & sm_name(i) & "〈/option〉"
  else
    response.write "〈option value='" & i & "'〉" & sm_name(i) & "〈/option〉"
```

```
      End if
   Next
   response.write "</select>"
```

3) **checkbox를 이용하는 경우 :** 음력 : ☑

```
   if rs("sm")=1 Then
      response.write "음력 : <input type='checkbox' name='sm' value='1' checked>"
   else
      response.write "음력 : <input type='checkbox' name='sm' value='1'>"
   End if
```

checkbox를 사용하는 경우, 체크를 한 경우 sm은 1 값을 갖지만, 체크하지 않은 경우는 null이 된다. 따라서 juso_insert.asp나 juso_update.asp에서 insert나 update SQL문을 실행하기 전에 sm에 대하여 다음과 같은 프로그램을 이용하여 sm값을 결정하면 된다.

```
   if rs("sm")=1 then sm=1 else sm=0
```

STEP 01 **juso_edit.asp 만들기**

① **juso_edit.html을 juso_edit.asp로 저장 :** "juso_edit.html"을 더블 클릭하여 읽는다.
그리고 읽은 파일을 [파일]➡[새 이름으로] 메뉴를 이용하여 "juso_edit.asp"로 저장한다.

② **juso_edit.asp 수정** : 성적프로그램의 sj_edit.asp를 참고하면서 juso_edit.asp를 수
정한다.

```asp
● juso_edit.asp

<!-- #include file="common.asp" -->

<html>
<head>
    <title>주소록 프로그램</title>
    <link rel="stylesheet" href="font.css">
</head>
<body>

<%
    no=Request("no")
    Set rs=Server.CreateObject("ADODB.RecordSet")
    q="select * from juso where no=" & no & ";"
    rs.open q,cnn,3,3

    tel1=trim(mid(rs("tel"),1,3))
    tel2=trim(mid(rs("tel"),4,4))
    tel3=trim(mid(rs("tel"),8,4))
    birthday1=mid(rs("birthday"),1,4)
    birthday2=mid(rs("birthday"),6,2)
    birthday3=mid(rs("birthday"),9,2)
%>
```

395

```asp
<input type="hidden" name="no" value="<%=no %>">

<table width="500" border="1" cellpadding="2" bgcolor="lightyellow" style="border-collapse:collapse">
    <tr>
        <td width="100" align="center" bgcolor="lightblue">이름</td>
        <td width="400" align="left">
            <input type="text" name="name" size="10" value="<%=rs("name") %>">
        </td>
    </tr>
    <tr>
        <td width="100" align="center" bgcolor="lightblue">전화</td>
        <td width="400" align="left">
            <input type="text" name="tel1" size="3" maxlength="3" value="<%=tel1 %>"> -
            <input type="text" name="tel2" size="4" maxlength="4" value="<%=tel2 %>"> -
            <input type="text" name="tel3" size="4" maxlength="4" value="<%=tel3 %>">
        </td>
    </tr>
    <tr>
        <td width="100" align="center" bgcolor="lightblue">생일</td>
        <td width="400" align="left">
            <input type="text" name="birthday1" size="4" maxlength="4" value="<%=birthday1 %>"> -
            <input type="text" name="birthday2" size="2" maxlength="2" value="<%=birthday2 %>"> -
            <input type="text" name="birthday3" size="2" maxlength="2" value="<%=birthday3 %>">  
<% If rs("sm")=0 Then %>
            <input type="radio" name="sm" value="0" checked>양력
            <input type="radio" name="sm" value="1">음력
<% Else %>
            <input type="radio" name="sm" value="0">양력
            <input type="radio" name="sm" value="1" checked>음력
<% End If %>
        </td>
    </tr>
    <tr>
        <td width="100" align="center" bgcolor="lightblue">주소</td>
        <td width="400" align="left">
            <input type="text" name="juso" size="40" value="<%=rs("juso") %>">
        </td>
    </tr>
</table>
```

STEP **02** juso_update.asp 만들기

① **juso_update.asp 작성** : juso_insert.asp를 더블클릭하여 읽는다. 그리고 insert
SQL문을 주소록에 맞는 update SQL문으로 수정한다.

② **juso_update.asp 로 저장** : [파일]➔[새 이름으로] 메뉴를 이용하여 새 이름 "juso_update.asp"로 저장한다.

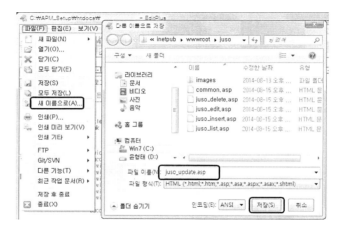

③ **실행 및 결과 확인** : 실행하여 결과를 확인한다.

ASP 기본 소스 정리

지금까지 성적프로그램과 주소록 프로그램을 만들면서 사용한 ASP 기본 프로그램에 대해 정리해보도록 하겠다. 이 프로그램은 쇼핑몰 프로그램을 만들 때 사용할 기본 소스가 되며, 이것을 이용하여 작업을 하게 된다. 따라서 이 기본 소스를 잘 이해하길 바란다.

① **값 출력 방법** : ASP에서 값을 출력하는 방법은 ⟨%=값 %⟩과 Response.write 를 이용하는 2가지 방법이 있다.

```
<b><%=rs("name") %></b>                              ' html에서 값 출력 방법

response.write rs("name")                             ' response.write 이용
```

② **자료 목록 출력 소스** : 이 소스는 select문을 이용하여 테이블의 자료들을 읽어 출력하는 가장 기본이 되는 소스다.

```
Set rs=Server.CreateObject("ADODB.RecordSet")         ' Recordset 선언
q="select SQL문"                                      ' select SQL문
rs.open q,cnn,3,3                                     ' 쿼리 실행
count=rs.RecordCount                                  ' 레코드 개수
for i=1 to count                                      ' 반복문
    response.write "값 출력"                            ' rs("필드이름") 출력
    rs.movenext                                       ' 다음 레코드 이동
next
```

③ **검색이 있는 경우 목록 출력 소스** : 검색어 text1이 있는 경우 이름으로 자료들을 출력하는 소스다.

```
Set rs=Server.CreateObject("ADODB.RecordSet")
if Request("text1")<>"" then text1=Request("text1") else text1=""
if text1="" then
    q="select SQL문"                                 ' 조건없는 SQL문
else
    q="select where 필드이름 like '" & text1 & "%' "    ' 조건있는 SQL문
end if
rs.open q,cnn,3,3
count=rs.RecordCount
for i=1 to count
    response.write "값 출력"
    rs.movenext
next
```

④ **특정 자료 알아내는 소스** : 다음 프로그램은 번호가 no인 자료를 알아내는 소스다.

```
Set rs=Server.CreateObject("ADODB.RecordSet")
q="select … where no=" & request("no")
rs.open q,cnn,3,3
```

⑤ **레코드 개수 알아내는 소스** : 다음 프로그램은 select문에 의해 얻어진 자료의 레코드 개수를 알아내는 소스다.

```
Set rs=Server.CreateObject("ADODB.RecordSet")
q="select SQL문"
rs.open q,cnn,3,3
count=rs.RecordCount                                      ' 레코드개수
```

⑥ **실행쿼리 SQL문 소스** : 다음 프로그램은 insert, update, delete, create table, … 같은 실행쿼리 SQL문을 실행할 때 사용하는 소스다.

```
q="실행쿼리 SQL문"                          ' 실행쿼리 SQL문
cnn.execute q                              ' 쿼리 실행
```

⑦ **페이지 소스** : 페이지 처리를 하는 경우는 다음 소스를 삽입하고 프로그램 목록파일 이름(목록이름.asp)을 수정해야 한다.

```
  If Request("page")◇"" Then page=Request("page") Else page=1
...
  rs.pagesize=page_line
  pages = rs.pagecount                        ' 전체 페이지수
  If count>0 Then rs.absolutepage = page      ' 현재 페이지 설정

  For i=1 To page_line
    If Not rs.eof and i<=rs.pagesize Then
  ...
      rs.Movenext
    End if
  Next
...
<%
  blocks = -(Int(-(pages/page_block)))   ' 전체 블록수
  block  = -(Int(-(page/page_block)))    ' 현재 블록
  page_s = page_block * (block-1)        ' 시  작 페이지
  page_e = page_block * block            ' 마지막 페이지
  If blocks <= block then page_e = pages
%>
```

```asp
<table width='400' border='0' cellspacing='0' cellpadding='0'>
  <tr>
    <td  height="20" align="center">
<%
  if block > 1 then      ' 이전 블록으로
     Response.write "<a href='목록이름.asp?page=" & page_s & "&text1=" &
text1 & "'><img src='images/i_prev.gif' align='absmiddle'
border='0'></a> "
  End if
  For i=page_s+1 To   page_e       ' 현재 블록의 페이지
    if CInt(page) = i then
       Response.write " <font color='red'><b>" & i &
"</b></font> "
      else
       Response.write " <a href='목록이름.asp?page=" & i & "&text1="
& text1 & "'>[" & i & "]</a> "
     End if
  Next
  if block < blocks then      ' 다음 블록으로
     Response.write " <a href='목록이름.asp?page=" & page_e+1 &
"&text1=" & text1 &"'><img src='images/i_next.gif' align='absmiddle'
border='0'></a>"
  End if
%>
    </td>
  </tr>
</table>
```

399

Chapter 11

ASP 회원관리

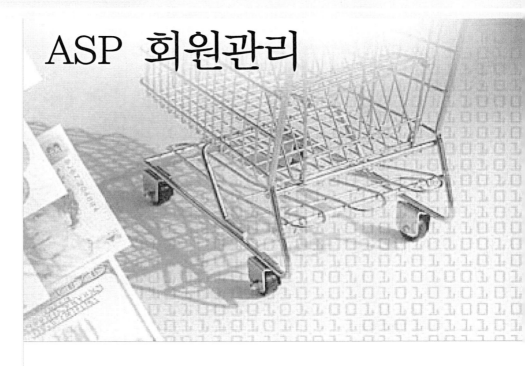

11.1 쇼핑몰 구성

앞 장에서 성적프로그램과 주소록프로그램을 만들면서, ASP 언어와 MS-SQL 데이터베이스간의 연동, 그리고 주요 화면처리에 대해 공부를 했다. 비록 최소한의 정보이긴 하지만, 이 정보만으로도 웹에서 간단한 프로그램을 할 수 있다고 생각한다. 이제는 이러한 정보를 가지고 본격적으로 인터넷 쇼핑몰을 만들어 보도록 하겠다.

11.1.1 인터넷 쇼핑몰 구성

일반적으로 인터넷 쇼핑몰은 크게 사용자와 관리자 영역으로 나눌 수 있다. 사용자 영역은 일반 고객이 상품을 검색하고, 주문하는 영역이며, 관리자 영역은 주인이 상품을 등록하고 주문정보 확인 및 처리를 하는 영역이다. 이 영역을 좀 더 세분화시키면 회원관리, 상품관리, 주문관리, 기타관리와 같은 4 영역으로 각각 나눌 수 있다. 물론 쇼핑몰의 규모나 성격에 따라 더 다양한 영역이 있을 수 있지만, 여기서는 쇼핑몰에서 기본적으로 꼭 필요한 내용만을 갖는 최소 규모의 인터넷 쇼핑몰을 만드는 과정을 소개하도록 하겠다.

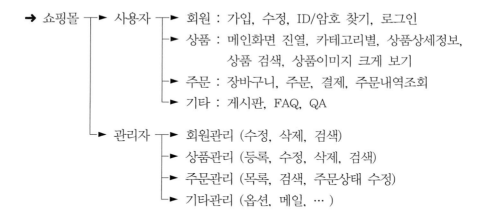

좀 더 이해를 돕기 위하여 인터넷 쇼핑몰의 사용자 영역에서 고객이 주로 사용하는 화면들에 대해 알아보도록 하자.

① **쇼핑몰 사용자용 화면** : 다음 그림들은 회원 관련 화면으로서, 로그인, 회원가입, ID/암호 찾기, 회원정보 수정 등이다. 일반적인 쇼핑몰인 경우에는 이밖에도 관심 상품 등록, 1:1 상담, 자신의 블로그 등 다양한 기능이 있을 수 있지만, 여기서는 최소한의

기능만 만들도록 할 생각이다. 자세한 것은 실제로 만들 때 다시 설명하도록 하겠다.

로그인 화면

회원가입 화면

ID/암호 분실 조회화면

다음 그림은 상품에 관련된 화면들로서, 메인화면과 메뉴별 상품 진열화면, 상세화면, 검색화면 등이 있다.

메인 화면

카테고리별 상품진열 화면

상품정보 상세 화면

상품검색 화면

다음 그림은 주문에 관련된 화면들로서, 장바구니에 담은 상품을 주문정보에 입력하고 온라인상에서 카드나 무통장 입금으로 주문할 수 있는 화면, 그리고 주문한 상품의 주문 및 배송정보를 확인할 수 있는 화면들이다.

주문정보 입력화면

결제정보 입력화면

주문조회 화면

주문 상세 화면

다음 그림은 그밖에 관리자에게 문의를 위한 게시판, 자주 묻는 질문, 회사정보 등 쇼핑몰에 대한 일반적인 정보에 관련된 화면들이다.

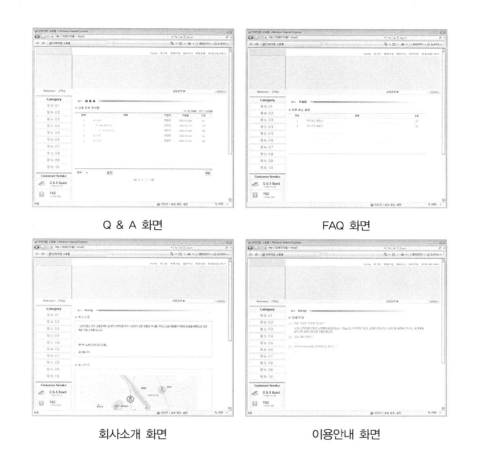

Q & A 화면　　　　　　　　　　FAQ 화면

회사소개 화면　　　　　　　　　이용안내 화면

② **쇼핑몰 관리자용 화면** : 앞서 설명한 그림들은 고객들이 사용하는 영역이라면, 지금부터 보여주는 그림들은 주인이 쇼핑몰을 운영하기 위하여 필요한 관리자 영역의 화면들로서, 회원관리, 상품관리, 주문관리 및 쇼핑몰에 대한 기초정보관리에 필요한 화면들이다.

회원목록 화면

회원정보 상세화면

상품목록 화면

상품등록 화면

주문목록 화면

주문정보 상세화면

 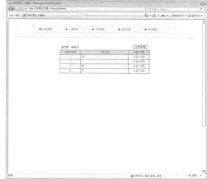

옵션목록 화면	소옵션 목록 화면

③ **쇼핑몰 폴더구조** : 독자들이 앞으로 만들 인터넷 쇼핑몰에 대해 대강 이해하였다면, 앞에서 설명한 쇼핑몰의 디자인 html 소스가 어디에 어떻게 있는지 알아보자. 9장에서 복사한 쇼핑몰의 폴더 구조는 다음과 같다.

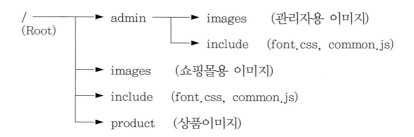

쇼핑몰에서 고객이 사용할 html 문서가 있는 폴더는 자기 계정의 Root(/)폴더로서, 회원, 상품, 그리고 주문 등에 관련된 모든 파일들이 있다. 반면에 일반 사용자는 볼 수 없고 관리자만 접근이 가능하여 고객관리, 상품관리, 주문관리 등을 할 수 있는 관리자 프로그램은 admin폴더에 있다. include폴더에는 웹문서의 글꼴과 형식을 지정한 font.css, 공용으로 사용할 자바스크립트 프로그램이 있는 common.js 파일들이 있다. 그리고 웹문서에 필요한 이미지들은 images폴더에 있도록 구성하였다.

이제, 준비가 되었다면, 기나 긴 본격적인 작업을 시작해보도록 하자.

11.1.2 공통 소스

(○) **실습목적**

메인화면인 main.html을 이용하여 main_top.asp, main_left.asp, main_bottom.asp를

만들고, 이 파일들을 이용하여 공통으로 사용될 temp.asp를 만들어라.

🔄 실습이론

① **화면의 공통영역의 모듈화** : 인터넷 쇼핑몰을 만드는 일은 매우 긴 시간과 노력을 필요로 하는 지루한 작업이다. 따라서 가능한 적은 시간과 노력으로 작업을 하기 위해서는 프로그램에서 공통으로 들어가는 작업내용을 찾아 작업을 최소화시켜야 한다. 이러한 방법에 대해 알아보자. 다음 4개의 그림들은 앞으로 만들 쇼핑몰의 주요 화면들이다. 그림들을 잘 보면 공통으로 반복되는 부분이 있는 것을 알 수 있다.

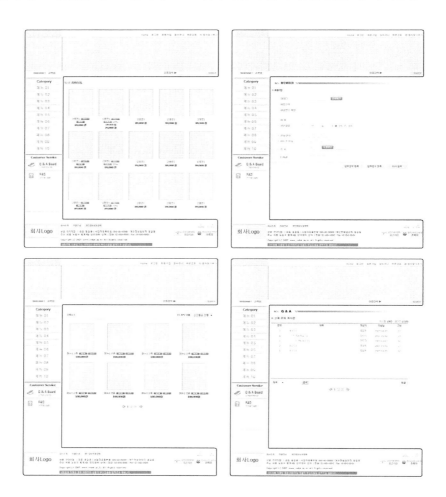

쇼핑몰에 사용되는 웹문서들은 수십, 수백 개가 될 수 있는데, 매 문서마다 공통영역에 대해 동일한 ASP 작업을 한다면 엄청난 시간과 노력이 필요할 것이다. 이 문제를 해결할 수 있는 방법은 앞서 배운 include명령을 이용하는 것이다.

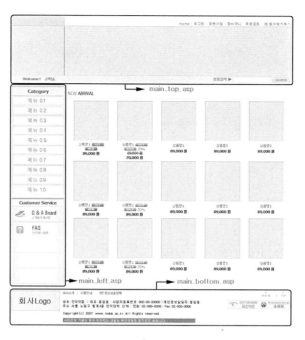

main.asp

여기서는 위 그림과 같이 공통영역을 3개의 영역으로 나누었다. 그리고 나누어진 각영역의 html 소스는 main_top.asp(화면 상단), main_left.asp(화면 좌측메뉴), main_bottom.asp(화면 하단)라는 파일이름으로 각각 저장하였다. 영역을 나눌 때, 화면 상단의 타이틀그림 부분을 제외시킨 이유는 보통 쇼핑몰에서 타이틀그림을 메뉴나 영역에 따라 다른 그림들을 사용하기 때문이다. 따라서 main.html은 include 명령어와 3개의 ASP 파일을 이용하면 아래와 같은 main.asp를 만들 수 있다.

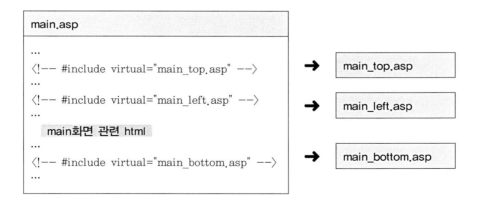

앞의 그림을 잘 이해했다면, 앞으로 만들 모든 쇼핑몰의 웹문서들은 main.asp와 같은 구조를 가질 것이다. 따라서 main.asp에서 main에 관련된 부분을 삭제하여 공통

된 부분만 갖는 temp.asp을 미리 만들어 놓으면, 아래 그림과 같이 다른 문서작업을 할 때 이 temp.asp를 복사하여 사용하면 대단히 편리할 것이다.

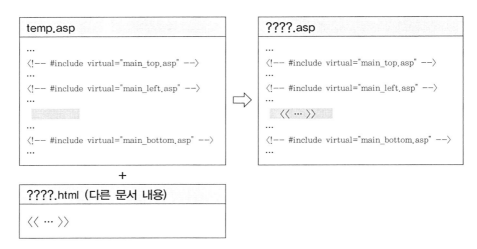

STEP ①

① **main_top.asp 만들기** : "main.html"을 더블클릭하여 읽는다. 그리고 아래와 같이 화면 상단 부분과 관련된 html 부분만 남기고 나머지는 모두 삭제한다.

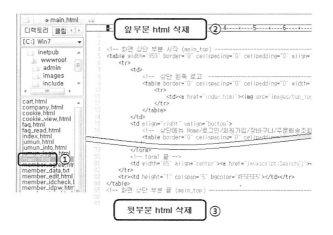

```
<!─── 화면 상단 부분 시작  (main_top) ────────────────────>
<table width="959" border="0" cellspacing="0" cellpadding="0" align="center">
   <tr>
     <td>
       <!─── 상단 왼쪽 로고  ────────────────────>
       <table border="0" cellspacing="0" cellpadding="0" width="182">
         <tr>
     ...
     <!─── form1 끝 ───>
     <td width="65" align="center"><a href="javascript:Search()">
       <img src="images/i_search1.gif" border="0"></a>
     </td>
   </tr>
   <tr><td height="1" colspan="5" bgcolor="#E5E5E5"></td></tr>
</table>
<!─── 화면 상단 부분 끝 (main_top) ────────────────────>
```

삭제 후, 남은 부분

main.html에서 아래 그림과 같은 화면 상단 부분에 해당하는 html 부분만 남기고
나머지 html 소스는 모두 삭제를 한다.

화면 상단 부분

② **main_top.asp로 저장** : [파일]➡[새 이름으로] 메뉴를 이용하여 새 이름
"main_top.asp"라는 이름으로 저장한다.

③ **main_left.asp 만들기** : 과정 ① ~ ②번을 반복하여 아래와 같이 화면상단 왼쪽 category와 customer service 관련 html 부분을 이용하여 "main_left.asp"를 만든다.

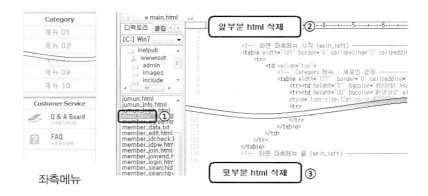

좌측메뉴

④ **main_bottom.asp 만들기** : 과정 ① ~ ②번을 반복하여 아래와 같이 화면하단 회사소개 관련 html 부분을 이용하여 "main_bottom.asp"를 만들어라.

화면 하단 회사소개 부분

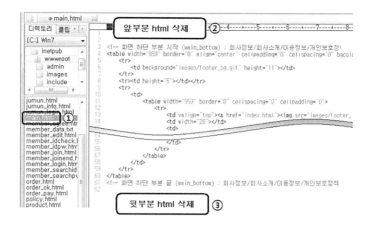

⑤ **temp.asp 만들기** : "main.html"을 더블클릭하여 읽는다. 그리고 아래와 같이 include 문을 이용하여 해당 부분의 프로그램을 수정한다. 그리고 "저장"을 클릭하여 "temp.asp"라는 새 이름으로 저장한다.

실습순서

1) main.html 읽기.
2) #include virtual="main_top.asp" 프로그램 삽입.
3) #include virtual="main_left.asp" 프로그램 삽입.
4) main에서 상품표시관련 html 삭제.
5) #include virtual="main_bottom.asp" 프로그램 삽입.
6) temp.asp이름으로 저장.

main.html 읽은 후, 프로그램 수정.

```
17  <!-- 화면 상단 부분 시작 (main_top) ------------------------------------>
18
19  <!-- #include virtual="main_top.asp" -->
20
21  <!-- 화면 상단 부분 끝 (main_top) ------------------------------------>
22
23  <table width="959" border="0" cellspacing="0" cellpadding="0" align="center">
24      <tr><td height="10" colspan="2"></td></tr>
25      <tr>
26          <td height="100%" valign="top">
27              <!-- 화면 좌측메뉴 시작 (main_left) ------------------------>
28
29              <!-- #include virtual="main_left.asp" -->
30
31              <!-- 화면 좌측메뉴 끝 (main_left) ------------------------>
32          </td>
33          <td width="10"></td>
34          <td valign="top">
35
36  <!----------------------------------------------------------------->
37  <!-- 시작 : 다른 웹페이지 삽입할 부분                              -->
38  <!----------------------------------------------------------------->
                          삭제
41  <!-- 끝 : 다른 웹페이지 삽입할 부분                                -->
42  <!----------------------------------------------------------------->
43
44          </td>
45      </tr>                           <!-- #include file="main_bottom.asp" -->
46  </table>
47  <br><br>
49
50  <!-- 화면 하단 부분 시작 (main_bottom) ; 회사정보/회사소개/이용정보/개인보호정책 ... ---------->
51
52  <!-- #include virtual="main_bottom.asp" -->
53
54  <!-- 화면 하단 부분 끝 (main_bottom) ; 회사정보/회사소개/이용정보/개인보호정책 ... ---------->
55
56   
57  </center>
```

⑥ **실행 및 결과 확인** : temp.asp를 웹브라우저에서 실행하여 결과를 확인한다.

http://127.0.0.1/temp.asp

11.2 회원가입

11.2.1 회원관리 개요

보통 인터넷 사이트를 사용하기 위해서는 회원가입을 하며, 인터넷 쇼핑몰에서 회원관리는 반드시 필요하다. 이 회원관리 프로그램은 앞서 만들어 보았던 주소록프로그램과 거의 동일하므로, 앞서 만든 주소록프로그램을 최대한 이용하여 만들면 대단히 편리할 것이다. 먼저 작업에 들어가기 전에 회원관리에 관련된 파일구조에 대해 알아보자.

1 **사용자용 파일 구조** : 앞서 언급했지만, 쇼핑몰에서는 사용자와 관리자용 프로그램이 따로 있으며, 다음 그림은 사용자 측에서 작업해야 할 내용과 파일 구조이다.

  1) **회원가입** : 사용자가 쇼핑몰을 보다 편리하게 사용하기 위해서는 먼저 회원가입을 해야 한다. 다음 파일 구조는 회원가입 처리에 관련된 파일 처리순서이다. 여기서 회원 아이디가 중복되지 않도록 확인하는 절차와 우편번호 조회기능은 반드시 필요하다.

  2) **로그인** : 회원으로서 쇼핑몰을 이용하기위해서는 먼저 로그인을 하여 회원임을 인증 받아야 한다. 다음 파일 구조는 내용은 고객ID와 암호를 이용하여 로그인하는 파일 처리순서이다.

➜ login ➜ member_check ➜ main

  3) **로그아웃** : 로그인한 후, 로그아웃 처리를 하는 파일 처리순서이다.

➜ member_logout ➜ main

  4) **회원정보 수정** : 로그인을 한 후, 자신의 회원정보를 변경할 수 있는 처리의 파일 처리순서이다.

➜ member_edit ➜ member_update
(회원정보수정)

  5) **ID, 암호 문의** : 회자신의 ID나 암호를 잊어 버렸을 때 등록된 자신의 기본정보를 이용하여 ID나 암호를 확인할 수 있는 파일 처리순서이다.

→ member_idpw (본인 확인 정보 입력)

├──► member_searchid (문의한 ID 표시)

└──► member_searchpw (문의한 암호표시)

② **관리자용 파일 구조** : 관리자 쪽에서는 모든 회원에 대한 정보를 관리할 수 있는 기능
이 필요하며 이러한 파일의 구조는 다음과 같다.

1) **회원목록** : member
2) **회원수정** : member_edit (회원정보수정) ──► member_update (수정)
  └──► zipcode (우편번호 찾기)
3) **회원삭제** : member_delete

11.2.2 member 테이블

○ **실습목적**

회원의 정보를 저장할 member테이블을 만들어라.

○ **실습이론**

① **member테이블 구조** : 다음 표는 회원 테이블의 구조로서, 가능한 최소한의 개인정
보가 되도록 구성하였다. 이 밖에도 결혼여부, 마일리지, 취미, 정보수신여부 등 더
많은 회원정보가 있을 수 있다. 원한다면, 독자가 추가하여 작업해보길 바란다. 테이
블의 내용에 대해서는 자세한 설명을 하지 않아도 충분히 이해할 것이라 생각된다.

	필드명	자료형	Null	비고
번호	no	int	☐	자동 1 증가 옵션, 기본키 🔑
고객 ID	uid	varchar(20)	☑	
암호	pwd	varchar(20)	☑	
이름	name	varchar(20)	☑	
생일	birthday	date	☑	
양력/음력	sm	tinyint	☑	양력=0, 음력=1
전화	tel	varchar(11)	☑	000-0000-0000
핸드폰	phone	varchar(11)	☑	000-0000-0000
E-Mail	email	varchar(40)	☑	
우편번호	zip	varchar(5)	☑	00000
주소	juso	varchar(100)	☑	
회원상태	gubun	tinyint	☑	회원=0, 탈퇴=1

STEP ○

① **member테이블 만들기** : SQL Server 2014 Management Studio 프로그램을 이용하여 member 테이블을 만든다.

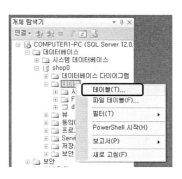
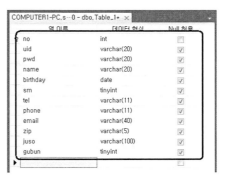
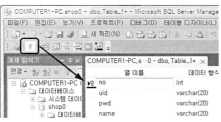

테이블을 만드는 자세한 과정은 성적프로그램의 sj테이블이나, 주소록프로그램의 juso테이블을 만드는 부분을 참고하길 바란다.

11.2.3 회원 가입

🔄 실습목적

회원가입 처리는 동일 ID가 있는지를 조사하는 ID중복 검사와 우편번호 찾기와 같은 처리가 추가된 것을 제외하고는 주소록프로그램과 거의 동일하다. 따라서 ID중복검사 처리 및 우편번호 찾기 기능을 제외한 회원가입 프로그램을 작성하여라.

🔄 실습이론

① **회원가입 파일구조** : 회원을 가입 처리하는 프로그램의 파일구성과 각 해당 화면은 다음과 같다.

회원가입 동의 화면(member_agree.html)   회원정보 입력 화면(member_join.html)

회원가입 축하 화면(member_joinend.html)

중복ID검사
(member_idcheck.html)

우편번호찾기(zipcode.html)

2 **temp.asp를 이용하여 모든 html 문서를 ASP 파일로 수정하기** : 앞으로 만들 모든 사용자 영역의 모든 html 문서는 temp.asp를 이용하여 include가 포함된 ASP 파일로 수정하여 저장해야 한다. 예를 들어 회원가입동의를 얻는 member_agree.html인 경우에는 공통부분을 제외한 회원동의를 얻는 html 소스만 복사를 하여 아래 그림과 같이 temp.asp에 삽입을 한 후, member_agree.asp라는 새 이름으로 저장해야 한다.

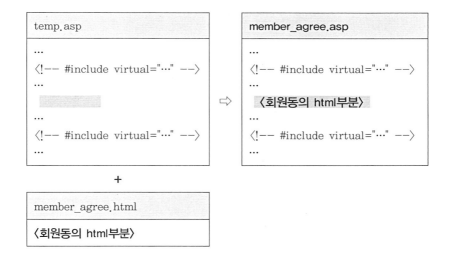

모든 파일에 대해 이런 작업을 한다는 것은 귀찮은 작업일 수 있다. 그러나 이 작업을 하지 않으면, 앞에서 설명했듯이 공통적인 부분에 대해 매 파일마다 똑 같은 ASP 프로그램 작업을 해야 한다. 따라서 작업을 최소화하기 위해서는 반드시 해줘야 한다.

3 **link 수정하기(*.html → *.asp)** : 앞에서 파일이름을 ASP로 저장했으므로, A tag와 같이 문서와 문서간의 이동처리를 하는 link의 이름을 모두 수정해야 한다. 예를 들어 아래 그림은 화면상단의 회원가입 메뉴를 클릭했을 때 회원동의 화면으로 이동하

는 link부분을 보여주고 있다. 이 경우 member_agree.html을 member_agree.asp
로 이름을 바꾸어야 한다.

main_top.asp

STEP 01 *.html ➜ *.asp 만들기

① **member_agree.asp 만들기** : "member_agree.html"과 "temp.asp"를 각각 읽는다.
"member_agree.html"에서 아래 그림과 같은 영역을 반전시킨다. 그리고 "Ctrl+C"
키를 눌러 복사를 한다.

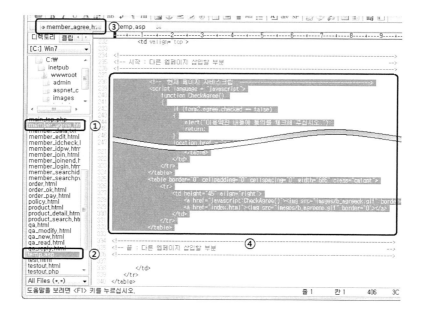

```
      </td>
      <td width="10"></td>
      <td valign="top">
<!————————————————————————————————————————————>
<!— 시작 : 다른 웹페이지 삽입할 부분                          ——>
<!————————————————————————————————————————————>

    <!—  현재 페이지 자바스크립 ——————————>
    <script language = "javascript">
    function CheckAgree()
    {
      if (form2.agree.checked == false)
      {
        alert("이용약관 내용에 동의를 체크해 주십시오.");
        ··· 생략 ···
          <a href="index.html">
            <img src="images/b_agreeno.gif" border="0">
          </a>
        </td>
      </tr>
    </table>

<!————————————————————————————————————————————>
<!— 끝 : 다른 웹페이지 삽입할 부분                            ——>
<!————————————————————————————————————————————>
      </td>
    </tr>
</table>
```

② **temp.asp에 붙여 넣기** : "temp.asp"에서 아래와 같은 영역을 찾아 "Ctrl+V"키를 눌러 복사한 내용을 "붙여넣기"한다.

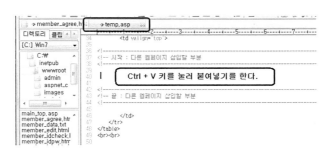

③ **member_agree.asp로 저장** : [파일]➔[새 이름으로] 메뉴를 이용하여 새 이름 "member_agree.asp"라는 이름으로 저장한다.

④ **member_join.asp 만들기** : 과정 ① ~ ③을 반복하여 "member_join.html"을 "member_join.asp"로 만들어라.

⑤ **member_joinend.asp 만들기** : 과정 ① ~ ③을 반복하여 "member_joinend.html"을 "member_joinend.asp"로 만들어라.

⑥ **main.asp 만들기** : 과정 ① ~ ③을 반복하여 "main.html"을 "main.asp"로 만들어라.

STEP 02 link 수정하기

① **member_agree.html을 호출하는 link 수정하기** : "main_top.asp"을 읽은 후, 내용 중 member_agree.html을 찾아 "member_agree.asp"로 link를 수정한다.

② member_join.html을 호출하는 link 수정하기 : "member_agree.asp"을 읽은 후, 내용 중 member_join.html을 찾아 "member_join.asp"로 link를 수정한다.

③ member_joinend.html을 호출하는 link 수정하기 : "member_join.asp"을 읽은 후, 내용 중 member_joinend.html을 찾아 "member_insert.asp"로 link를 수정한다.

④ main.html을 호출하는 link 수정하기 : "index.html"을 읽은 후, 내용 중 main.html을 찾아 "main.asp"로 link를 수정한다. 그리고 저장한다.

⑤ **실행 및 결과확인** : 쇼핑몰을 반드시 새로 고침한 후, 회원가입 메뉴 클릭부터 회원

정보 입력 화면까지 제대로 표시되는지 확인한다.

index.html ➔ main.asp ➔ member_agree.asp ➔ member_join.asp
　　　　　회원가입 클릭　　　회원동의 클릭

STEP 03 insert SQL

① **common.asp 만들기** : 주소록프로그램 juso폴더에 있는 common.asp를 읽어 root 폴더인 "wwwroot"에 동일한 이름인 "common.asp"로 저장하여라.

② **member_insert.asp 만들기** : 주소록프로그램 juso폴더에 있는 juso_insert.asp를 참고하여 member_insert.asp를 만들어라.

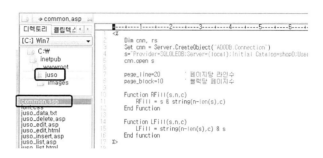

③ **실행 및 결과확인** : 실행하여 회원 가입이 되는지 확인한다. 가입확인은 SQL Server

2014 Management Studio를 이용하여 member테이블의 내용을 확인하면 된다.

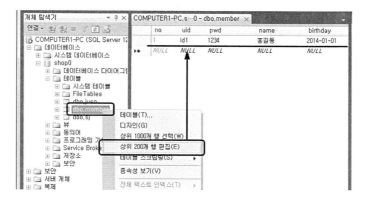

11.2.4 중복 ID 검사

⟳ **실습목적**

아래 그림과 같이 입력한 ID와 동일한 ID가 있는지를 검사하여 표시해주는 중복 ID 검사 프로그램을 작성하여라. 만약 중복된 ID가 있는 경우에는 회원등록을 못하도록 한다.

⟳ **실습이론**

① **프로그램 처리과정** : ID는 어떤 특정 사이트에서만 자신의 이름대신에 사용하는 일종의 별칭으로서, 해당 사이트 내에서는 절대로 동일한 아이디가 있을 수 없다. 따라서 동일한 아이디를 등록하는 실수를 막기 위해서는 ID를 등록할 때 등록되어 있는 ID중 같은 ID가 있는지 조사하는 기능이 필요하다. 중복 ID 검사 처리과정은 다음과 같다.

```
q="select * from member where uid='" & uid & "';"
…
count=레코드 개수
if count=0 then
    response.write "사용 가능 출력 html소스"
else
    response.write "사용 못함 출력 html소스"
end if
```

회원정보에서 입력한 ID값은 input tag 이름이 uid인 곳에 저장된다. 따라서 중복ID
가 있는지를 알아내는 방법은 테이블 member에서 필드 uid의 값이 입력한 uid의 값
과 같은 자료의 개수(count)를 세어 보는 것이다. 만약 count가 0이면 중복 ID가 없
는 경우가 되며, 0이 아니면 중복 ID가 있음을 의미한다.

② **사용자가 중복 ID 검사를 했는지 알아내는 방법** : 회원가입을 할 때 사용자가 중복 ID
검사를 했는지를 알아내어 하지 않은 경우에는 회원등록을 못하도록 하는 방법에 대
해 알아보자. 먼저 회원가입 html에 아래와 같은 hidden 변수로 check_id를 선언한
다. 그리고 member_idcheck.asp 문서에 member_join.asp의 check_id에 값을 대
입하는 javascript함수 Closeme()를 작성한다.

member_join.asp	member_idcheck.asp
⟨input type="hidden" name="**check_id**" value=""⟩ ←	Closeme()

입력한 ID가 사용 가능한 경우에는 확인버튼을 클릭할 때, Closeme("V")를 호출하여
check_id에 "V"값을 입력한다. 아닌 경우에는 Closeme(" ")를 호출하여 빈 문자열을
대입함으로서 검사를 했는지를 알아 낼 수 있다.

③ **프로그램 작성할 때, 주의사항** : response.write에서 Closeme("V")를 처리할 때 중복
따옴표 문제로 에러나 결과가 나오지 않을 수 있다. 작성할 때 주의하기를 바란다.

response.write "   …   **Closeme(₩"V₩")**   …   "

[ASP] 문자열 표시에서 중첩 따옴표 처리

문자열표시에서 따옴표를 중첩되게 사용할 때는 는 따옴표("), 싱글따옴표('), Escape따옴표(₩") 순으로 사용해야 한다.

```
    "           '           ₩"              ₩"      '      "
 1번째        2번째       3번째
```

예제〉 response.write "〈a href='javascript:Closeme(₩"문자열₩");'〉닫기〈/a〉"

STEP ◉

① **member_idcheck.html을 ASP로 원격저장** : "member_idcheck.html"을 읽어 원격 저장을 이용하여 "member_idcheck.asp"로 저장한다.
② **프로그램 작성** : 중복 ID 검사처리 프로그램을 작성한다.
③ **실행 및 결과확인** : 이미 등록한 ID를 이용하여 회원가입과정에서 중복 ID 검사가 제대로 되는지 확인한다.

11.2.5 우편번호 찾기

◯ **실습목적**

회원가입에서 우편번호 버튼을 클릭하면 아래 그림과 같이 우편번호찾기 창이 열려, 동이름이나 건물이름 일부분으로 우편번호와 주소 앞부분을 검색할 수 있는 프로그램을 작성하여라.

우편번호찾기(zipcode.html)

427

1. **우편번호 파일과 테이블** : 주소표시방식이 지번방식에서 도로명으로 표시하는 방식으로 변경되었으며, 6자리 우편번호에서 2015년 8월부터 5자리로 변경된다. 변경된 우편번호(구역번호)인 경우, 도로명방식과 지번방식으로 표시할 수 있으나, 이 책에서는 도로명 방식만 처리하도록 하겠다. 지번표시나 검색은 독자가 구현해보길 바란다. 따라서 도로명이나 건물명 일부로 우편번호 검색처리를 하려면, 도로명과 우편번호가 저장된 파일이 필요하다. 이 파일은 인터넷우체국(www.epost.go.kr)에서 구할 수 있으며, 최신의 우편번호 정보를 원한다면 해당 사이트를 참조하길 바란다.

www.epost.go.kr

도로명을 이용하는 우편번호인 경우는 전국의 모든 건물에 대한 정보를 가지고 있어서 파일 크기가 매우 크며, 영문이름 등 쇼핑몰에서는 불필요한 정보도 포함되어 있어 검색속도를 저하시킨다. 따라서 검색속도를 개선하기 위해 전국 우편번호를 하나의 테이블에 저장하지 않고, 다음과 같이 각 시, 도에 따라 여러 개의 우편번호 테이블을 이용하는 것이 효과적이다. 그리고 검색할 때는 먼저 시도를 선택하여 테이블을 결정하여 검색하도록 프로그램을 작성하면 된다.

서울	zip1	충남	zip7	경남	zip13
경기	zip2	대전	zip8	전북	zip14
인천	zip3	경북	zip9	전남	zip15
강원	zip4	대구	zip10	광주	zip16
충북	zip5	울산	zip11	제주	zip17
세종	zip6	부산	zip12		

시도별 테이블 이름

이 책의 부록에는 2014년 12월 5일의 전국 우편번호 파일이 있으며, 서울지역 우편 번호 정보에서 필요한 부분만 발췌하여 사용할 생각이다. 그 이외 지역 정보는 독자 가 같은 방식으로 처리하길 바란다. 먼저 도로명 방식의 데이터는 다음 그림과 같으 며, 서울지역 zip1 테이블의 구조는 다음과 같다.

도로명을 이용하는 서울 우편번호 zip1 테이블구조

	내용	필드명	자료형	비고
1	번호	no	int(11)	자동 1 증가옵션 , 기본키
2	우편번호	zip	varchar(5)	
3	시, 도	juso1	varchar(20)	
4	시, 군, 구	juso2	varchar(20)	
5	읍, 면	juso3	varchar(20)	
6	도로명	juso4	varchar(80)	
7	건물번호본	juso5	varchar(5)	
8	건물번호부	juso6	varchar(5)	
9	건물명	juso7	varchar(200)	

zip	juso1	juso2	juso3	juso4	juso5	juso6	juso7
13984	서울	노원구		초안산로2길	25	19	성지독서실

2 **우편번호 콤보상자 post_no 초기상태** : 우편번호 검색창이 처음 표시될 때는 아무것 도 검색되지 않도록 처리를 해야 한다. 그렇지 않으면 모든 우편번호가 표시될 때까 지 지연되기 때문이다. 이 처리는 다음과 같이 검색어 text1값이 있는 경우에만 우편 번호를 검색하도록 프로그램을 작성해야 한다.

```
if Request("text1")<>"" then text1=Request("text1") else text1=""
if Request("sel")<>"0"then sel=Request("sel") else sel=0
```

```
...
〈select name="post_no"〉
〈%
    if text1="" and sel〈〉0 then    ' 검색어가 있고 시도선택이 있는 경우
        우편번호 검색하여 콤보상자 목록에 정보 추가.
    else
        resonse.write "〈option〉〈/option〉"
    end if
%〉
〈/select〉
```

③ **우편번호 검색쿼리** : 도로명방식의 전국 우편번호파일 크기가 매우 크므로, 검색속도
가 떨어진다. 따라서 아래 그림과 같이 시도를 선택하는 콤보상자 sel 을 이용하여
sel번호를 알아내어 테이블을 선택하고, zip테이블의 도로명인 juso3, 건물명인
juso7 중 하나를 이용하여 검색할 수 있도록 만들어 보겠다. 따라서 검색할 정보를
가지고 있는 입력란 text1에 따라 다음과 같은 쿼리를 이용하여 검색할 수 있다.

```
q="select * from zip" & sel & " where juso4 like '%" & text1 & "%' or
        juso7 like '%" & text1 & "%';"
```

④ **우편번호정보 목록값** : 우편번호정보를 선택하는 post_no 콤보상자 목록값은 다음
과 같은 표시방식을 이용한다.

```
〈select name="post_no"〉
  〈option value="13984^^서울특별시 노원구 초안산로2가길 9-13 성지독서실"〉
    [13984] 서울특별시 노원구 초안산로2가길 9-13 성지독서실
  〈/option〉
    ...
〈/select〉
```

따라서 우편번호정보를 표시하는 프로그램은 주소록 프로그램인 juso_list.asp에서 자료를 "〈td〉정보〈/td〉"가 아니라 콤보상자의 "〈option〉정보〈/option〉"으로 표시하는 식으로 수정하면 된다. 여기서 ^^표시는 우편번호, 주소 데이터를 구분하는 기호이다.

```
...
for i=1 to count
  zip=rs("zip")
  response.write "〈option value="" & zip & "^^" & A & "")[" & zip & "] " & A & "〈/option〉"
next
...
```

A	서울특별시	노원구	____	초안산로2가길	25 - 19	성지독서실
	juso1	juso2	juso3	juso4	juso5-juso6	juso7

도로명인 경우

여기서 주의할 점은 도로명을 표시할 때 juso5, juso6, juso7에 따라 다음과 같이 다양한 출력결과가 생긴다.

juso5 있는 경우 : 　　　　　 서울 … 초안산로5길 25
juso5, juso6 있는 경우 : 　　　 서울 … 초안산로5길 25-19
juso5, juso7 있는 경우 : 　　　 서울 … 초안산로5길 25 …빌딩
juso5, juso6, juso7 있는 경우 : 　 서울 … 초안산로5길 25-19 …빌딩

이러한 출력 처리는 다음 프로그램을 이용하면 쉽게 해결할 수 있다. juso6값은 값이 없는 경우 0값이 입력되어 있으므로, 0인 경우는 표시하지 않도록 처리한다.

```
A=rs("juso1") & " " & rs("juso2") & " " & rs("juso3") & " " & rs("juso4")
if len(rs("juso5"))◇0 then A=A & " " & rs("juso5")
if rs("juso6")◇"0"      then A=A & "−" & rs("juso6")
if len(rs("juso7"))◇0 then A=A & " " & rs("juso7")
```

⑤ **Sendzip() 함수** : 우편번호 검색창의 콤보박스의 value값을 보면, 우편번호와 주소
자료 표시형식이 ^^기호를 이용하여 하나의 문자열(우편번호5자리^^주소앞부분)로
저장되어 있는 것을 알 수 있다.

```
〈select name="post_no"〉
    〈option value="13977^^서울 노원구 초안산로5길 주공아파트"〉
        [13977] 서울 노원구 초안산로5길 주공아파트
    〈/option〉
    …
〈/select〉
```

^^ 기호를 사용한 이유는 하나의 문자열로 되어 있는 우편번호와 주소정보를
javascript split()함수를 이용하면, 각 정보를 분리하여 문자열 배열로 저장하기 편
리하기 때문이다.

```
var str, zip, juso;
str = form1.post_no.value;
str = str.split("^^");
zip = str[0];
juso = str[1] + " " + form1.juso.value;
```

선택된 우편번호와 주소값은 opener를 이용하여 브라우저에 현재 표시되고 있는 고
객회원가입 문서의 우편번호, 주소 입력란에 저장하면 된다.

```
opener.form2.zip.value = zip;
opener.form2.juso.value = juso;
```

그리고 이 우편번호 검색은 회원가입이외에도 주문처리할 때도 필요하다. 따라서 나
중에 다시 작성하는 것보다는 이 문서를 다시 이용하는 것이 효율적일 것이다. 이 처
리는 Sendzip함수의 인수 zip_kind 변수에 따라 다른 처리가 되도록 프로그램하면
쉽게 처리할 수 있다.

```
if (zip_kind==1)
    {  주문처리의 주문자 우편번호  }
else if (zip_kind==2)
    {  주문처리의 배송지 우편번호 }
else
    {  회원가입 우편번호 }
```

STEP 01 **도로형 우편번호 엑셀파일 만들기**

이번에는 인터넷우체국에서 제공하는 도로형 우편번호 파일 중 서울지역 파일만 이 책에
서 사용하는 우편번호 구조로 만드는 과정을 알아보도록 하겠다. 도로형 우편번호파일은
크기가 매우 크기 때문에 서울지역만 이용할 생각이다. 나머지 지역은 책 부록이나 인터
넷우체국 사이트에 text 파일이 있으므로, 독자가 직접 만들어 보길 바란다. 만약 이 작
업을 건너뛰기를 원하는 독자는 STEP02로 이동하여 책 부록에 있는 "서울특별시.xlsx"파
일을 이용하길 바란다.

① **엑셀에서 우편번호파일 읽기** : 엑셀을 이용하여 책 부록에 있는 "서울특별시.txt" 파
   일을 읽어 온다.

② **텍스트마법사** : 다음 그림과 같이 "서울특별시.txt"를 엑셀로 읽어 들인다.

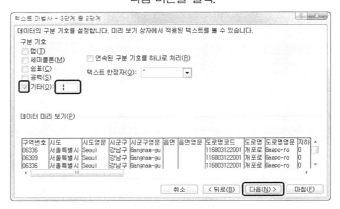

"다음"버튼을 클릭.

〈기타〉 확인란을 체크한 후, "ㅣ"을 입력한다.

각 열을 선택하며 데이터 서식을 지정합니다.

Shift 키를 이용해 〈데이터 미리보기〉에 모든 내용을 선택한 후,
〈열 데이터 서식〉에서 "텍스트"를 선택한다.

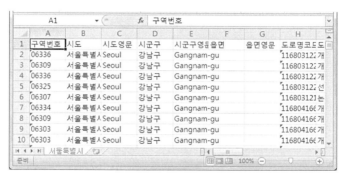

결과화면

③ **불필요한 칼럼 삭제하기** : 아래 그림과 같이 필요 없는 우편번호일련번호 칼럼을 삭제한다. 그리고 같은 방법으로 **"구역번호, 시도, 시군구, 읍면, 도로명, 건물번호본번, 건물번호부번, 시구군용건물명"**를 제외한 나머지 칼럼들은 모두 삭제를 한다.

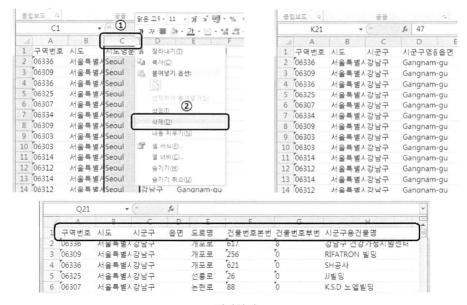

결과화면

④ **새 칼럼 삽입하기** : A칼럼 머리글부에서 마우스 오른쪽 버튼의 팝업창에서 [삽입]메뉴를 실행하여 빈 칼럼을 삽입한다.

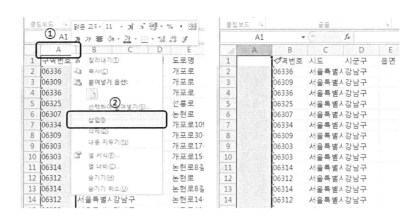

⑤ **일련번호 입력하기** : A칼럼 2행에 1, 3행에 2를 입력한다. 그리고 그림과 같이 A열 2행부터 587817행까지 선택한다. 상단 메뉴에서 〈채우기〉콤보상자의 "계열"메뉴를 선택한다. 그리고 〈연속 데이터〉창에서 "자동 채우기"를 선택한 후, 확인 버튼을 클릭한다.

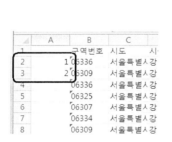

1, 2 값 입력

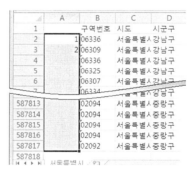

A열 2~ 587817행 선택

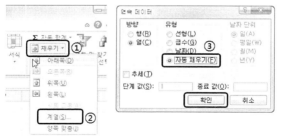

"채우기"콤보상자의 "계열"메뉴 클릭 후,
"자동 채우기" 선택.

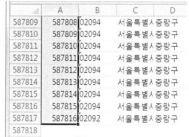

결과화면

⑦ **제목부 삭제** : 아래 그림과 같이 첫번째 줄, 맨 앞 "1" 위에서 마우스 오른쪽을 클릭한 후, "삭제" 메뉴를 선택하여 첫번째 줄을 삭제한다.

⑧ **엑셀파일로 저장하기** : [파일]➡[다른 이름으로 저장] 메뉴를 선택한다. 〈파일형식〉
은 "Excel 통합문서 (*.xlsx)"나 엑셀 호환 형식으로 선택한 후, "저장"버튼을 클릭하
여 "서울특별시.xlsx"로 저장한다.

도로용 우편번호 테이블 만들기와 Import하기

① **도로용 zip 테이블 만들기** : SQL Server 2014 Management Studio 프로그램을 이
용하여 zip1 테이블을 만든다.

	필드명	자료형	비고
1	no	int(11)	auto_increment, 기본키 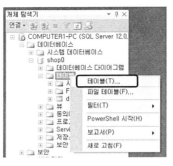
2	zip	varchar(5)	구역번호
3	juso1	varchar(20)	시, 도
4	juso2	varchar(20)	시, 군, 구
5	juso3	varchar(20)	읍, 면
6	juso4	varchar(80)	도로명
7	juso5	varchar(5)	건물번호본
8	juso6	varchar(5)	건물번호부
9	juso7	varchar(200)	건물명

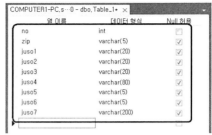

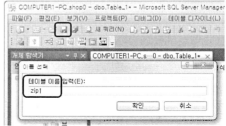

② **서울특별시.xls 파일 Import하기** : "shop0" 데이터베이스의 팝업메뉴에서 [태스크]➔ [데이터 가져오기] 메뉴를 이용하여 "서울특별시.xls"파일을 shop0 데이터베이스의 "zip1"테이블에 Import시켜라.

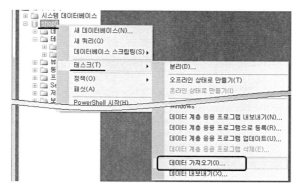

shop0에서 [태스크]➔[데이터 가져오기] 클릭.

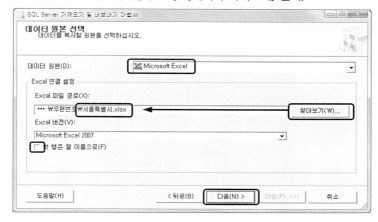

"Microsoft Excel", "서울특별시.xls"선택, 첫 행은… 체크해제

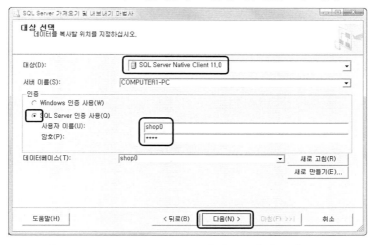

"SQL Server Native Client 11.0", "shop0", "1234"입력.

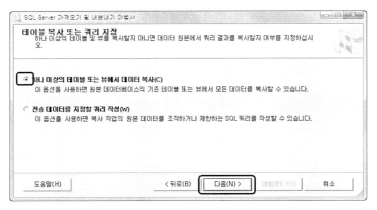

"하나 이상의 테이블 또는 뷰…"선택.

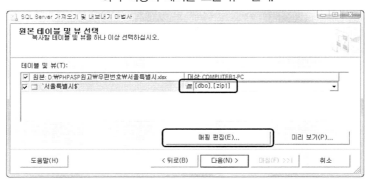

[dbo].[nzip] 선택 후, [매핑 편집]버튼 클릭..

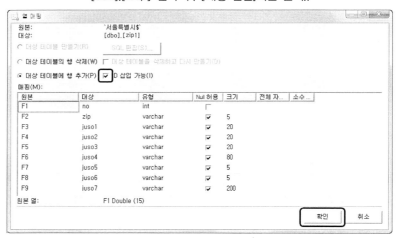

〈ID 삽입가능〉체크.

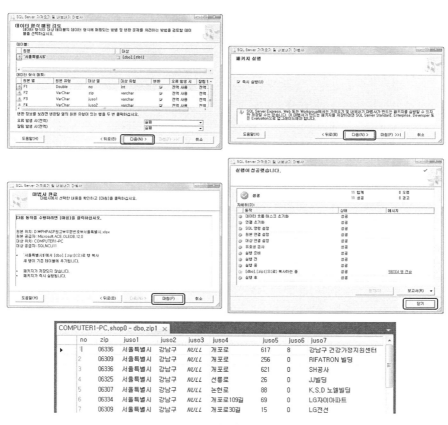

import된 결과화면

STEP 04 다른 시,도용 테이블 만들기

앞에서 서울특별시 우편번호 테이블 zip1을 만들고 자료를 import하는 방법에 대해 소개
했다. 이 과정을 이용해 경기도(zip2)부터 제주도(zip17)까지 나머지 우편번호 테이블을
만들고 Import하는 것은 독자가 직접 해보길 바란다. 만약 서울 우편번호만을 이용할 독
자는 이 STEP 04 과정을 건너뛰기를 바란다.

① **SQL 스크립트 생성** : SQL Server 2014 Management Studio에서 dob.zip1 테이블
팝업창의 [테이블 스크립팅]➔[CREATE]➔[새 쿼리 편집기 창]메뉴를 실행한다.

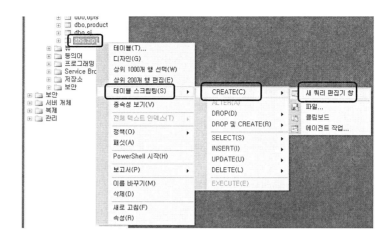

② **zip2 수정 및 만들기** : 아래 그림처럼 zip1을 zip2로, PK_zip1을 PK_zip2로 수정한 후, [실행]아이콘을 클릭하여 zip2테이블을 만든다. 새로 고침하여 zip2 테이블이 추가되었는지 확인한다.

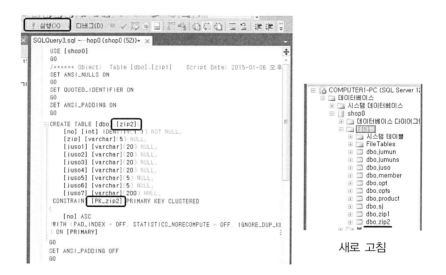

새로 고침

③ **zip3 ~ zip17 테이블 만들기** : ① ~② 과정을 반복하여 zip3부터 zip17을 만든다.

④ **zip3 ~ zip17 Import 하기** : 책 부록의 우편번호 파일을 이용해 각 테이블에 해당 우편번호정보를 Import한다.

STEP 05 **zipcode.asp 만들기**

① **zipcode.html → zipcode.asp로 저장하기** : zipcode.html파일을 zipcode.asp파일

로 복사를 한다.

② **zipcode.asp 작성하기** : 실습이론을 참고하여 zipcode.asp를 작성한다.

③ **zipcode.asp link 수정하기** : zipcode.asp에서 우편번호 검색을 위한 link인 Form tag의 "zipcode.html"을 "zipcode.asp"로 수정한다.

④ **member_join.asp link 수정하기** : member_join.asp에서 우편번호 검색창을 호출하는 findzip() 자바스크립트 함수의 link에서 "zipcode.html"를 "zipcode.asp"로 수정한다.

⑤ **실행 및 결과확인** : 실행하여 결과를 확인한다.

11.3 회원 로그인, 로그아웃

자신의 주문정보나 자신의 개인 정보를 변경하고자할 때는 본인임을 확인하는 인증절차를 거쳐야 한다. 이 인증절차는 보통 로그인화면에서 자신의 ID와 암호를 입력하여 인증을 받는다. 로그인이 되면, 로그인 표시가 로그아웃 표시로 변경되며, 이 사이트 어느 문서에서든지 로그인을 하였다는 정보를 가지고 있어야 한다. 이 처리는 쿠키를 이용하여할 수 있으며, 이러한 로그인처리와 쿠키를 처리하는 방법에 대하여 알아보도록 하겠다.

11.3.1 쿠키(Cookie)

🔄 실습목적

아래 그림과 같이 cookie.html을 실행하여 입력한 값을 쿠키로 저장시키고, 이 쿠키 값이 cookie_view.html에서 표시되도록 프로그램을 작성하여라.

cookie.html

cookie_view.html

① **setcookies 메서드** : 아마도 독자는 어떤 사이트에 로그인을 한 경우, 로그인 메뉴글 자가 로그아웃으로 바뀌고 자신의 이름이 계속해서 표시되는 것을 본 적이 있을 것 이다. 이런 처리는 보통 쿠키(cookie)나 세션(session)을 이용한다. 쿠키는 클라이언 트에, 세션은 서버에 저장되는 일종의 전역변수로서, 웹브라우저가 열려 있는 한 언 제든지 사용할 수 있는 변수이다. 여기서는 쿠키를 이용할 생각이며, 세션에 대한 내 용은 다른 책을 참고하길 바란다. Response.cookies는 쿠키변수를 정의하는 response 메서드이며, 사용법은 다음과 같다.

[ASP] Response.cookies("변수명").속성 = "값"

cookie란 인터넷사용자가 홈페이지를 접속할 때 생성되는 정보를 담기위하여 생성되는 임 시 파일로서, 클라이언트 컴퓨터에 값을 저장하여 전역변수처럼 사용할 수 있다.

- 변수명 : 저장될 변수 이름
- 값　　 : 저장할 값으로서, 빈 문자열을 지정하면 변수를 삭제한다.
- expires : cookie의 소멸시간을 지정한다. 예를 들어 5일 뒤에 자동삭제를
　　　　　 하려면 date+5라고 지정하면 된다. 만약 생략하면 웹브라우저를 종료할 때
　　　　　 자동으로 삭제된다.
- path　 : cookie값을 저장할 경로.
- domain : cookie값을 저장할 도메인.

예〉 쿠키값　설정 ➜ response.cookies("변수명") = "값"
　　쿠키값　삭제 ➜ response.cookies("변수명") = ""
　　종료기간설정 ➜ response.cookies("변수명").expires = date+5

---

② **쿠키 예제 파일구조** : 실습할 쿠키의 파일 구성은 다음과 같다.

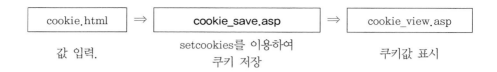

cookie.html　⇒　**cookie_save.asp**　⇒　cookie_view.asp

값 입력.　　　setcookies를 이용하여　　　쿠키값 표시
　　　　　　　　쿠키 저장

cookie.html은 cookie_save.asp를 호출한다. cookie_save.asp는 넘겨받은 irum값 을 setcookie 함수를 이용하여 저장한다. 그리고 cookie_view.asp에서 저장된 값을 출력한다.

① **링크 수정하기** : 아래 그림처럼 "cookie.html"을 읽은 후, Action의 cookie_view.html을 "cookie_save.asp"로 수정한다.

```
...
</head>
<body>
<form name="form1" method="post" action="cookie_save.asp">
쿠키 : <input type="text" name="irum" value="">
<input type="submit" value="저장하기">
...
```

① **새 문서 cookie_save.asp 만들기** : 아래 그림처럼 파일목록창에서 팝업메뉴 중 "새로 작성" 메뉴를 선택한 후, "cookie_save.asp"라는 이름으로 저장한다.

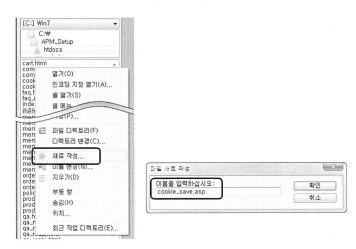

② **프로그램 입력** : 다음과 같은 프로그램을 입력한다.

```
<%
    Response.Cookies("cookie_value")=Request("irum")
    Response.Redirect "cookie_view.asp"
%>
```

STEP 03 cookie_view.asp 만들기

① **cookie_view.html 수정** : "cookie_view.html을 읽은 후, 다음과 같이 수정한다.

```
...
<body>
저장된 cookie값은 <font color="blue"><%=Request("cookie_value") %></font>
입니다.
  
<a href="cookie.html">돌아가기</a>
...
```

② **cookie_view.asp로 저장** : [파일] ➜ [새 이름으로] 메뉴를 선택한 후, 새이름
"cookie_view.asp"로 저장한다.

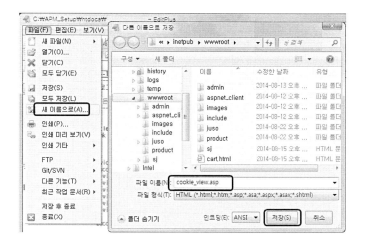

③ **실행 및 결과확인** : 다음과 같이 실행하여 cookie값에 대한 실습을 한다.

1) 임의의 값을 입력하여 cookie값이 저장되었는지 확인한다.
2) 다른 사이트로 이동했다가, 다시 cookie_view.asp를 실행하여 cookie값이 그대로 인지를 확인한다.
3) 웹브라우저를 종료한 후, 다시 cookie_view.asp를 실행하여 cookie값이 삭제되었 는지를 확인한다.

11.3.2 로그인, 로그아웃

실습목적

아래 그림과 같이 로그인화면에서 고객의 ID와 암호를 입력하여 로그인을 하면, 상단메 뉴의 로그인과 회원가입 메뉴가 로그아웃과 회원정보수정으로 변경되고, "Welcome! 고 객님."이 "Welcome! 홍길동님."과 같이 변경되도록 프로그램 처리를 하여라.

로그인 화면

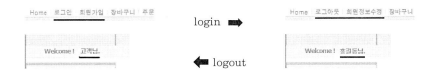

🔄 실습이론

① **로그인 처리** : 로그인을 위한 파일처리 구성은 다음과 같다.

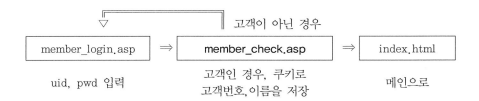

로그인처리는 member_login.asp에서 입력한 고객 ID uid와 암호 pwd를 갖는 고객이 실제로 있는지를 조사해야 한다. 이 처리는 member_check.asp에서 입력한 ID와 암호가 있는지 레코드개수를 조사하여 처리할 수 있다. 만약 레코드개수가 0이 아니면 해당 고객이 있으므로 고객의 번호(no)와 이름(name)을 쿠키로 저장하고 메인화면으로 이동처리하면 된다. 그러나 0이면, 해당 고객이 없으므로, 다시 ID와 암호를 입력하도록 로그인화면으로 이동시켜야 한다.

```
q="select no, name from member where uid='" & request("uid") &
    "' and pwd='" & request("pwd") & "';"
count=레코드개수
if count>0 then
    고객의 번호와 이름을 cookie로 저장(cookie_no, cookie_name)
    index.html로 이동.
else
    member_login.asp 로 이동.
end if
```

② **고객이름 및 로그아웃 표시** : 로그인을 한 경우에는 상단메뉴가 "로그인 회원가입"에서 "로그아웃 회원정보수정"으로 변경되고, "Welcome! 고객님" 대신에 "Welcome! 고객이름"이 표시되어야 한다. 이 처리는 main_top.asp에서 쿠키로 저장된 쿠키변수 cookie_no (고객번호)에 값이 있는지를 조사하여 처리하면 된다.

1) **"welcome! 고객이름" 표시인 경우** : main_top.asp에서 아래와 같이 이름출력부분을 처리하면 된다.

```
if request("cookie_no")="" then
    "고객님" 표시
else
    cookie_name 표시
end if
```

3) **상단메뉴인 경우** : main_top.asp에서 아래와 같이 그림과 link 문서이름과 해당 그림파일 이름을 수정하면 된다.

```
if request("cookie_no")="" then
    login 메뉴 출력 : 로그인          ➜ member_login.asp    top_menu02.gif
                      회원가입          ➜ member_agree.asp    top_menu03.gif
    else
    logout메뉴 출력 : 로그아웃        ➜ member_logout.asp   top_menu02_1.gif
                      회원정보수정 ➜ member_edit.html    top_menu03_1.gif
end if
```

③ **로그아웃 처리** : 로그아웃 처리는 cookie_no와 cookie_name을 cookie에서 제거함으로서 간단하게 처리할 수 있다.

화면	⇒	member_logout.asp	⇒	index.html
logout 클릭		cookie_no, cookie_name 삭제		메인으로

STEP ⚙

① **member_login.html➜member_login.asp 만들기** : member_login.html의 일부분 + temp.asp를 이용하여 member_login.asp를 만든다.

② **member_check.asp 만들기** : 아래 그림처럼 마우스 오른쪽버튼의 팝업메뉴에서 "새로 작성"메뉴를 클릭한 후, "member_check.asp"라는 이름의 새 파일을 만든다. 그리고 고객의 ID와 암호를 확인할 수 있는 프로그램을 작성한다.

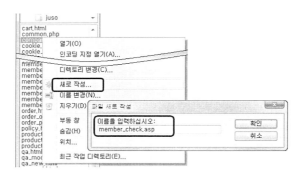

③ **main_top.asp 수정하기** : cookie_no, cookie_name을 이용하여 로그인한 경우와 안한 경우에 따라 "Welcome! 고객이름과 상단 메뉴" 표시가 다르게 표시되도록 프로그램을 작성한다.

④ **member_logout.asp 만들기** : 과정 ②번처럼 "새로 작성" 메뉴를 이용하여 "member_logout.asp"라는 이름으로 새 파일을 만든다. 고객번호, 고객이름 cookie 정보를 삭제하고 index.html로 이동하는 프로그램을 작성한다.

⑤ **실행 및 결과확인** : 등록된 ID와 암호를 이용하여 결과를 확인한다.

11.3.3 회원정보 수정

⚙ 실습목적

로그인을 한 경우에는 상단메뉴에서 회원가입이 회원정보수정 메뉴로 변경된다. 이 메뉴를 클릭하면 아래 그림과 같은 개인의 상세정보를 수정할 수 있는 화면이 표시된다. 이 화면을 이용하여 개인정보를 수정할 수 있는 프로그램을 작성하여라.

회원정보 수정 화면

🔄 실습이론

1️⃣ **개인정보 수정 처리** : 개인정보를 수정하는 프로그램의 파일구조는 다음과 같다.

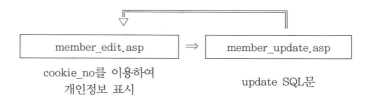

로그인을 한 경우 고객의 정보는 아래 SQL문과 같이 cookie_no 변수를 이용하여 조회할 수 있으며, member_update.asp에서 update SQL문을 이용하여 수정처리를 하면 된다.

```
q="select * from member where no=" & cookie_no & ";"
```

2️⃣ **비밀번호 처리** : 비밀번호 변경처리는 아래와 같이 새 비밀번호(pwd1)를 입력한 경우에만 저장하도록 2개의 update SQL문을 작성하면 된다.

```
if request("pwd1")="" then
    q = 비밀번호 수정이 없는 Update SQL문
else
    q = 비밀번호 수정이 있는 Update SQL문
end if
```

이때 SQL문의 조건은 no가 cookie_no와 같은 자료가 되도록 작성해야 한다.

q = "update ··· where no=" & request("cookie_no") & ";"

③ **우편번호 검색** : 우편번호 검색처리는 회원 가입할 때 사용했던 우편번호 검색창 zipcode.asp를 그대로 이용하면 된다.

STEP

① **member_top.asp link 수정하기** : member_top.asp에서 "member_edit.html"을 "member_edit.asp"로 수정한다.

② **member_edit.html ➜ member_edit.asp 만들기** : member_edit.html의 일부분 + temp.asp를 이용하여 member_edit.asp를 새로 만든다.

③ **member_edit.asp link 수정하기** : member_edit.asp에서 우편번호 검색창을 호출하는 findzip() 자바스크립트 함수의 link에서 "zipcode.html"를 "zipcode.asp"로 수정한다.

④ **고객정보 표시 처리** : 주소록프로그램의 juso_edit.asp 프로그램을 참고하여 고객번호 $cookie_no를 이용하여 member_edit.asp에 고객정보를 입력하여 표시하는 프로그램 처리를 한다.

⑤ **member_update.asp 처리** : 주소록프로그램의 juso_update.asp프로그램을 참고하여 member_update.asp를 새로 작성한다.

⑥ **실행 및 결과확인** : 실행하여 결과를 확인한다.

11.4 관리자 회원관리

11.4.1 관리자 로그인

◉ **실습목적**

관리자 ID와 암호를 common.asp에 등록하고, 아래 그림과 같은 관리자 로그인화면을 이용하여 관리자가 로그인을 할 수 있는 프로그램 처리를 하여라.

관리자 로그인 화면 (http://127.0.0.1/admin)

🔄 **실습이론**

① **관리자 폴더 및 처리** : 쇼핑몰 쪽에서 고객이 회원 가입 및 정보수정, 그리고 로그인, 로그아웃까지 회원에 대한 기본적인 프로그램 작업을 하였다. 이번에는 관리자가 전체 회원에 대한 관리를 할 수 있는 프로그램을 만들어 보자. 관리자가 쇼핑몰을 운영하는 데 필요한 회원관리, 상품관리, 주문관리는 관리자 영역에서 처리되어야 한다. 이 영역은 일반 사용자가 모르도록 홈페이지 밑의 admin이라는 폴더에 만들었으며, 관리자는 웹브라우저에서 다음 주소를 입력하여 접근할 수 있다.

   http://127.0.0.1/admin

관리자의 초기화면은 아무나 접근하지 못하도록 관리자 ID와 암호를 입력하는 화면으로 시작하며, 관리자 ID와 암호는 하나뿐이므로, common.asp 파일에 전역변수로 등록하여 처리하면 간단하게 처리할 수 있다. 그리고 관리자 로그인 처리는 고객의 로그인처럼 쿠키를 이용하여 관리자가 로그인했는지를 표시하면 된다.

② **관리자 ID와 암호** : 쇼핑몰에서 사용하는 기초정보는 보통 테이블을 만들고 관리해주는 화면을 따로 만들어 관리한다. 그러나 여기서는 작업시간을 줄이기 위하여 테이블을 따로 만들지 않고 common.asp에 저장되는 전역변수로 간단하게 처리하도록 하겠다.

   admin_id = "admin"
   admin_pw = "1234"

③ **common.asp 경로** : db연결정보가 있는 common.asp 파일은 관리자의 admin폴더

에 있지 않고 admin폴더의 상위폴더인 root폴더에 있다. 따라서 admin폴더의 프로 그램에서 상위폴더의 common.asp를 이용하기 위해서는 include file을 사용할 수 없으며, 루트폴더를 기준으로 절대경로로 파일위치를 지정하는 include virtual을 이용해야 한다.

〈!— #include virtual="common.asp" —〉

④ **관리자 로그인 파일구조** : 실습할 관리자 로그인을 위한 쿠키처리 구성은 다음과 같다.

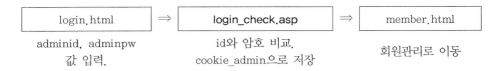

관리자용 login.html에서 입력한 ID와 암호 adminid, adminpw값을 login_check. ASP에서 아래와 같이 admin_id, admin_pw값과 비교를 한다. 만약 일치하면 cookie_admin값으로 "yes"값을 저장하고, 회원관리 화면으로 이동한다. 그러나 다른 경우에는 쿠키를 저장하지 않고 index.html로 이동한다.

```
if (adminid = request("admin_id") and adminpw = request("admin_pw") then
    cookie_admin변수에 "yes"로 쿠키 저장.
    member.html로 이동.
else
    cookie_admin변수 삭제
    index.html로 이동.
end if
```

STEP ◯

① **관리자 ID, 암호** : 실습이론 ②를 참고하여 root폴더에 있는 common.asp에 관리자 ID와 암호를 admin_id, admin_pw 변수를 이용하여 선언한다.

② **login_check.asp 작성하기** : 실습이론 ③, ④를 참고하여 관리자가 로그인을 했을 경우 쿠키변수 cookie_admin을 설정할 수 있는 프로그램을 작성한다.

③ **login.html link 수정하기** : Form tag의 Action에 등록되어 있는 "member.html"을 "login_check.asp"로 수정한다.

④ **실행 및 결과확인** : 실행하여 결과를 확인한다.

11.4.2 회원 목록

🔵 **실습목적**

아래 그림과 같이 회원목록을 표시할 수 있는 프로그램을 만들어라.

| ▶ 회원관리 | ▶ 상품관리 | ▶ 주문관리 | ▶ 옵션관리 | ▶ FAQ관리 |

회원수 : 20   [이름 ▼] [_____] [검색]

ID	이름	전화	핸드폰	E-Mail	회원구분	수정/삭제
id1	홍길동	02 -123-1234	011-123-1234	abcd@abcd.com	회원	수정/ 삭제
id2	홍길동1	02 -123-1234	011-123-1234	abcd@abcd.com	탈퇴	수정/ 삭제

⇦ 1 [2] [3] ⇨

회원관리 목록화면(member.html)

🔵 **실습이론**

1 **주소록프로그램 소스이용** : 위 그림을 보면 알겠지만 이전에 만든 주소록프로그램과 거의 동일하다. 따라서 주소록프로그램의 소스를 최대한 이용하여 작성하면 된다. 주의할 점은 common.asp를 include 할때 다음과 같이 virtual을 이용해야 한다.

```
〈!— #include virtual="common.asp" —〉
```

2 **이름, 아이디 검색처리** : 이전에 만든 주소록프로그램과 다른 점은 콤보박스 sel1값에 따라 고객이름 이외에 아이디 검색이 추가된 점이다. 따라서 sel1에 따라 검색조건이 전체, 이름(sel1=1), 아이디(sel1=2)로 늘었다. 그러므로 기존의 쿼리를 아래와 같이 수정하면 된다.

```
if text1="" then
    q="조건 없는 select문"
else
```

```
        if  sel1=1 then
            q="이름으로 검색하는 select문"
        else
            q="아이디로 검색하는 select문"
        end if
    end if
```

③ **검색용 콤보상자 sel1** : sel1 값이 추가되었으므로, html 소스도 sel1 값이 다음 문서
에 전달되도록 프로그램 처리를 해야 한다. 아래 프로그램은 A tag인 경우 해당 sel1
값이 전달되도록 작성된 예이다.

예〉 〈a href="xxxx.html?no=〈%=no %〉&page=〈%=page %〉**&sel1=〈%=sel1 %〉**
&text1=〈%=text1 %〉"〉

STEP 01 **member.asp 만들기**

① **member.html → member.asp 로 저장하기** : admin폴더에 있는 member.html을 읽
어 새 파일이름 member.asp로 저장한다.

② **member.asp link 수정하기** : 관리자 화면의 메뉴는 admin/include폴더의
common.js 파일에 있다. 따라서 이 파일을 읽어 내용 중 "member.html"을
"member.asp"로 수정한다.

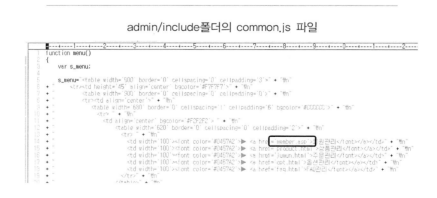

admin/include폴더의 common.js 파일

③ **member.asp 수정하기** : juso_list.asp 소스를 참고하여 프로그램을 작성한다.

④ **실행 및 결과확인** : 실행하여 쇼핑몰에서 등록한 회원 목록을 확인한다.

11.4.3 회원 수정 및 삭제

⟳ 실습목적

회원목록에서 수정 및 삭제를 클릭한 경우, 아래 그림과 같이 해당 회원정보를 수정하거나 삭제할 수 있는 프로그램을 작성하여라.

회원정보 수정화면(member_edit.html)

우편번호찾기(zipcode.html)

⟳ 실습이론

① **회원수정 파일구조** : 관리자화면에서 회원수정을 위한 파일 구성은 다음과 같다.

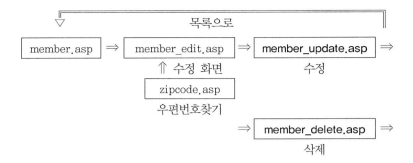

관리자 회원관리에서는 신규 회원가입 기능은 쇼핑몰에서 필요한 기능이므로, 관리자에서는 불필요하다. 따라서 관리자 측에서는 중복 ID를 조사하는 기능은 필요 없으며, 전체회원에 대한 수정과 삭제기능만 있으면 된다.

② **회원 ID, 우편번호찾기** : 회원정보 수정에서 관리자여도 회원 ID는 수정을 할 수 없도록 하여야 한다. 그리고 우편번호찾기는 쇼핑몰쪽의 우편번호찾기 zipcode.asp와 거의 동일하므로, 복사하여 사용하면 된다.

STEP 01 회원 수정

① **member_edit.html ➜ member_edit.asp 로 저장하기** : member_edit.html을 읽어 새 파일이름 member_edit.asp로 저장한다.

② **member.asp link 수정하기** : 수정의 A tag에 있는 "member_edit.html"을 "member_edit.asp"로 수정한다.

③ **member_edit.asp 수정하기** : juso_edit.asp 파일을 참고하여 프로그램을 작성한다.

④ **member_update.asp 만들기** : juso_update.asp 파일을 참고하거나 쇼핑몰의 member_update.asp를 admin폴더로 복사한 후, admin에 맞게 수정한다.

⑤ **홈페이지의 zipcode.asp 복사, 수정하기** : 쇼핑몰에서 작성한 zipcode.asp를 admin 폴더로 복사한 후, zipcode.asp에서 common.asp를 include file대신에 include virtual로 수정해야 한다.

〈!─ #include virtual="common.asp" ─〉

⑥ **실행 및 결과확인** : 실행하여 결과를 확인한다.

STEP 02 **회원 삭제**

① **member.asp link 수정하기** : 삭제의 A tag에 있는 "member_delete.html"을 "member_delete.asp"로 수정한다.

② **member_delete.asp 만들기** : juso_delete.asp를 참고하여 프로그램을 작성한다.

③ **실행 및 결과확인** : 실행하여 결과를 확인한다.

ASP 제품관리

12.1 분류관리

12.1.1 제품관리 개요

이번에는 쇼핑몰에서 판매하는 제품에 대한 프로그램 처리에 대해 알아보자. 제품관리는 취급하는 제품에 따라 다양하고 복잡한 구조를 가질 수 있지만, 제품처리에 대한 기본개념을 이해하는데 목적이 있으므로, 가능한 간단한 구조의 제품관리와 프로그램 처리에 대해서만 언급하도록 하겠다. 쇼핑몰에서 제품관리에 관한 작업은 회원관리와 마찬가지로 쇼핑몰 작업과 관리자 작업으로 나눌 수 있다.

1️⃣ **관리자 제품관리** : 관리자 측에서의 관리는 크게 분류관리, 옵션관리, 제품관리와 같이 3가지로 나눌 수 있다.

> ➔ 제품관리   ➔ **분류관리** : 바지, 브라우스, 코트 …
> (관리자)   (부분류 바지인 경우: 청바지, 반바지 …)
>   ➔ **옵션관리** : 사이즈, 색상 …
>   (소옵션 사이즈인 경우: XL, L, M, S)
>   ➔ **제품관리** : 제품명, 분류, 옵션, 가격, 설명, 사진, …

1) **분류관리** : 의류인 경우 바지, 브라우스, 코트와 같이 제품의 종류를 구분하는 항목을 관리하는 것으로서, 제품의 메뉴와 같은 역할을 한다. 또한 바지의 경우 반바지, 청바지, … 등 더 세분화되는 것처럼 분류는 더 작은 소분류로 나눌 수 있다. 이러한 제품의 대분류, 소분류는 쇼핑몰에서 메뉴와 같은 역할을 하여 고객이 원하는 제품을 쉽게 조회할 수 있는 기능을 한다.

2) **옵션관리** : 고객이 제품을 주문할 때, 제품의 특성에 따라 고객이 요구하는 옵션사항이다. 예를 들어 고객이 의류 제품을 주문하는 경우, 선택할 수 있는 옵션사항은 제품의 크기(XL, X, L, M, S)와 색상(빨강, 흰색, …)이 될 것이다. 목걸이인 경우에는 길이와 재질 등이 옵션사항이 될 수 있다.

3) **제품관리** : 실제 제품에 대한 정보로서, 제품명, 앞서 설명한 제품의 분류정보, 옵션정보, 가격, 설명, 제품사진 등 제품에 대한 자세한 정보를 등록 및 관리할 수 있는 것을 말한다.

② **사용자 제품관리** : 사용자측의 쇼핑몰 작업은 쇼핑몰 메인화면에서 신상품 및 히트상품 등 주요 제품에 대한 사진과 기본정보 표시, 각 분류별 제품 사진과 기본정보 표시, 그리고 제품을 선택했을 때 제품에 대한 상세정보를 표시하는 처리, 그리고 제품의 이름이나 다양한 정보를 이용하여 제품을 검색하는 처리이다.

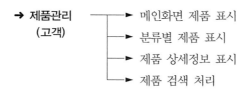

12.1.2 분류 등록

463

🔘 **실습목적**

제품 분류 정보를 common.asp에 배열로 선언하여 등록하여라.

🔘 **실습이론**

① **분류 처리** : 대형 쇼핑몰에서는 제품의 분류를 대분류, 중분류, 소분류 등 매우 세분화된 분류를 이용하고 있으며, 분류 정보를 저장할 테이블을 따로 만들어 관리자가 쉽게 변경을 할 수 있도록 만든다. 그러나 앞서 얘기했지만, 여기서는 가급적 간단한 구조의 쇼핑몰과 최소한의 작업으로 원하는 결과를 얻기 위하여 테이블을 이용하지 않고 배열을 이용하는 방법을 이용하도록 하겠다.
이 방법은 전역변수 배열을 선언하고, 분류의 이름들을 배열의 초기값으로 지정하는 것이다. 따라서 모든 문서에 include되는 common.asp에 아래와 같이 선언하면 간단하게 처리할 수 있다. 배열의 1번째 항인 "분류선택"은 분류이름이 아니라, 관리자화면에서 분류로 검색할 때 이용하기 위해 등록한 값이다. 착오가 없기를 바란다.

```
a_menu = array("분류선택","메뉴1","메뉴2","메뉴3","메뉴4","메뉴5", … )
n_menu=ubound(a_menu)   ' 분류 개수
```

예를 들어 의류쇼핑몰인 경우에는 바지, 셔츠, 코트, 브라우스 등이 분류이름이 되며, 쇼핑몰 메인화면에서는 상품 메뉴와 같은 역할을 한다.

[ASP] array(초기화할 값들…) 함수

배열을 생성하는 함수로서 배열첨자는 0부터 시작한다.

예제〉 a = array(31, 10, 25)
     b = array("a", "b", "c")

[ASP] ubound(배열이름) 함수

배열의 크기(제일 큰 첨자 값)를 알아 돌려주는 함수이다.

예〉 dim a(3)
    b = array("a", "b", "c")
    ubound(a) ➜ 3
    ubound(b) ➜ 2 ' 배열첨자는 0부터 시작하므로 결과는 2

STEP ◉

① **common.asp에 분류 등록하기** : common.asp에 자신이 만들 쇼핑몰의 제품 분류명
   을 등록한다.

   예〉 a_menu = array("분류선택","자켓","바지","코트","브라우스", …)
       n_menu=ubound(a_menu)

12.2 옵션관리

12.2.1 옵션관리 개요

앞서 언급했지만, 옵션관리는 고객이 제품을 주문할 때, 제품의 특성에 따라 고객이 요구
하는 옵션사항이다. 따라서 전자제품과 같이 제품에 따라 옵션이 필요 없는 경우도 있다.
만약 옵션이 없는 경우에는 이 작업을 하지 않아도 된다.

① **옵션관리** : 먼저 옵션관리에 대한 이해를 위하여, 흰색과 파란색만 있는 T셔츠 제품을
   예로 들어 설명하겠다. 이 경우에는 고객이 제품을 구입할 때, 고객이 원하는 사이즈와
   색상을 선택할 수 있도록, 제품을 등록할 때 색상과 사이즈 옵션을 등록해야 한다.

제품주문 (쇼핑몰)

그런데 문제는 판매할 제품에 따라 다양한 색상의 조합과 사이즈가 존재한다는 것이다. 이 문제는 아래 그림과 같이 opt테이블에는 다양한 옵션이름들을 등록하고 opts 테이블에는 해당 옵션이름에 대한 상세 내역을 등록하여 해결할 수 있다.

no	name
1	사이즈
2	색상1
3	색상2

opt 테이블

no	opt_no	name
1	1 (사이즈)	L
2	1 (사이즈)	M
3	1 (사이즈)	S
4	2 (색상1)	흰색
5	2 (색상1)	파랑색
6	3 (색상2)	흰색
7	3 (색상2)	빨강색

opts 테이블

예를 들어 opt테이블의 옵션 "색상2"는 opts테이블에 소옵션 "흰색, 빨강색"을 갖는 옵션이 된다. 따라서 아래 그림과 같이 제품을 등록할 때 옵션을 "색상2, 사이즈"를 등록하면, 고객화면에서는 선택한 옵션의 소옵션 내용 "빨강, 흰색"과 "L, M, S"가 표시되도록 한다면 이 문제를 해결할 수 있을 것이다.

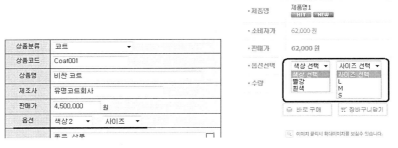

제품등록 화면 (관리자)   제품표시 화면 (쇼핑몰)

② **파일 구조** : 이 옵션 및 소옵션 처리를 위한 파일구조는 아래 그림과 같이 옵션 opt 를 관리할 수 있는 파일 구조와 opt에 관련된 소옵션 opts를 관리할 수 있는 파일 구조로 되어 있다.

→ opt.html **(옵션)**

    ├─► opt_new.html ──► opt_insert.asp (옵션 추가)

    ├─► opt_edit.html ──► opt_update.asp (옵션 수정)

    ├─► opt_delete.asp (옵션 삭제)

    └─► opts.html **(소옵션)**

          ├─► opts_new.html ──► opts_insert.asp (소옵션 추가)

          ├─► opts_edit.html ──► opts_update.asp (소옵션 수정)

          └─► opts_delete.asp (소옵션 삭제)

12.2.2 옵션 테이블

실습목적

옵션 opt와 소옵션 opts테이블을 만들어라.

실습이론

① **테이블 구조** : opt와 opts테이블의 구조는 다음과 같으며,

		필드명	자료형	Null	비고
1	옵션 번호	no	int	☐	자동 1 증가 옵션, 기본키 
2	옵션명	name	varchar(20)	☑	

opt 테이블

		필드명	자료형	Null	비고
1	소옵션 번호	no	int	☐	자동 1 증가 옵션, 기본키
2	옵션 번호	opt_no	int	☑	
3	소옵션명	name	varchar(20)	☑	

opts 테이블

두 테이블의 관계는 다음과 같다.

관계

STEP

① **opt테이블 만들기** : SQL Server 2014 Management Studio 프로그램을 이용하여 opt 테이블을 만든다.

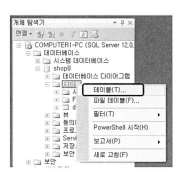
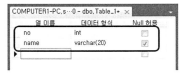

② **opts테이블 만들기** : SQL Server 2014 Management Studio 프로그램을 이용하여
opts 테이블을 만든다.

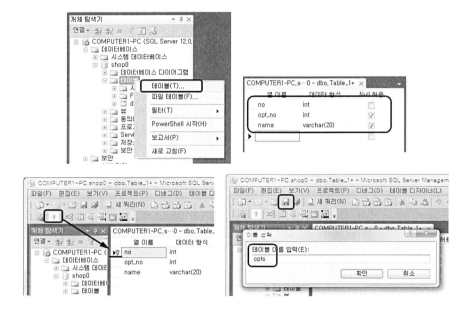

12.2.3 옵션

○ **실습목적**

opt테이블에 옵션종류 이름을 등록할 수 있는 옵션관리 프로그램을 만들어라.

옵션수 : 2 신규입력

번호	옵션명	수정/삭제	소옵션편집
1	사이즈	수정/ 삭제	소옵션편집
2	색상	수정/ 삭제	소옵션편집

옵션 목록(opt.asp)

옵션 등록(opt_new.asp)　　　　옵션 수정(opt_edit.asp)

⟳ **실습이론**

1　**옵션처리 파일 구조** : 옵션처리의 프로그램 구성은 다음과 같다.

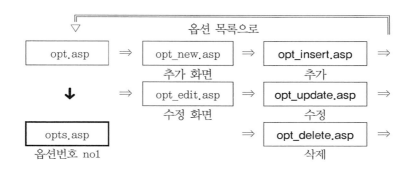

옵션관리 화면과 파일구성을 보면 페이지번호와 검색기능이 없고 옵션에 포함된 소옵션 정보를 관리할 수 있는 opts.asp를 호출하는 "소옵션편집"이라는 기능이 추가되었다. 따라서 기존의 프로그램을 최대한 이용하여 불필요한 부분은 생략하고 프로그램을 작성하면 될 것이다. 그리고 원한다면, 옵션목록 화면에서 페이지 및 검색기능을 구현하는 것도 좋을 것이다.

STEP 01　옵션목록

① **opt.html ➜ opt.asp 저장하기** : opt.html을 읽어 새 이름 opt.asp로 저장한다.

② **common.js link 수정하기** : 관리자 화면의 메뉴에 관련된 소스는 admin/include폴더에 있는 common.js 파일에 javascript로 작성되어 있다. 옵션목록 화면을 호출하는 A tag의 "opt.html"를 "opt.asp"로 수정한다.

③ **opt.asp 만들기** : admin폴더의 juso_list.asp 소스를 참고하여 opt.asp 프로그램을 작성한다.

1) 이름검색기능 및 페이지기능에 관련된 부분은 모두 삭제하거나 수정한다.

juso_list.asp에서 페이지기능을 제거하는 경우, 다음과 같이 수정해야 한다.

for i=1 to page_line   ➜   for i=1 to **count**

2) 삭제, 수정, 소옵션편집 문서로 이동하는 A tag에서 opt_delete.html, opt_update.html, opts.html의 확장자를 모두 asp로 수정한다.

④ **실행 및 결과확인** : 실행하여 결과를 확인한다.

STEP 02 **옵션추가**

① **opt_new.html link 수정하기** : opt_new.html에서 Form tag의 "opt_insert.html"을 "opt_insert.asp"로 수정한다.

② **opt_insert.asp 만들기** : juso_insert.asp를 참고하여 opt_insert.asp를 만든다.

no필드는 자동으로 1씩 증가하는 int형므로, name 필드만 insert SQL에 이용하면 된다.

③ **실행 및 결과 확인** : 실행하여 결과를 확인한다.

STEP 03 **옵션수정 및 삭제**

① **opt_edit.html ➜ opt_edit.asp 저장하기** : opt_edit.html을 읽어 새 이름 opt_edit.asp로 저장한다.

② **opt_edit.asp link 수정 및 작성하기** : opt_edit.asp에서 Form tag의 "opt_update.html"을 "opt_update.asp"로 수정한다. 그리고 member_edit.asp를 참고하여 opt_edit.asp를 작성한다.

③ **opt_update.asp 만들기** : member_update.asp를 참고하여 opt_update.asp를 만든다.

④ **실행 및 결과확인** : 실행하여 결과를 확인한다.

STEP 04 **opt_delete.asp 만들기**

① **opt_delete.asp 만들기** : member_delete.asp를 참고하여 opt_delete.asp를 만든다.

② **실행 및 결과확인** : 실행하여 결과를 확인한다.

12.2.4 소옵션

○ **실습목적**

옵션목록 화면에서 "소옵션편집"을 클릭하면 선택한 옵션의 소옵션 항목을 관리할 수 있
는 소옵션관리 프로그램을 작성하여라. 아래 그림은 사이즈 옵션에서 소옵션버튼을 클릭
한 경우, 소옵션 XL, L, M, S 목록을 보여주는 예제화면이다.

사이즈 소옵션편집 버튼을 클릭한 경우

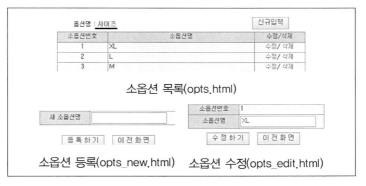

소옵션 목록(opts.html)

소옵션 등록(opts_new.html)　소옵션 수정(opts_edit.html)

○ **실습이론**

① **소옵션관리 파일 구조** : 소옵션관리의 프로그램 구성은 다음과 같다.

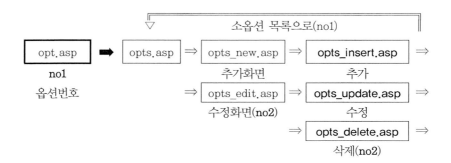

소옵션관리는 앞서 작업한 옵션관리와 거의 동일한 화면 구성과 프로그램을 가지고 있다. 따라서 옵션관리 프로그램을 최대한 참조하여 작성하면 된다.

② **옵션번호 no1, 소옵션번호 no2 변수** : 소옵션관리가 옵션관리와 다른 점은 선택한 옵션에 대한 소옵션 정보를 등록하기 위하여, 선택한 옵션번호(no1)값을 모든 소옵션 문서에 계속 가지고 이동해야 한다는 점이다. 〈소옵션편집〉에 마우스 커저를 대었을 때 표시되는 URL을 보면 no1값만 표시된다.

opts.html?**no1**=1

반면에 소옵션 목록화면에서 〈수정〉에 마우스 커저를 대었을 때는 아래와 같이 no1과 no2값을 같이 가지고 다니는 것을 알 수 있다.

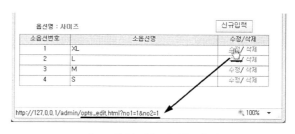

opts_edit.html?**no1**=1&**no2**=1

html 소스에서는 옵션번호와 소옵션번호를 구분하기 위하여 옵션번호는 no1, 소옵션번호는 no2라는 hidden 변수를 사용하고 있으며, 이점을 주의하여 프로그램을 작성해야 한다.

3. **소옵션 목록으로 이동 처리** : 옵션관리에서 자료의 추가, 수정, 삭제(opt_insert.asp, opt_update.asp, opt_delete.asp)처리를 한 후, 다시 목록으로 이동하는 맨 마지막 줄 프로그램은 다음과 같이 작성하였으나,

```
response.redirect "opt.asp"
```

소옵션에서는 소옵션목록 화면으로 돌아갔을 때, 처음에 선택한 옵션명이 표시되어야 한다. 다시 말해 옵션에서 "사이즈"옵션을 선택했다면, 소옵션을 등록하고는 다시 "사이즈" 소옵션 목록화면이 표시되어야 한다는 말이다. 따라서 다음과 같이 no1값을 가지고 이동해야 원하는 처리를 할 수 있다.

```
response.redirect "opts.asp?no1=" & request("no1")
```

STEP 01 소옵션 목록

① **opts.html ➜ opts.asp 저장하기** : opts.html을 새 이름 opts.asp로 저장한다.

② **opt.asp link 수정하기** : opt.asp에서 소옵션편집의 A tag를 수정한다. 여기서 no1
은 다음 문서에 전달될 옵션번호 값이다.

```
<a href='opts.asp?no1=<%=rs("no") %>'>소옵션편집</a>
```

③ **opts.asp 만들기** : opt.asp를 참고하여 프로그램을 작성한다. 이 처리에서는 opt테
이블에 대한 select문과 opts테이블에 대한 select문을 각각 실행하여야 한다.

1) 옵션번호 no1과 opt테이블에 관한 select문을 실행하여 옵션명을 알아내 화면 상
단의 옵션명 rs("name") 표시를 한다.

```
q="select name from opt where no=" & request("no1")
```

옵션명 : 사이즈		신규입력
소옵션번호	소옵션명	수정/삭제
1	XI	수정 / 삭제

2) no1 옵션의 소옵션 목록만을 표시하기 위한 select문은 다음과 같이 써야 한다.

q="select * from opts **where opt_no=**" & request("no1") & " order by name"

소옵션번호	소옵션명	수정/삭제
1	XL	수정/ 삭제
2	L	수정/ 삭제
3	M	수정/ 삭제
4	S	수정/ 삭제

④ **실행 및 결과확인** : 실행하여 결과를 확인한다.

STEP **02** **소옵션 추가**

① **opts_new.html ➜ opts_new.asp로 저장하기** : opts_new.html을 새 이름 opts_new.asp로 저장한다.

② **opts.asp link 수정하기** : opts.asp에서 신규입력 버튼을 클릭한 경우, 호출되는 javascript go_new()함수의 href를 다음과 같이 수정한다. 여기서 no1은 다음 문서에 전달될 옵션번호 값이다.

```
function go_new()
{
    location.href="opts_new.asp?no1=<%=request("no1") %>";
}
```

③ **opts_new.asp link 수정하기** : opts_new.asp에서 Form tag의 "opts_insert.html" 을 "opts_insert.asp"로 수정한다.

④ **opts_insert.asp 만들기** : opt_insert.asp를 참고하여 opts_insert.asp를 만든다. insert SQL문에서 opt_no 필드에는 no1 값이 저장되도록 SQL문을 작성해야 한다.

⑤ **실행 및 결과확인** : 실행하여 결과를 확인한다.

STEP **03** **소옵션 수정**

① **opts_edit.html ➜ opts_edit.asp로 저장하기** : opts_edit.html을 읽어 새 이름

opts_edit.asp로 저장한다.

② **opts_edit.asp link 수정 및 작성하기** : opts_edit.asp에서 Form tag의 "opts_update.html"을 "opts_update.asp"로 수정한다. 그리고 opt_edit.asp를 참고하여 opts_edit.asp를 작성한다. 이때 주의할 사항은 옵션번호 no1과 소옵션번호 no2를 다음과 같이 hidden으로 두 값을 update문서에 전달할 수 있도록 초기화해야 한다.

<input type="hidden" name="no1" value="**〈%=request("no1") %〉**">
<input type="hidden" name="no2" value="**〈%=request("no2") %〉**">

③ **opts_update.asp 만들기** : opt_update.asp를 참고하여 opts_update.asp를 만든다.

④ **실행 및 결과확인** : 실행하여 결과를 확인한다.

STEP **04** **소옵션 삭제**

① **opts_delete.asp 만들기** : opt_delete.asp를 참고하여 opts_delete.asp를 만든다.

② **실행 및 결과확인** : 실행하여 결과를 확인한다.

12.3 관리자 제품관리

제품관리에 관한 프로그램 작업을 하기 전에 제품을 설명하기 위하여 필요한 이미지를 서버에 업로드(Upload)하는 방법에 대하여 알아보자.

12.3.1 파일 업로드

○ **실습목적**

아래 그림과 같이 upload_asp.html을 실행하여 선택한 파일을 서버 홈페이지의 product 폴더에 업로드 할 수 있는 프로그램을 작성하여라.

upload_asp.html   upload.asp

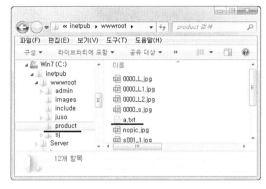

product폴더 업로드 결과화면

```
〈html〉
〈head〉
〈title〉test〈/title〉
〈/head〉
〈body〉
〈form method="post" action="upload.asp" enctype="multipart/form-data"〉
〈input type="file" name="filename" size="40" value=""〉〈br〉〈br〉
〈input type="text" name="irum1" size="20" value="홍길동"〉〈br〉〈br〉
〈input type="submit" value="보내기"〉
〈input type="reset" value="지우기"〉
〈/form〉
〈/body〉
〈/html〉
```

upload.html

○ 실습이론

1️⃣ **upload를 위한 html** : 선택한 파일을 서버로 업로드하기위해서는 아래와 같이 html
소스를 작성해야 한다.

1) Form tag에서 전송방식 method는 "post"를 이용해야 하며, 반드시 enctype="multipart/form-data" 문장을 포함해야 한다.
2) upload할 파일을 선택하는 찾아보기 대화창을 열기 위해서는 반드시 input type을 file로 해야 한다.

〈input type="**file**" name="변수이름" value=""〉

② **upload를 위한 ASP 소스** : upload를 위한 ASP 소스는 다음과 같다.

```
❶   〈% @language="VBScript" %〉
    〈%
❷       Set theForm = Server.CreateObject("ABCUpload4.XForm")
        theForm.Overwrite   = True
❸       Set file = theForm.Files("filename")
❹       fname=file.SafeFileName          ' 파일이름
        If fname〈〉"" then               ' 선택한 파일이 있는지
            fsize=file.length            ' 파일크기
❺           file.Save "/절대경로/" & fname
        End if
        resonse.write "파일이름 : " & fname & "〈br〉" & "파일크기 : " & fsize
        response.write "〈br〉〈br〉"
❻       response.write "irum1 : " & theForm("irum1")
    %〉
```

Upload 프로그램

❶ **@language="VBScript"** : 서버측 스크립트를 어떤 것을 사용할 지를 지정하는 지시어로서, ABCUpload 컴포넌트를 이용해야하므로 VBScript를 지정해야 한다.

❷ **theForm** : ABCUpload용 컴포넌트 개체 theForm을 생성하고, 같은 파일이 있는 경우 겹쳐 쓰도록 overwrite속성을 true로 초기값을 지정한다.

❸ **업로드할 파일** : 업로드할 파일(filename)에 대한 정보를 file에 설정한다.

❹ **SafeFileName, length 속성** : 업로드할 파일이름과 파일크기(Byte)이며, 파일을 선택하지 않은 경우는 빈 문자열을 돌려준다.

❺ **save 메서드** : 지정된 경로의 폴더에 파일을 upload 시킨다. 이때 경로는 절대 경로명으로 지정해야 한다. 프로그램을 실행하는 현재위치가 root폴더(wwwroot)

인 경우는 root를 의미하는 "/"첫 글자를 생략할 수 있다. 예를 들어 저장할 폴더가 product폴더인 경우, 생략하여"product/"와 같이 지정할 수 있다. 그러나 현재위치가 admin인 경우는 반드시 "/절대경로/"와 같이 지정해야 하므로 "/product/"라고 지정해야 한다.

[ASP] ABCUpload4 컴포넌트

ABCUpload4는 ASP 서버에서 파일을 업로드하기위한 유료용 업로드 컴포넌트로서 30일간 무료로 사용할 수 있으며, 4.1버전인 경우는 아직 무료로 사용할 수 있다. 사용법은 위 소스를 이용하길 바라며, Overwrite이외에 FileExists(파일존재), MaxUploadSize(최대전송파일크기), CodePage(문자코드) 등 다양한 속성과 메서드를 가지고 있다. 자세한 내용은 프로그램 설치 후, 프로그램의 도움말을 참고하길 바란다. 이 책에서는 업로드를 위해 필요한 내용만 소개하도록 하겠다.

---

❻ **일반 Form 개체변수** : ABCUpload를 이용하는 경우에는 Form변수들을 request함수를 이요해서 구할 수 없으며, server.createobject로 선언된 개체이름 (theForm)을 통해 값을 얻을 수 있다. 따라서 irum1인 경우는 request("irum1") 가 아닌 theForm("irum1")이라고 해야 한다.

③ **새 파일이름으로 업로드** : 다른 파일이름으로 저장하려면 fname대신에 다른 파일이름으로 지정하면 된다.

```
<% @language="VBScript" %>
<%
    Set theForm = Server.CreateObject("ABCUpload4.XForm")
    theForm.Overwrite  = True

    new_fname = "새파일이름"
    Set file = theForm.Files("filename")
    fname=file.SafeFileName          ' 파일이름
    If fname<>"" then                ' 선택한 파일이 있는지
       fsize=file.length             ' 파일크기
       file.Save "/절대경로/" & new_fname
    End if
    resonse.write "파일이름 : " & fname & "<br>" & "파일크기 : " & fsize
    response.write "<br><br>"
    response.write "irum1 : " & theForm("irum1")
%>
```

④ **폴더 권한 설정** : 파일을 업로드하기위해서는 업로드할 폴더가 누구나 접근할 수 있어야 한다. 따라서 제품이지미를 올릴 product 폴더에 사용자 everyone을 추가하고 읽기/쓰기 권한을 설정해야 한다.

everyone 추가 (읽기/쓰기 권한) ➔   upload용으로 사용할 폴더

STEP 01   Product 폴더 권한 변경

① **Product폴더 속성 창** : product 폴더의 "속성" 메뉴를 클릭한다.

② **사용자 추가** : 〈보안〉탭을 선택한 후, "편집"버튼을 클릭한다. 그리고 〈Product의 사용 권한〉창에서 "추가"버튼을 클릭한 후, 〈사용자 또는 그룹 선택〉창에서 "고급"버튼을 클릭한다.

③ **Everyone 추가** : "지금 찾기"버튼을 클릭한 후, 누구나 접근할 수 있는 사용자인 everyone을 선택하기 위해 〈검색 결과〉에서 "Everyone"을 선택한다. 그리고 "확인" 버튼을 클릭한다.

④ **모든 권한 선택** : 모든 사람에게 쓰기 권한을 부여하기 위해 〈Everyone의 사용권한〉 에서 "모든 권한" 확인란을 체크한다. 그리고 "확인"버튼을 클릭하여 작업을 마친다.

 STEP 02

① **새 문서 만들기** : 아래 그림처럼 "새로 작성"메뉴를 이용하여 "upload.asp"라는 이름 의 새 파일을 만든다.

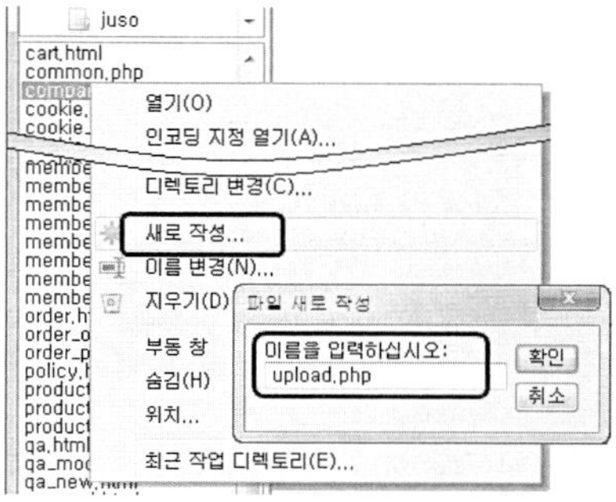

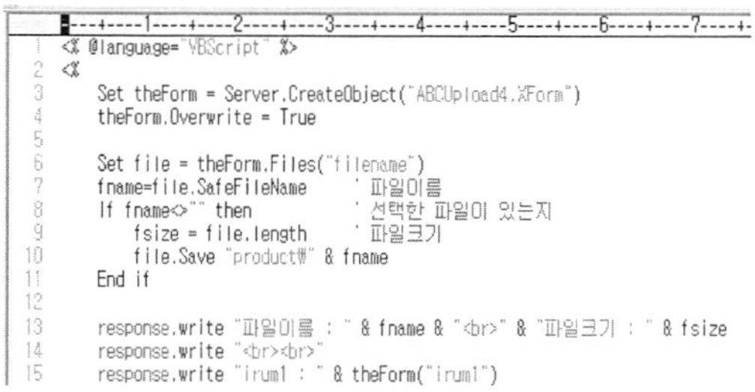

```
〈% @language="VBScript" %〉
〈%
   Set theForm = Server.CreateObject("ABCUpload4.XForm")
   theForm.Overwrite = True

   Set file = theForm.Files("filename")
   fname=file.SafeFileName          ' 파일이름
   If fname〈〉"" then               ' 선택한 파일이 있는지
      fsize = file.length           ' 파일크기
      file.Save "/product/" & fname
   End if

   response.write "파일이름 : " & fname & "〈br〉" & "파일크기 : " & fsize
   response.write "〈br〉〈br〉"
   response.write "irum1 : " & theForm("irum1")
%〉
```


② **실행 및 결과확인** : upload.html을 실행하여 임의의 파일을 업로드 해본다. 그리고 c:₩Inetpub₩wwwroot₩product폴더에 파일이 있는지 확인한다.

http://127.0.0.1/upload.html

STEP 03 새 이름으로 업로드하기

① **upload.asp 수정하기** : STEP02의 프로그램을 다음과 같이 수정한다.

```
<<% @language="VBScript" %>
<%
   Set theForm = Server.CreateObject("ABCUpload4.XForm")
   theForm.Overwrite = True


   new_fname="new.txt"
   Set file = theForm.Files("filename")
   fname=file.SafeFileName      ' 파일이름
   If fname<>"" then               ' 선택한 파일이 있는지
      fsize = file.length           ' 파일크기
      file.Save "/product/" & new_fname
   End if
   response.write "파일이름 : " & fname & "<br>" & "파일크기 : " & fsize
   response.write "<br><br>"
   response.write "irum1 : " & theForm("irum1")
%>
```

② **실행 및 결과확인** : 실행하여 지정된 새 이름(new.txt)으로 업로드 되었는지 확인한다.

http://127.0.0.1/upload.html

12.3.2 제품 테이블

🔵 **실습목적**

제품테이블인 product테이블을 만들어라.

🔵 **실습이론**

① **테이블 구조** : product 테이블의 구조는 다음과 같다.

		필드명	자료형	Null	비고
1	제품번호	no	int	☐	자동1증가 옵션, 기본키 🗝
2	제품분류	menu	int	☑	
3	제품코드	code	varchar(20)	☑	
4	제품명	name	varchar(255)	☑	
5	제조사	coname	varchar(50)	☑	
6	가격	price	int	☑	
7	옵션1	opt1	int	☑	
	...	...	...	☑	
8	제품설명	contents	text	☑	
9	상품상태	status	tinyint	☑	1=판매중,2=판매중지,3=품절
10	등록일	regday	date	☑	
11	아이콘:신상품	icon_new	tinyint	☑	표시안함=0, 표시=1
12	아이콘:히트	icon_hit	tinyint	☑	표시안함=0, 표시=1
13	아이콘:세일	icon_sale	tinyint	☑	표시안함=0, 표시=1
14	할인율(%)	discount	tinyint	☑	icon_sale=1인 경우
15	이미지1	image1	varchar(255)	☑	제품 작은 이미지
16	이미지2	image2	varchar(255)	☑	제품 큰 이미지
17	이미지3	image3	varchar(255)	☑	제품 설명 이미지
18	...	...	...	...	

product 테이블

제품의 정보를 등록하는 product테이블은 아주 복잡하고 다양한 구조를 가질 수 있지만, 여기서는 가급적 최소의 정보만을 갖는 테이블로 구성하였다. 주요 필드의 내용은 다음과 같다.

1) **menu** : 제품의 종류를 나타내는 필드로서 common.asp에서 등록한 menu배열의 첨자 값을 저장하는 필드이다.

2) **opt1, opt2, …** : 이 필드는 옵션종류를 저장하는 필드로서 제품의 성격에 따라 옵션이 없을 수도 있고, opt1, opt2, …와 같이 여러 개가 될 수도 있다. 예를 들어

전자제품인 경우는 옵션사항이 없지만, 의류인 경우는 색상, 사이즈가 될 수 있다. 따라서 이 필드는 독자가 만들려고 하는 쇼핑몰에서 취급할 제품에 따라 결정해야 할 것이다. 여기서는 옵션의 종류가 2가지인 것으로 가정하여 작업하도록 하겠다.

3) **status** : 이 필드는 제품이 현재 판매중(=1), 판매중지(=2), 아니면 품절(=3)인지를 나타내는 필드이다. 판매중지인 경우는 쇼핑몰에서 제품이 표시되지 않으며, 품절인 경우에는 제품이름 옆에 품절표시를 함으로서 고객들에게 알려주는 프로그램 처리에 이용된다..

4) **icon_new, icon_hit, icon_sale** : 이 표시는 고객들에게 상품에 대한 구매정보를 알려주는 아이콘을 표시할 것인지, 말 것인지를 설정하는 필드들이다. 예를 들어 신상품(icon_new), 히트상품(icon_hit), 할인상품(icon_sale)인 경우 제품이름 옆에 해당 아이콘을 표시해준다.

5) **discount** : 이 필드는 할인상품인 경우 몇 %의 할인을 할 것인지를 나타내는 필드이다. 따라서 icon_sale이 1인 경우만 사용되는 필드이다.

6) **image1** : 이 필드는 상품의 축소 그림의 파일이름을 저장하는 필드이다. 쇼핑몰의 메인화면에서는 한 화면에서 수십 개의 상품 그림을 동시에 보여준다. 이 경우 이미지가 크면 표시속도가 떨어진다. 따라서 진열용 이미지는 상품의 작은 그림이 적합하다.

7) **image2** : 제품의 모양을 보여주기 위한 큰 그림으로서, 그림을 클릭한 경우 보여주는 큰 이미지의 파일이름을 저장하는 필드이다.

8) **image3, …** : 제품의 상세설명을 위한 여러 이미지중 하나로서, 이 그림은 하나가 아니라 여러 개일 수 있다. 최근에는 제품의 모양을 고객들에게 정확히 전달하기 위하여 여러 장의 그림을 이용하는 추세이다. 따라서 그림 개수는 독자들이 적당히 결정하길 바란다. 여기서는 설명용 그림을 1개로 가정하여 작업하도록 하겠다.

STEP ◉

① **product테이블 만들기** : SQL Server 2014 Management Studio 프로그램을 이용하여 product 테이블을 만든다.

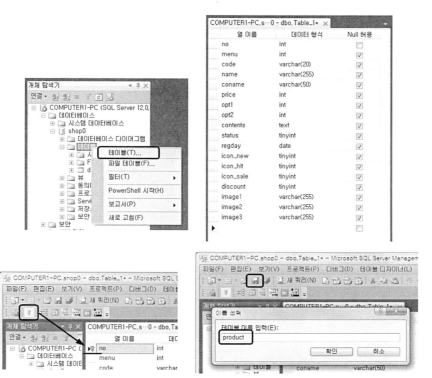

12.3.3 제품 목록

⟳ 실습목적

아래 그림과 같이 쇼핑몰 관리자가 제품관리를 할 수 있는 프로그램을 만들어라.

제품분류	제품코드	제품명	판매가	상태	이벤트	수정/삭제
코트	Coat001	비싼 코트	4,500,000	판매중	New Hit Sale(10%)	수정/ 삭제

제품목록 화면(product.html)

상품분류	상품분류를 선택하세요 ∨
상품코드	
상품명	
제조사	
판매가	원
옵션	옵션선택 ∨ 옵션선택 ∨
제품설명	
상품상태	● 판매중 ○ 판매중지 ○ 품절
아이콘	☐ New ☐ Hit ☐ Sale 할인율 : 0 %
등록일	년 월 일
이미지	이미지1: 찾아보기... 이미지2: 찾아보기... 이미지3: 찾아보기...

등록하기   이전화면

제품등록 화면(product_new.html)

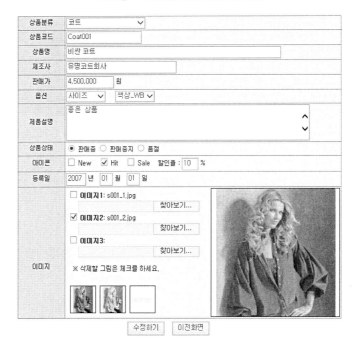

제품수정 화면(product_edit.html)

◎ 실습이론

1 **제품관리 파일구조** : 실습할 제품관리 파일 구성은 다음과 같다.

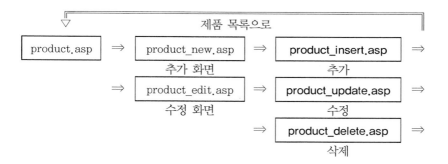

② **멀티검색** : 제품목록 화면의 상단을 보면 아래 그림과 같이 다양한 조건으로 자료를 검색할 수 있도록 구성되어 있다. 기존의 if문을 이용하는 방법으로 검색을 하는 경우는 발생할 수 있는 SQL문의 종류가 너무 많으므로 프로그램 처리하기가 곤란하다.

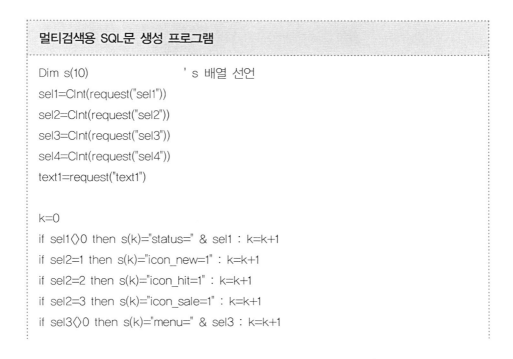

따라서 검색을 위하여 선택한 조건 값을 기억하는 변수이름이 sel1, sel2, sel3, sel4, text1이라고 하면 아래와 같은 프로그램으로 이 문제를 해결할 수 있다.

멀티검색용 SQL문 생성 프로그램

```
Dim s(10)                  ' s 배열 선언
sel1=CInt(request("sel1"))
sel2=CInt(request("sel2"))
sel3=CInt(request("sel3"))
sel4=CInt(request("sel4"))
text1=request("text1")

k=0
if sel1<>0 then s(k)="status=" & sel1 : k=k+1
if sel2=1 then s(k)="icon_new=1" : k=k+1
if sel2=2 then s(k)="icon_hit=1" : k=k+1
if sel2=3 then s(k)="icon_sale=1" : k=k+1
if sel3<>0 then s(k)="menu=" & sel3 : k=k+1
```

```
if text1<>"" then
    if sel4=1 then s(k)="name like '%" & text1 & "%'"
    if sel4=2 then s(k)="code like '%" & text1 & "%'"
end if
if k > 0 then tmp = " where " & join(s," and ") else tmp=""
q="select * from product " & tmp & " order by name;"
```

이 프로그램은 where절에 들어갈 조건식을 각 조건변수(sel1, sel2, sel3, sel4)에 따라 하나의 문자열로 만들어주는 프로그램이다. 만약 판매중(sel1=1)이며, hit상품 (sel2=1)인 바지(menu=2)를 검색하는 경우, 각 s배열에는 다음과 같이 저장된다.

```
s(0) = "status=1"
s(1) = "icon_new=1"
s(2) = "menus=2"
```

이 s배열과 "and" 문자열을 join함수를 이용하여, 각 s배열 값 사이에 " and "를 삽입 하면 다음과 같은 결과를 얻을 수 있다.

```
tmp = "status=1 and icon_new=1 and menu=2"
```

따라서 최종적인 SQL문은 다음과 같을 것이며, 조건의 선택에 따라 다양한 SQL문을 쉽게 만들 수 있을 것이다.

```
select * from product
    where status=1 and icon_hit=1 and menu=2 order by name;
```

이 멀티 검색처리는 앞으로 자주 응용될 구조이므로, 잘 이해하길 바란다.

[ASP] join(배열명, 구분 문자열)

배열값들 사이에 구분문자열을 집어넣어 하나의 문자열로 합쳐진 값을 돌려주는 함수.

```
예> tmp=array(1, 2, 3)
    s=join(tmp,"^")        ' 1^2^3 문자열을 리턴함.
```

---

③ **상품상태, 아이콘, 검색어 전역변수 선언** : 상품상태나 상품에 대한 아이콘은 프로그

램에서 자주 사용되는 내용이다. 따라서 전역변수로 사용하기 위하여 아래와 같이 common.asp에 선언하는 것이 좋다. 배열의 0번째 값(상품상태, 아이콘)은 실제 사용하는 값이 아니라, 콤보박스에서 "전체"를 의미하는 값으로 사용한다. 분류 콤보박스인 경우는 앞에서 선언한 a_menu, n_menu를 이용하면 된다.

```
a_status=array("상품상태","판매중","판매중지","품절")    ' 상품상태
n_status=uBound(a_status)
a_icon=array("아이콘","New","Hit","Sale")        ' 아이콘
n_icon=uBound(a_icon)
a_text1=array("","제품이름","제품번호")        ' 검색어
n_text1=uBound(a_text1)
```

이와 같이 전역변수로 선언하면, 조건부 콤보박스로 선택된 값을 콤보박스 초기값으로 표시할 때 프로그램 작성이 쉬워진다. 아래 프로그램은 멀티검색 조건인 상품상태 status에 관련된 프로그램 예제이다. 나머지 콤보박스도 같은 원리를 이용하여 변수이름(sel1, n_status)과 배열 변수이름(a_status)만 해당 변수이름으로 변경하여 작성하면 된다.

```
response.write "<select name='sel1'>"
for i=0 to n_status
  if i = sel1 then tmp="selected" else tmp=""
  response.write "<option value=" & I & "" " & tmp & ">" & a_status(i) & "</option>"
next
response.write "</select>"
```

주의할 점은 a_text1을 처리할 때는 for문에서 i=0 이 아니라 I=1부터 시작해야 한다.

4 **가격표시** : 가격표시할 때 3자리마다 콤마를 삽입하려면 다음 FormatNumber 함수를 이용하여 간단히 처리할 수 있다.

[ASP] FormatNumber(값,소숫점이하자리) 함수

3자리마다 콤마를 삽입하고 지정한 소수점이하자리에서 반올림한 문자열로 변환하는 함수. 만약 정수값에 소수점이하자리를 0으로 지정하면 3자리마다 콤마를 삽입한 문자열로 변환한다.

예〉	FormatNumber(1234.56)	➜ 1,234.67
	FormatNumber(1234.56,1)	➜ 1,234.7
	FormatNumber(1234,0)	➜ 1,234

---

⑤ **Form 변수 전달하기** : A tag를 이용하여 다른 문서로 이동할 때 검색과 페이지에 관련된 변수 no, sel1, sel2, sel3, sel4, text1, page값도 같이 넘겨주어야 한다. 다음 프로그램은 제품 수정을 하는 경우의 A tag에 관련된 프로그램이며 각 변수들은 request함수를 이용하여 변환된 값(예: no=request("no"))들이어야 한다.

```
〈a href="product_edit.asp?no=〈%=no%〉
    &sel1=〈%=sel1%〉&sel2=〈%=sel2%〉&sel3=〈%=sel3%〉&sel4=〈%=sel4%〉
    &text1=〈%=text1%〉&page=〈%=page %〉"〉수정〈/a〉
```

STEP 01   product.asp 만들기

① **product.html ➜ product.asp 로 저장하기** : admin폴더에 있는 product.html을 읽어 새 파일이름 product.asp로 저장한다.
② **common.js link 수정하기** : 상단메뉴 수정을 위해 admin/include폴더의 common.js 파일을 읽어 "product.html"을 "product.asp"로 수정한다.
③ **product.asp 수정하기** : member.asp를 참고하여 프로그램을 작성한다.
④ **실행 및 결과확인** : 실행하여 결과를 확인한다.

12.3.4 제품 등록

◯ **실습목적**

아래 그림과 같이 관리자가 새 제품 정보를 등록할 수 있는 프로그램을 만들어라.

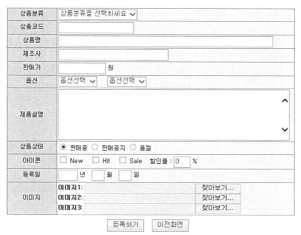

새 제품등록 화면(product_new.html)

(⟳) 실습이론

① **제품입력 및 삭제 파일구조** : 새 제품정보를 등록하는 파일 구성은 다음과 같다.

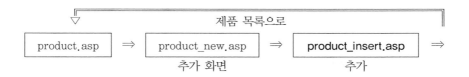

② **제품명, 제품설명** : 제품명과 제품설명 내용 중 작은따옴표('), 따옴표("), 슬래쉬(/)
와 같은 문자가 포함되면, SQL을 실행할 때 에러가 발생된다. 예를 들어 다음과 같
이 name필드에 It's를 저장하려는 경우, insert SQL문에서 문자열 표시기호인 '와
혼동되어 에러가 발생된다.

　　　insert into product (name,⋯) values ('It's', ⋯); ➔ 에러

따라서 에러를 막기 위해서는 PHP의 addslashes 함수와 같은 함수를 이용하여 이
문자들 앞에 슬래쉬(/)를 붙여 escape문자화시켜 저장해야 한다. 그리고 출력할 때는
반대로 PHP의 stripslashes 함수와 같은 함수를 이용하여 슬래쉬(/)를 제거하여 정
상 출력을 해야 한다. ASP에는 이러한 기능을 하는 함수가 따로 없다. 따라서 이 기
능을 구현하기 위해서는 다음과 같은 사용자 함수 addslashes, stripslashes함수를
만들어 사용해야 한다.

```
name = addslashes(name)
contents = addslashes(contents)
```

[ASP] addslashes(문자열) 사용자함수

문자열내의 작은따옴표('), 따옴표("), 슬래쉬(/)와 같은 문자 앞에 /를 추가하여 escape화
된 문자열로 만드는 사용자 함수.

예〉 addslashes("It's")   ➜   It/'s

```
function addslashes(s)
    dim regEx
    set regEx = new RegExp
    with regEx
        .Global = true
        .IgnoreCase = true
        .Pattern = "([₩000₩010₩011₩012₩015₩032₩042₩047₩134₩140])"
    end with
    addslashes = regEx.replace(s, "₩$1")
    set regEx = nothing
end function
```

[ASP] stripslashes(문자열) 사용자함수

addslashes()함수로 escaped된 문자열을 원상 복귀시키는 사용자 함수

예〉 stripslashes("It/'s")   ➜   It's

```
function stripslashes(s)
    dim regEx
    set regEx = new RegExp
    with regEx
        .Global = true
        .IgnoreCase = true
        .Pattern = "₩₩([₩000₩010₩011₩012₩015₩032₩042₩047₩134₩140])"
    end with
    stripslashes = regEx.replace(s, "$1")
    set regEx = nothing
end function
```

---

③ **옵션 콤보박스** : 위의 새 제품등록화면인 경우 옵션사항이 2가지인데, 두개의 콤보박
스 모두 opt테이블의 옵션명이 목록으로 똑같이 나와야 한다. 예를 들어 의류쇼핑몰
인 경우 옷은 보통 색상과 사이즈 옵션사항이 필요하다. 이 경우 아래 그림과 같이

색상과 사이즈를 선택할 수 있어야 한다.

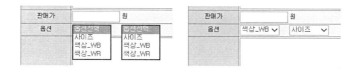

따라서 두 옵션 opt1, opt2 콤보박스를 위한 쿼리문은 다음과 같다.

```
q="select * from opt order by name"
```

만약 이 의류 쇼핑몰에서 옷 이외에도 반지를 판매하는 경우, 반지는 옵션이 반지사이즈 한가지이다. 이 경우에는 첫 번째 옵션 콤보박스를 "반지사이즈", 두 번째 옵션 콤보박스에서 "옵션선택(=0)"을 선택한다. 그리고 사용자 쪽의 제품 화면에서는 두 번째 옵션상자가 표시되지 않도록 프로그램 해야 한다.

관리자 화면   사용자 쪽 화면

옵션 콤보상자의 첫 번째 항은 "옵션선택"이 되도록 반드시 있어야 하며,

```
<select name="opt1">
   <option value="0" selected>옵션선택</option>
   <%
         ...
   %>
</select>
```

option의 value는 옵션번호 rs("no")가, 콤보상자 목록 값은 rs("name")이 되어야 한다.

```
response.write("<option value='" & rs("no") & "'>" & rs("name") & "</option>")
```

두 번째 옵션 콤보상자인 경우, 이미 첫 번째 옵션에서 목록값을 구했기 때문에 SQL문을 다시 실행할 필요가 없다. 레코드 포인터를 처음으로 이동시키는 MoveFirst 메서드를 이용하면 간단하게 처리할 수 있다.

```
    ...
<option value="0" selected>옵션선택</option>
<%
    rs.MoveFirst    ' 첫 번째 자료로 이동
    for i=1 to count
        ...
```

아니면 rs.close문을 이용해 recordset을 닫고 다시 SQL문을 실행하여 처리할 수 있다.

```
    ...
    rs.close            ' 첫 번째 옵션 recordset 닫기
    q="select * from opt order by name"
    ...
```

4 **아이콘 checkbox 처리** : input type이 checkbox인 경우, 체크를 한 경우 변수의 값은 value에 지정한 값이 되며, 체크하지 않은 경우는 null값을 갖는다. 따라서 신상품, 히트상품, 세일상품인지를 표시하는 필드 icon_new, icon_hit, icon_sale인 경우,

```
New : <input type="checkbox" name="icon_new" value="1">
```

다음 프로그램과 같이 값이 1인지를 조사하면 된다.

```
if rs("icon_new")=1 then icon_new=1 else icon_new=0
```

5 **등록일 처리** : 새로 상품을 등록할 때 오늘 날짜로 제품을 등록 날짜가 자동으로 초기화 하려면, date함수를 이용하여 오늘 날짜를 알아낸 다음, year, month, day 함수를 이용하여 년, 월, 일을 알아내면 된다.

날짜/시간 함수	설 명
date()	date() ➜ 2014-12-01
now()	now() ➜ 2014-12-01 17:16:20
year(), month(), day()	year(now()) ➜ 2014 month(now()) ➜ 12 day(now()) ➜ 1
hour(), minute(), second()	hour(now()) ➜ 17 minute(now()) ➜ 16 second(now()) ➜ 20
FormatDatetime(d,n)	formatdatetime(now(),0) ➜ 2014-12-01 오후 05:16:20 formatdatetime(now(),1) ➜ 2014년 12월 01일 월요일 formatdatetime(now(),2) ➜ 2014-12-01 formatdatetime(now(),3) ➜ 오후 05:16:20 formatdatetime(now(),4) ➜ 17:16
CDate(s)	cdate("2014-01-01 17:16:20") ➜ 2014-12-01 17:16:20
DateAdd(f,n,d)	dateadd("d",5,date()) ➜ 2014-12-06
DateDiff(f,d1,d2)	dateadd("d","2014-12-01","2014-12-06") ➜ 5
DateSerial(y,m,d)	dateserial(2014,12,1) ➜ 2014-12-01

ASP 날짜/시간 관련 함수

6 **사진 업로드** : 제품 사진을 product폴더에 업로드는 다음과 같은 프로그램을 image1, image2, image3에 대해 반복 사용하면 된다.

```
<% @language="VBScript" %>
<%
    Set theForm = Server.CreateObject("ABCUpload4.XForm")
    theForm.Overwrite = True

    Set file1 = theForm.Files("image1")
    fname1=file1.SafeFileName
    If fname1<>"" then  file1.Save "/product/" & fname1

    Set file2= theForm.Files("image2")
    ...
%>
```

7 **파일이름 저장** : 제품을 새로 추가하는 insert SQL문에서 product테이블의 image1, image2, image3필드에는 업로드할 사진의 파일이름을 저장해야 한다.

$$\text{insert into product (} \cdots \text{ ,image1, image2, image3)}$$
$$\text{values (} \cdots \text{ , 'fname1', 'fname2', 'fname3');}$$

STEP

① **addslashes, stripslashes함수 등록하기** : common.asp에 사용자함수 addslashes, stripslashes를 작성한다.

② **product_new.html ➔ product_new.asp 로 저장하기** : admin폴더에 있는 product_new.html을 읽어 새 파일이름 product_new.asp로 저장한다.

③ **product.asp link 수정하기** : product.asp에서 입력버튼을 클릭한 경우, 새 제품등록 화면이 되도록, "product_new.html"을 "product_new.asp"로 수정한다.

④ **product_new.asp 수정하기** : 제품의 분류, 옵션의 콤보박스의 값이 나오고, 등록일이 오늘 날짜로 초기화되도록 프로그램을 작성한다.

⑤ **product_insert.asp 만들기** : product_insert.asp 프로그램을 작성한다.

⑥ **실행 및 결과확인** : 실행하여 제품목록화면에 등록한 제품이 나오는지 결과를 확인한다.

12.3.5 제품 수정 및 삭제

실습목적

아래 그림과 같이 관리자가 기존의 제품 정보를 수정 및 삭제를 할 수 있는 프로그램을 만들어라.

제품 수정화면(product_edit.html)

① **제품수정 파일구조** : 제품정보를 수정 및 삭제하는 프로그램의 구성은 다음과 같다.

② **제품명, 제품설명** : 제품명과 제품설명은 제품정보를 저장할 때 addslashes 사용자 함수를 이용하여 저장하였으므로, 화면에 표시할 때는 stripslashes 사용자함수를 이용하여 다시 원상복구를 하여야 한다.

```
name = stripslashes(name)
contents = stripslashes(contents)
```

③ **제품쿼리 및 옵션쿼리 동시 실행 방법** : 제품쿼리와 옵션쿼리를 실행한 후, 두 종류의 결과값을 그대로 가지고 있으려면, ADODB.RecordSet 변수를 다른 이름의 변수로 선언하면 된다. 예를 들어 제품정보를 아래 프로그램과 같이 읽은 제품정보를 rs에 저장하였다면,

```
...
Set rs=Server.CreateObject("ADODB.RecordSet")    ' 제품 정보용 변수 rs
q="select * from product where no=" & no
rs.open q,cnn,3,3
...
```

옵션정보는 다음 프로그램과 같이 rs1에 저장하여 사용하면 된다.

```
...
Set rs1=Server.CreateObject("ADODB.RecordSet")    ' 옵션정보용 변수 rs1
q="select * from opt;"
rs1.open q,cnn,3,3
count=rs1.RecordCount
```

```
for i=1 to count
  if rs("opt1")=rs1("no") then
    response.write "<option value='" & rs1("no") & "' selected>" & rs1("name") &
"</option>"
  else
    response.write "<option value='" & rs1("no") & "'>" & rs1("name") & "</option>"
  end if
  rs1.movenext
Next
rs1.movefirst
...
```

④ **이미지 등록해제 및 삭제 처리** : 이미지에 있는 체크박스를 체크한 경우는 등록된 그림을 테이블에서 삭제하고, 업로드된 파일은 삭제해야 한다. 반면에 새로운 그림을 등록한 경우에는 업로드를 해야 한다. 이 처리는 다음 프로그램과 같이 image1의 체크박스 checkno1의 value를 1로 지정하였으므로, 체크된 경우(checkno1=1)에는 fname1을 빈 문자열로 만들고 파일시스템개체(File System Object)를 이용하여 파일이 존재하면 파일을 삭제한다. 이 처리를 image2, image3에 대해서도 반복처리하면 된다.

```
Set fso = CreateObject("Scripting.FileSystemObject")    ' 파일시스템개체 변수

fname1=theForm("imagename1")        ' 이전 파일 이름
if theform("checkno1")="1" then          ' 삭제하는 경우
  fpath=server.mappath("/product/" & fname1)          ' 서버의 절대경로 구함
  if fso.FileExists(fpath) Then fso.DeleteFile(fpath)  ' 파일존재시 삭제
  fname1=""
else
  Set file1 = theForm.Files("image1")
  tmp=file1.SafeFileName
  If tmp<>"" then file1.Save "/product/" & tmp : fname1=tmp
end if
```

[ASP] FileSystemObject 개체

컴퓨터의 파일시스템에 대한 억세스를 제공하며, 드라이브, 폴더, 파일들을 조작할 수 있도록 다양한 메서드와 속성등을 제공해준다.

set fso=CreateObject("Scripting.FileSystemObject")

- fso.FileExists(파일이름) ➡ 파일이 있는지 조사한다.
- fso.DeleteFile(파일이름) ➡ 파일을 삭제한다.
- fso.CopyFile(파일1,파일2) ➡ 파일1을 파일2로 복사를 한다.

[ASP] server.mappath(경로 및 파일이름)

지정된 경로나 파일이 있는 서버의 전체 경로명을 돌려준다.

예〉 server.mappath("/")   ➡ c:\Inetpub\wwwroot
      server.mappath("/product/a.txt") ➡ c:\Inetpub\wwwroot\product\a.txt

---

⑤ **수정, 삭제 후 이동처리** : 제품의 수정 및 삭제를 하고 제품목록으로 이동할 때, sel1, sel2, sel3, sel4, text1, page값도 아래와 같이 함께 값을 넘겨주어야 한다. 수정인 경우는 ABCUpload를 이용하기 때문에 request대신에 theForm을 이용해야 한다.

1) 수정(product_update.php)인 경우 :
   Respnse.Redirect "product.asp?sel1=" & theForm("sel1") &
       "&sel2=" & theForm("sel2") & "&sel3=" & theForm("sel3") &
       "&sel4=" & theForm("sel4") & "&text1=" & theForm("text1") &
       "&page=" & theForm("page")
2) 삭제(product_delete.php)인 경우 :
   Respnse.Redirect "product.asp?sel1=" & request("sel1") &
       "&sel2=" & request("sel2") & "&sel3=" & request("sel3") &
       "&sel4=" & request("sel4") & "&text1=" & request("text1") &
       "&page=" & request("page")

STEP 01 제품 수정

① **product_edit.html ➡ product_edit.asp로 저장하기** : admin폴더에 있는 product_edit.html을 읽어 새 파일이름 product_edit.asp로 저장한다.
② **product.asp link 수정하기** : product.asp에서 "수정"을 클릭한 경우 제품 수정화면으로 이동하도록, "product_edit.html"을 "product_edit.asp"로 수정한다.
③ **product_edit.asp 수정하기** : 읽은 제품의 정보가 표시되도록 프로그램을 작성한다.

④ **product_update.asp 만들기** : 다른 update SQL문을 이용하여 작성한다.

⑤ **실행 및 결과확인** : 실행하여 제품정보를 수정해본다.

STEP 02 제품 삭제

① **product_delete.asp 만들기** : 제품을 삭제하는 프로그램을 작성한다.

② **product.asp link 수정하기** : product.asp에서 삭제버튼을 클릭한 경우 해당 제품이 삭제되도록 "product_delete.html"을 "product_delete.asp"로 수정한다.

③ **실행 및 결과확인** : 실행하여 제품이 삭제되었는지 확인한다.

12.4 쇼핑몰 제품관리

앞 장에서 관리자가 제품을 등록하는 프로그램이 완성되었으므로, 이제는 등록된 제품을 쇼핑몰 화면에서 표시하는 프로그램을 만들어 보자.

12.4.1 메인화면 상품표시

⟳ **실습목적**

아래 그림과 같이 메인화면에서 신상품을 표시하는 프로그램을 작성하여라.

메인화면(main.html)

① **제품의 2차원구조 표시** : 위 그림과 같이 제품정보를 2차원 구조로 출력하려면, 다음과 같이 가로축과 세로축에 대해 2중 반복문으로 처리해야 한다. 여기서 num_col은 세로축의 제품개수를 의미하며, num_row는 줄 수를 의미한다. 위 그림인 경우는 num_col=5, num_row=3 이 된다.

[ASP] 2차원 구조 출력 프로그램 (page기능 없는 경우)

```
num_col=5                    ' column수, row수
num_row=3
count=rs.RecordCount         ' 레코드개수
icount=0
response.write "<table>"
for ir=1 to num_row
    response.write "<tr>"
    for ic=1 to num_col
        if rs.Eof and icount < count then
            response.write "<td> 상품출력 html소스 </td>"
            rs.MoveNext
         else
            response.write "<td></td>"
        end if
        icount=icount+1
    next
    response.write "</tr>"
next
response.write "</table>"
```

프로그램 중간에 상품출력 html 소스 부분은 실제 표시할 화면내용으로서, 상품사진, 상품제목, 아이콘, 가격 등의 정보를 표시하는 html 소스를 의미한다. 그리고 <table>, <tr>, <td>에 대한 부분은 원본 html 소스에 맞게 수정을 해야 한다.

501

```
</table>
<table border="0" cellpadding="0" cellspacing="0">
    <!---1번째 줄-->
    <tr>
        <td width="150" height="205" align="center" valign="top">                상품출력 Html소스
            <table border="0" cellpadding="0" cellspacing="0" width="100" class="cmfont">
                <tr>
                    <td align="center">
                        <a href="product_detail.html?no=109469">
                            <img src="product/0000_s.jpg" width="120" height="140" border="0">
                        </a>
                    </td>
                </tr>
                <tr><td height="5"></td></tr>
                <tr>
                    <td height="20" align="center">
                        <a href="product_detail.html?no=1"><font color="444444">상품명1</font></a> 
                        <img src="images/i_hit.gif" align="absmiddle" vspace="1">
                        <img src="images/i_new.gif" align="absmiddle" vspace="1">
                    </td>
                </tr>
                <tr><td height="20" align="center"><b>89,000 원 </b></td></tr>
            </table>
        </td>
        <td width="150" height="205" align="center" valign="top">
            <table border="0" cellpadding="0" cellspacing="0" width="100" class="cmfont">
                <tr>
```

상품출력 html 소스

502

[2] **제품의 랜덤 진열** : 쇼핑몰의 메인화면의 경우, 진열되는 상품이 매번 동일한 제품이 소개된다면 화면에 표시되지 않는 제품들은 판매량이 떨어질 것이다. 따라서 메인화면에 표시되는 제품들은 무작위(random)하게 표시할 필요가 있다. 이런 처리는 select문의 order by절에서 MS-SQL의 newid() 함수를 이용하면 간단하게 처리할 수 있다. 또한 추출되는 제품의 수도 top절을 이용하면 쉽게 제한할 수 있다. 여기서 만들 메인화면은 현재 진열 중(status=1)인 15개(top 15)의 신상품(icon_new=1)을 무작위하게 추출하는 것이므로, 쿼리는 아래와 같이 조건을 지정하면 된다.

```
q = "select top 15 * from product
        where icon_new=1 and status=1 order by newid();"
```

[MS-SQL] newid()

uniqueidentifier 형식의 고유 값(예:E5790139-CCE8-4821-BF9B-765AC1AF7EED)을 생성하는 함수로서 order by 절에 사용하면 랜덤하게 자료를 추출할 수 있다.

[MS-SQL] top 개수

SQL문에서 추출하거나 처리할 레코드의 상위 개수를 제한시키는 절.

예〉 select top 10 * from member;   ' 상위 10 개 레코드를 추출

---

[3] **그림 출력 image1** : 메인용 진열 상품그림은 제품등록을 할 때, image1 필드에 등록된 진열용 작은 크기의 그림을 이용한다.

PHP, ASP 쇼핑몰 실무 따라하기

Chapter 12 ASP 제품관리

4 **new, hit, sale 아이콘 표시** : icon_new, icon_hit, icon_sale 값이 각각 1인 경우에만 해당 아이콘을 표시하도록 프로그램을 작성해야 하며, 특히 sale인 경우에는 할인율인 discount값을 출력해야 한다.

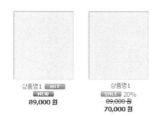

5 **제품가격 출력** : 가격을 출력하는 경우에는 numer_format(값,0) 함수를 이용하여 3자리마다 콤마를 출력하여 표시해야 하며, Sale인 경우에는 다음과 같은 식에 의해 빗금이 쳐진 원래 가격(<strike>...</strike>)과 세일된 가격을 표시해야 한다. 세일된 금액 계산에 round 함수를 이용한 이유는 세일된 금액에서 1000원이하 단위의 금액이 나오면 반올림하여 절삭하기 위해서다.

세일가격 = round((원래가격*(100-discount)/100)/1000, 0)*1000

[ASP] round(값,반올림위치)

지정된 소수점 위치에서 반올림된 값을 돌려주는 함수이며, 반올림 위치 값은 0보다 커야 한다.

예> round(12345.67, 0) ➡ 12346
  round(12345.67, 1) ➡ 12345.7

STEP ◎

① **main.asp 수정하기** : main.asp를 읽어 실습이론을 참고하여 프로그램을 작성한다.
② **실행 및 결과확인** : 실행하여 결과를 확인한다.

12.4.2 분류별 상품표시

◎ **실습목적**

아래 그림과 같이 메인화면에서 메뉴를 클릭한 경우, 해당 메뉴의 제품을 신상품순으로 표시하는 프로그램을 작성하여라.

메뉴별 상품표시 화면(product.html)

실습이론

1. **제품의 2차원구조 표시** : 위 그림을 보면, 페이지 기능이 있다는 것 빼고는 main.asp 에서 제품 진열하는 내용과 거의동일하다. 따라서 main.asp의 프로그램을 복사하여 작업을 하면 손쉽게 처리할 수 있다. 주의할 점은 페이지처리를 해야 하므로, 이에 맞게 프로그램도 수정되어야 한다. 여기서는 1줄에 5개씩 4줄을 표시하는 것으로 하면, page_line의 값은 20이 될 것이며, 프로그램 소스도 다음과 같이 수정해야 한다.

[ASP] 2차원 구조 출력 프로그램 (page기능 있는 경우)

```
num_col=5                    ' column수, row수
num_row=4
page_line=num_col*$num_row    ' 1페이지에 출력할 제품수
count=rs.RecordCount          ' 레코드개수
icount=0
response.write "<table>"
for ir=1 to num_row
    respnse.write <tr>"
    for ic=1 to num_col
        if Not rs.eof and icount < rs.pagesize then
            response.write "<td> 상품출력 html 소스 </td>"
            rs.movenext
        else
```

```
        response.write "<td></td>"
      end if
      icount=icount+1
    next
    response.write "</tr>"
  next
response.write "</table>"
```

---

2. **정렬 콤보박스 sort 처리** : 제품 진열순서를 결정하는 콤보박스 sort처리는 다음과 같이 콤보박스 sort 값에 따라 해당하는 query를 만들면 된다. 초기 정렬 상태는 신상품이 되도록 한다.

sort

```
if request("sort")<>"" then sort=request("sort") else sort="new"
...
if sort="up" then          ' 고가격순
  q="··· where menu=" & menu & " order by price desc"
elseif sort="down" then    ' 저가격순
  q="··· where menu=" & menu & " order by price"
elseif sort="name" then    ' 이름순
  q="··· where menu=" & menu & " order by name"
else                       ' 신상품순
  q="··· where menu=" & menu & " order by no desc"
end if
```

3. **이동처리** : 정렬방식이나 다른 페이지를 선택한 경우, 같은 메뉴와 정렬방식을 적용하려면 다음과 같이 menu, sort, page값을 request("menu"), request("sort"), request("page")로 초기화해야 한다.

```
1) menu  : <input type="hidden" name="menu" value="1">
2) sort  : <select name="sort" size="1" class="cmfont"···> ···</select>
3) A tag : <a href="product.asp?menu=1&sort=1&page=1">
```

① **product.html ➔ product.asp로 만들기** : product.html의 일부분 + temp.asp를 이용하여 product.asp를 만든다.

② **main_left.asp link 수정하기** : 메인화면에서 분류메뉴를 클릭하면 product.html을 호출하는 A tag 부분을 찾아, "product.html"을 "product.asp"로 모든 메뉴에 대해 수정한다. 그리고 해당 메뉴번호도 맞게 수정한다.

〈a href="product.asp?menu=1"〉 … 〈/a〉

〈a href="product.asp?menu=2"〉 … 〈/a〉

…

③ **product.asp 수정하기** : main.asp소스를 참고하여 선택한 메뉴의 제품들 정보가 표시되도록 프로그램을 작성한다.

④ **실행 및 결과확인** : 실행하여 제품정보를 수정해본다.

12.4.3 제품 상세정보 표시

◯ **실습목적**

다음 그림과 같이 메인화면에서 제품을 클릭한 경우, 해당 제품의 상세정보를 표시하는 프로그램을 작성하여라. 그리고 해당 이미지를 클릭하면 이미지를 크게 볼 수 있는 팝업 창을 만들어라.

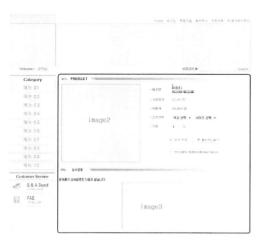

제품상세 화면(product_detail.html) 그림 크게 보기(zoomimage.html)

① **제품그림 image2, image3 … :** 제품의 큰이미지는 image2 필드에 등록한 그림을 이용하여 표시하고, image3 필드의 그림은 제품 설명하는 곳에 표시한다.

② **옵션 콤보박스 :** 제품의 옵션선택을 할 수 있는 콤보박스는 제품에 등록한 opt1, opt2의 값을 이용하여 opts테이블의 소옵션 값을 콤보박스의 목록에 초기화시켜야 한다. 이 경우 제품의 정보를 다음과 같은 쿼리로 알아냈다면,

```
Set rs=Server.CreateObject("ADODB.RecordSet")   ' 제품정보
q="select * from product where no=" & request("no")
rs.open q,cnn,3,3
…
```

제품의 옵션 번호는 rs("opt1")에서 알 수 있다. 따라서 opts테이블에서 소옵션 정보를 알아내는 조건은 where opt_no=rs("opt1")가 되며, 쿼리는 다음과 같이 쓸 수 있다. 여기서 소옵션 번호와 이름인 rs1("no"), rs1("name")은 콤보상자 〈option〉에서 이용하면 된다.

```
Set rs1=Server.CreateObject("ADODB.RecordSet")   ' 해당 제품의 소옵션정보
q="select * from opts where opt_no=" & rs("opt1")
rs1.open q,cnn,3,3
…
response.write "〈option value="" & rs1("no") & "">" & rs1("name") & "〈/option〉"
…
```

두 번째 옵션 opt2 가 있는 경우에는 방금 설명한 첫 번째 옵션 콤보박스 소스를 복사하여 opts2에 맞게 만들면 된다.

STEP 01 제품상세

① **product_detail.html ➜ product_detail.asp로 만들기 :** product_detail.html의 일부분 + temp.asp를 이용하여 product_detail.asp를 만든다.

② **main.asp link 수정하기 :** 메인화면에서 제품 그림이나 제품명을 클릭하면, 제품상세정보를 호출하는 A tag의 "product_detail.html"을 "product_detail.asp"로 모두 수정한다.

③ **product.asp link 수정하기** : 분류별 상품진열 화면에서도 제품 그림이나 제품명을 클릭하면, 제품 상세정보 화면을 호출하는 A tag의 "product_detail.html"을 "product_detail.asp"로 모두 수정한다.

④ **product_detail.asp 수정하기** : 실습이론을 참고하여 제품의 상세정보가 표시되도록 프로그램을 작성한다.

⑤ **실행 및 결과확인** : 실행하여 제품정보를 수정해 본다.

STEP 02 그림 확대

① **zoomimage.html → zoomimage.asp로 만들기** : zoomimage.html을 zoomimage.asp라는 새 이름으로 저장한다.

② **product_detail.asp link 수정하기** : 제품 상세정보 표시화면에서 제품 그림을 클릭하면 표시되는 그림확대 팝업창을 호출하는 javascript Zoomimage 함수에서 "zoomimage.html"을 "zoomimage.asp"로 수정한다.

```
function Zoonimage(no)
{
    window.open("zoomimage.asp?no="+no, "", "menubar=no,scrollbars=yes,
            width=560,height=640,top=30,left=50");}
}
```

③ **zoomimage.asp 수정하기** : 제품 상세 이미지가 표시되도록 수정한다.

④ **실행 및 결과확인** : 실행하여 결과를 확인한다.

12.4.4 제품 이름검색

실습목적

아래 그림과 같이 제품이름 일부분으로 검색할 수 있는 프로그램을 작성하여라.

product_search.html

⟳ 실습이론

[1] **찾을 제품이름 입력란 findtext** : 상품검색 입력란 findtext를 이용하여 제품이름 일
부분으로 검색을 하려면 다음과 같이 findtext 양쪽에 와일드문자 %를 붙인 조건의
쿼리를 이용하면 된다.

```
q = "select * from product
        where name like '%" & request("findtext") & "%' order by name"
```

STEP ○

① **product_search.html ➜ product_search.asp로 만들기** : product_search.html의
일부분 + temp.asp를 이용하여 product_search.asp를 만든다.
② **main_top.asp link 수정하기** : main_top.asp에서 검색된 제품목록을 호출하는
Form tag의 action "product_search.html"을 "product_search.asp"로 수정한다.

⟨form name="form1" method="post" action="**product_search.asp**"⟩

③ **product_search.asp link 수정하기** : 검색된 제품의 이름을 클릭하면 제품 상세정보
화면이 표시되도록하는 A tag의 "product_detail.html"을 "product_detail.asp"로
수정한다.
④ **product_search.asp 수정하기** : 검색된 제품의 목록이 표시되도록 프로그램을 작성
한다.
⑤ **실행 및 결과확인** : 실행하여 제품이름으로 검색해본다.

Chapter 13

ASP 주문 관리

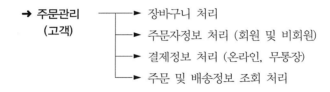

13.1 쇼핑몰 주문관리

13.1.1 주문관리 개요

이번에는 쇼핑몰에서 고객이 선택한 제품의 주문 처리에 대한 프로그램에 대해 알아보자. 쇼핑몰에서 주문관리에 관한 작업은 회원관리와 마찬가지로 쇼핑몰 작업과 관리자 작업으로 나눌 수 있다. 먼저 쇼핑몰 측의 작업에 대해 알아보자.

1 **쇼핑몰 주문관리** : 쇼핑몰에서 사용자측 작업에는 아래 그림과 같이 쿠키를 이용하여 장바구니에 물건을 담는 처리, 장바구니에 담은 제품들을 배송하기위한 주문자와 배송지에 대한 정보입력, 그리고 카드 및 무통장 결제를 선택할 수 있는 결제처리 등이 있다.

```
➜ 주문관리 ──────── ➤ 장바구니 처리
   (고객)        ──── ➤ 주문자정보 처리 (회원 및 비회원)
                 ──── ➤ 결제정보 처리 (온라인, 무통장)
                 ──── ➤ 주문 및 배송정보 조회 처리
```

CART

▫ 장바구니

상품	수량	가격	합계	삭제
제품명 [옵션사항] 옵션1	1 개	70,200	70,200	수정 삭제
제품명2 [옵션사항] 옵션2	1 개	60,000	60,000	수정 삭제

총 합계금액 : 상품대금(132,000원) + 배송료(2,500원) = 134,500원

계속 쇼핑하기   장바구니 비우기   결재하기

장바구니 (cart.html)

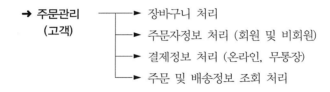

Order

장바구니

상품	수량	가격	합계
제품명1 [옵션] 옵션1	1 개	70,200 원	70,200 원
제품명2 [옵션] 옵션2	1 개	60,000 원	60,000 원

총 합계금액 : 상품대금(132,000원) + 배송료(2,500원) = 134,500 원

주문자 정보	주문자 성명	:	
	전화번호	:	- -
	휴대폰번호	:	- -
	E-Mail	:	
	주소	:	우편번호

배송지 정보	주문자정보와 동일	○ 예 ○ 아니오
	받으실 분 성명	:
	전화번호	: - -
	휴대폰번호	: - -
	E-Mail	:
	주소	: 우편번호
	배송시요구사항	:

◆ 주문하기

주문지/배송지 정보 입력화면 (order.html)

Order

장바구니

상품	수량	가격	합계
제품명1 [옵션] 옵션1	1 개	70,200 원	70,200 원
제품명2 [옵션] 옵션2	1 개	60,000 원	60,000 원

총 합계금액 : 상품대금(132,000원) + 배송료(2,500원) = 134,500 원

결제방법	결제방법 선택	● 카드 ○ 무통장
카드	카드종류	: 카드종류를 선택하세요. ▼
	카드번호	: - - -
	카드기간	: 월 / 년
	카드비밀번호(뒷2자리)	: **
무통장 입금	은행선택	: 입금할 은행를 선택하세요. ▼
	입금자 이름	:

◆ 주문하기

결제정보 입력화면 (order_pay.html)

그리고 이미 결제된 주문정보의 확인 및 취소, 배송정보를 확인할 수 있는 처리 등이 필요한데 아래 그림은 비회원인 경우에도 주문정보를 확인할 수 있도록 확인하는 절차와 주문정보에 관련된 화면들이다.

주문조회용 로그인(jumun_login.html)

PHP, ASP 쇼핑몰 실무 따라하기

주문조회 목록(jumun.html)

주문 상세내역(jumun_info.html)

② **관리자 주문관리** : 관리자 작업은 쇼핑몰에서 주문한 정보를 관리자가 확인할 수 있

고, 주문처리 과정을 고객에게 알릴 수 있도록 주문 상태를 관리할 수 있는 주문관리 화면으로 구성되어 있다.

주문 목록화면(jumun.html)

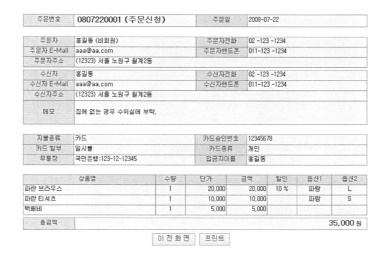

주문 상세정보 화면(jumun_info.html)

13.1.2 주문 테이블

🔘 **실습목적**

주문관리에 필요한 주문 및 주문 상세정보 테이블인 jumun과 jumuns테이블을 만들어라.

🔘 **실습이론**

1️⃣ **테이블 구조** : 주문 정보는 주문자와 배송지에 대한 정보, 그리고 주문한 제품정보로 나눌 수 있으며, 여기서 jumun테이블은 주문자와 배송지, 결제정보 그리고 주문번호와 같은 전체적인 정보를 저장하며, 테이블 구조는 다음과 같다.

		필드명	자료형	Null	비고
1	주문번호	no	char(10)	☐	형식 : YYMMDD####, 기본키 🔑
2	회원번호	member_no	int	☑	비회원=0
3	주문일	jumunday	date	☑	
4	제품명	product_names	varchar(255)	☑	"제품명 외 2"형식
5	제품종류개수	product_nums	int	☑	
6	주문자:이름	o_name	varchar(20)	☑	
7	주문자:전화	o_tel	varchar(11)	☑	
8	주문자:핸드폰	o_phone	varchar(11)	☑	
9	주문자:E-Mail	o_email	varchar(50)	☑	
10	주문자:우편번호	o_zip	varchar(5)	☑	
11	주문자:주소	o_juso	varhar(255)	☑	
12	배송자:이름	r_name	varchar(20)	☑	
13	배송자:전화	r_tel	varchar(11)	☑	
14	배송자:핸드폰	r_phone	varchar(11)	☑	
15	배송자:E-Mail	r_email	varchar(50)	☑	
16	배송자:우편번호	r_zip	varchar(5)	☑	
17	배송자:주소	r_juso	varchar(255)	☑	
18	메모	memo	varchar(255)	☑	
19	결제방법	pay_method	tinyint	☑	카드=0, 무통장=1
20	카드 승인번호	card_okno	varchar(10)	☑	
21	카드 할부	card_halbu	tinyint	☑	0=일시불, 3=3개월,…
22	카드 종류	card_kind	tinyint	☑	1=국민,2=신한,…
23	은행 종류	bank_kind	tinyint	☑	1=국민,2=신한,…
24	송금자	bank_sender	varchar(30)	☑	
25	총금액	total_cash	int	☑	
26	주문상태	state	tinyint	☑	1=주문신청,…

jumun 테이블

1) **no** : 주문번호는 쇼핑몰마다 다양한 방법으로 표시할 수 있지만, 여기서는 2자리 년도의 날짜와 번호를 가지는 YYMMDD####과 같은 형식으로 지정하였으며, 주문테이블의 기본키로 지정하였다.

2) **member_no** : 주문자가 회원인 경우는 고객번호를 저장하지만, 비회원인 경우는 0값을 저장한다.

3) **product_names과 product_nums** : 주문한 제품의 모든 제품명들을 모두 연결하여 저장하거나 "첫 번째 제품이름 …"과 같은 형식으로 주문한 제품이름들과 제품

가지수를 저장하는 필드이다.

4) **o_?????** : 주문자의 정보로서 이름(name), 전화(tel), 핸드폰(phone), E-Mail (email), 우편번호(zip), 주소(juso) 정보를 저장하는 필드들이다.

5) **r_?????** : 배송지와 받는 사람의 정보로서 이름, 전화, 핸드폰, E-Mail, 우편번호, 주소 정보를 저장하는 필드들이다.

6) **memo** : 배송할 때 주의할 사항 등을 적는 짧은 메모를 위한 필드이다.

7) **pay_method** : 결제방법을 저장하는 필드로서 카드결제인 경우 0, 무통장인 경우에는 1값을 저장한다.

8) **card_okno, card_halbu, card_kind** : 카드결제인 경우 카드종류, 승인번호, 할부내역들을 저장하는 필드로서, card_halbu가 0이면 일시불, 숫자면 해당 개월의 할부를 의미한다. 카드 정보를 취급할 때 주의할 점은 카드번호나, 암호 등 개인정보에 관련된 정보는 테이블에 저장하지 말아야 한다.

9) **bank_kind, bank_sender** : 무통장으로 입금하는 경우 보낸 은행 계좌번호와 보낸 사람의 정보를 저장하는 필드이다.

10) **total_cash** : 택배비를 포함한 총 주문한 제품의 금액 합계를 저장한다.

11) **state** : 주문신청부터 주문완료까지 주문상태를 표시하는 필드로, 주문신청=1, 주문확인=2, 임금확인=3, 배송중=4, 주문완료=5, 주문취소=6 값을 갖는다. 그 이외에도 반품 및 교환에 관련된 상태도 있을 수 있지만 여기서는 생략하도록 하겠다.

jumun테이블이 주문전체에 대한 정보를 저장하는 테이블이라면, jumuns테이블은 주문한 제품의 정보, 수량, 옵션사항 등 주문한 제품에 대한 상세 정보를 저장하는 테이블이다.

		필드명	자료형	Null	비고
1	번호	no	int	☐	자동 1증가 옵션, 기본키 🗝
2	주문번호	jumun_no	char(10)	☑	형식 : YYYYMMDD####
3	제품번호	product_no	int	☑	제품번호=0 ➜ 배송비
4	수량	num	int	☑	
5	단가	price	int	☑	Sale일 때는 Sale된 가격
6	금액	cash	int	☑	수량*단가
7	할인율(%)	discount	tinyint	☑	
8	소옵션번호1	opts1_no	int	☑	
9	소옵션번호2	opts2_no	int	☑	
	…	…	…	…	

jumuns 테이블

1) **jumun_no** : jumun테이블과 관계를 맺기 위한 필드로서, 주문번호가 저장된다.
2) **product_no** : 주문한 제품의 번호이다. 실제 제품번호가 0인 경우는 없지만, 여기서는 배송비도 하나의 제품으로 생각하고 사용하겠다.
3) **price와 discount** : 제품 할인이란 일정기간만 적용되는 내용이므로, 주문장에는 할인이 되었는지를 표시할 필요가 있다. 이 처리는 discount 필드를 이용하여 처리할 수 있다. discount가 0인 경우, 제품가격 price 필드는 정상가격을 의미한다. 그러나 discount가 0보다 크면, price는 할인된 가격으로 저장해야 한다.
4) **opts_no1과 opts_no2** : 고객이 주문한 제품의 옵션정보를 저장하는 필드로서, 소옵션의 번호가 저장된다.

STEP ○

① **jumun 테이블 만들기** : SQL Server 2014 Management Studio 프로그램을 이용하여 jumun 테이블을 만든다.

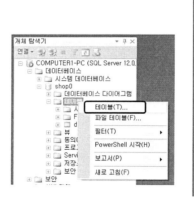

② **jumuns 테이블 만들기** : SQL Server 2014 Management Studio 프로그램을 이용하여 jumuns 테이블을 만든다.

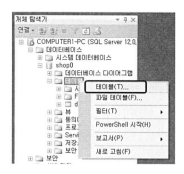 

13.1.3 장바구니

🔄 **실습목적**

제품상세화면에서 장바구니담기 버튼을 클릭하면 선택한 제품이 장바구니에 등록되며, 쇼핑몰 화면상단의 장바구니 버튼을 클릭하면 장바구니 내역이 표시되는 프로그램을 만들어라.

제품상세화면 (product_detail.html)

제품명
[옵션사항] 옵션1   1 개   70,200   70,200
제품명2
[옵션사항] 옵션2   1 개   60,000   60,000

총 합계금액 : 상품대금(132,000원) + 배송료(2,500원) = 134,500원

계속 쇼핑하기   장바구니 비우기   결재하기

장바구니 (cart.html)

① **장바구니 파일구조** : 장바구니처리를 주소록프로그램과 같은 파일 구조로 만든다면 아래와 같을 것이다.

- product_detail.html ➞ cart_insert.asp ➞ cart.html (장바구니 담기)
- cart.html ┬➞ cart_update.asp   (장바구니 수량 수정)
        ├➞ cart_delete.asp   (장바구니 제품 삭제)
        └➞ cart_deleteall.asp (장바구니 모두 삭제)

그러나 아래와 같이 장바구니의 추가, 삭제, 수정 등 모든 처리를 cart_edit.asp에서 switch문과 kind변수를 이용하여 처리하면 프로그램 작업이 더 쉬워질 것이다.

- product_detail.html ➞ cart_edit.asp?**kind=insert** ➞ cart.html
- cart.html ➞ cart_edit.asp?**kind=update** ➞ cart.html
                        delete
                        deleteall

따라서 여기서 만들 장바구니 프로그램의 구성은 두 번째 구조를 이용하여 다음과 같이 처리하도록 하겠다.

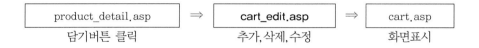

```
 product_detail.asp   ⇒    cart_edit.asp    ⇒    cart.asp
   담기버튼 클릭              추가,삭제,수정             화면표시
```

② **장바구니 제품정보 구조** : 장바구니에 저장할 제품 1개당 정보는 제품번호, 수량, 옵션 값들(여기서는 옵션1, 옵션2라고 가정)로서, 4개의 쿠키변수가 필요하다. 그런데 쿠키로 저장할 수 있는 변수의 개수와 용량이 제한되어있기 때문에, 장바구니에 담을 수 있는 제품의 수도 제한이 된다. 따라서 더 많은 제품을 장바구니에 담으려면 변수의 수를 줄여야한다. 이 처리는 다음과 같이 번호, 수량, 옵션 값들을 하나의 문자열로 합치는 방법을 이용하면 쉽게 해결할 수 있다. 여기서 "^"기호는 우편번호 처리할 때처럼 자료를 구분하는 기호로 사용되며, 다른 기호를 이용해도 무방하다.

- 제품정보 자료형식 : "제품번호^수량^옵션1^옵션2^…"

- 자료 구분기호 : ^

```
n_cart = 5              ' 장바구니 제품개수
cart1 = "1^1^2^3"       '  1번 제품, 1개, 2번 소옵션, 3번 소옵션
cart2 = "25^2^1^1"      ' 25번 제품, 2개, 1번 소옵션, 1번 소옵션
    ...
```

또한 제품정보들을 문자열로 합치고, 분해하는 작업은 join, split 함수를 이용하면 쉽게 처리할 수 있다. 다음은 첫 번째 제품 정보를 cookie인 cart1에 저장하고 알아내는 프로그램의 예이다.

- 결합 : Response.Cookies("cart1")=join(array(no, num, opts1, opts2),"^")
- 분해 : tmp=split(request("cart1"),"^")

    no=tmp(0) : num=tmp(1) : opts1=tmp(2) : opts2=tmp(3)

[ASP] join(배열명,구분 문자열)

배열 값들 사이에 구분문자열을 삽입하여 하나의 문자열로 합쳐진 값으로 돌려주는 함수

```
예〉 tmp=array(1, 2, 3)
    s=join(tmp,"^")      ' 1^2^3 문자열을 리턴함.
```

[ASP] split(배열명,구분 문자열)

구분문자열을 기준으로 문자열을 각각 분리시켜 배열 값으로 돌려주는 함수.

```
예〉 s="a^b^c"
    a=split(s,"^")     ' a(0)="a", a(1)="b", a(2)="c"인 배열값.
```

---

3 **cart_edit.asp** : 장바구니에 제품의 정보를 추가, 삭제, 저장하는 프로그램 구조는 switch문과 kind값에 따라 처리되도록 구성되어 있다.

❶ if request("n_cart")="" then n_cart=0   ' 장바구니 제품개수(n_cart) 초기화
   select case kind
❷   case "insert" or "order"   ' 장바구니 담기 or 바로 구매하기
      제품개수 ➜ n_cart 1 증가.
      제품정보 합치기.
      제품개수, 정보를 "n_cart", "cart" & n_cart 라는 이름의 쿠키로 저장.
❸   case "delete"   ' 장바구니 삭제
      "cart" & pos 쿠키 값 삭제.
❹   case "update"   ' 장바구니 수량 수정
      "cart" & pos 값에서 제품번호, 소옵션값들 알아내기.
      수정된 수량으로 제품정보 다시 합치기.
      수정된 제품정보를 "cart" & pos 쿠키에 다시 저장.
❺   case "deleteall"   ' 장바구니 전체 비우기
      for i=1 to n_cart
        만약 "cart" & I 번째 제품정보가 있는 경우, cookie값 삭제.
      next
      n_cart 크키값을 0으로 초기화.
  end select
  if kind="order" then
    주문/배송지 입력 화면(order.asp)으로 이동.
  else
    장바구니 화면(cart.asp)으로 이동.
  end if

❶ if문 : 제품개수 n_cart값이 있는지를 조사하여 없으면 0으로 초기화한다.

❷ insert : 새 제품을 장바구니에 저장하기 위해서는 장바구니에 등록된 제품개수 (n_cart)를 1 증가시킨 후, 제품번호(no), 수량(num), 소옵션1(opts1), 소옵션 2(opts2)를 join함수를 이용하여 문자열로 합친다. 그리고 Response.Cookies함 수를 이용하여 저장하면 된다. 예를 들어 2번째 쿠키로 저장하려면 쿠키이름이 cart2가 되야 한다. 따라서 n_cart번째에 저장하려면, 쿠키이름은 "cart" & n_cart 라고 해야 한다.

     "cart" & n_cart   ⬅   join(array(no, num, opts1, opts2),"^")
       쿠키이름   제품정보 합치기

❸ **delete** : cart" & pos 번째 값을 삭제한다. 해당 값이 삭제되었다고 n_cart값을 1 감소시키면 안된다. 만약 바구니에 저장된 제품수가 3인데, 2번째 제품을 삭제한 경우, n_cart값은 2가 아니라 여전히 3이어야 한다. 왜냐면 3번째 제품정보는 2번째가 삭제가 되어도 여전히 3번째 위치에 있기 때문이다. 다시 말해 n_cart는 제품개수가 아니라 마지막 제품이 있는 제품위치 번호를 의미한다. 그래야 장바구니의 모든 제품을 표시할 때 마지막까지 출력을 할 수 있게 된다.

cart1		cart1
cart2	➡	
cart3	cart2 삭제	cart3
n_cart ➜ 3		n_cart ➜ 3

❹ **update** : "cart" & pos 번째 값에서 수량만 변경하기위해서는 먼저 저장된 제품번호, 옵션값들 알아낸 후, 새 수량으로 다시 조합해 저장하면 된다. 이때 새 수량값은 "num위치번호"와 같은 형식에 값이 저장된다. 예를 들어 2번째 cart값이라면 새 수량값은 num2에 있게 되도록 html 소스가 작성되어 있다.

분해 : tmp=split(request("cart" & pos), "^")
no=tmp(0) : num=tmp(1) : opts1=tmp(2) : opts2=tmp(3)
결합 : join(array(no, 새 수량, opts1, opts2),"^")

❺ **deleteall** : 장바구니의 모든 정보를 삭제하려면 1부터 n_cart까지 모든 cookie정보를 삭제하면 된다. 이때 주의할 점은 장바구니에서 삭제된 제품의 cart첨자는 없으므로, 삭제된 정보는 빈 문자열값을 갖는다. 따라서 if문을 이용하여 cart? 값이 null인지 조사해야 한다. 모두 정보를 삭제했다면 n_cart값을 0으로 초기화 해야 한다.

if request("cart" & i)="" then 쿠키값 삭제

④ **배송료** : 쇼핑몰에서 일반적으로 배송비 방식은 쇼핑몰마다 다양한 방법을 이용하여 처리한다. 그러나 여기서는 총 금액이 얼마 이하인 경우에는 배송비를 받는 방식을 이용하도록 하겠다. 따라서 기본 배송비(baesongbi)와 배송비를 내야하는 최소 금액(max_baesongbi)을 common.asp에 전역변수로 선언하여 사용하면 편리할 것이다.

아래의 경우는 총금액이 100,000원 이하인 경우에는 배송비 2,500원을 받기 위하여 common.asp에 전역변수를 선언한 예이다.

```
baesongbi=2500
max_baesongbi=100000
```

⑤ **장바구니 표시** : 장바구니 표시는 쿠키에 저장된 정보를 화면에 표시하는 프로그램은 다음과 같다.

```
total=0
n_cart값 알아내기
for i=1 to n_cart
  if request("cart" & i)<>"" then
      • tmp=split(request("cart" & I), "^")
        no=tmp(0) : num=tmp(1) : opts1=tmp(2) : opts2=tmp(3)
      • opts1, opts2에 대한 소옵션이름 알아내기
        - q="select name from opts where no=" & opts1
        - q="select name from opts where no=" & opts2
      • no제품에 대한 정보 알아내기
        - q="select * from product where no=" & no
      • 자료 표시
      • 금액=수량*단가 (sale인 경우는 할인된 단가)
      • total=total+금액
  end if
next
if total < max_baesongbi then total=total+baesongbi
```

STEP ○

① **common.asp에 전역변수 선언** : common.asp에 배송비를 위한 전역변수 baesongbi 와 max_baesongbi를 선언한다.
② **cart_edit.asp 만들기** : 실습이론을 참고하여 cart_edit.asp를 만든다.
③ **cart.html → cart.asp로 만들기** : cart.html의 일부분 + temp.asp를 이용하여 cart.asp를 만든다.
④ **main_top.asp link 수정하기** : main_top.asp에서 장바구니를 호출하는 link인 "cart.html"을 "cart.asp"로 수정한다.

〈a href="**cart.asp**"〉〈img src="images/top_menu05.gif" border="0"〉〈/a〉

⑤ **cart.asp 프로그램 작성하기** : cart.asp를 작성한다.
⑥ **product_detail.asp link 수정하기** : product_detail.asp에서 장바구니 담기의 link를 수정하기 위하여 자바스크립트 check_form2()에서 "cart_edit.html"을 "cart_edit.asp"로 수정한다.

form2.action = "**cart_edit.asp**";

⑦ **실행 및 결과확인** : 실행하여 결과를 확인한다.

13.1.4 주문정보

⟳ **실습목적**

장바구니에서 구매하기 버튼을 클릭한 경우, 아래 그림과 같이 장바구니 내용과 주문지와 배송지 정보를 입력하는 프로그램을 작성하여라.

주문지/배송지 정보 입력화면 (order.html)

① **사용자 주문처리 파일구조** : 사용자의 주문 및 결제처리를 위한 파일구조는 다음과 같다.

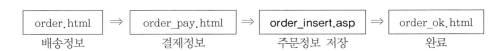

order.html ⇒ order_pay.html ⇒ **order_insert.asp** ⇒ order_ok.html
배송정보   결제정보   주문정보 저장   완료

② **장바구니 정보 표시** : 아래 2개의 그림을 보면 알겠지만 화면상단의 제품정보를 표시하는 부분은 수량과 수정/삭제부분만 빼고 장바구니 화면과 거의 동일하다. 따라서 이 부분에 대한 작업은 장바구니(cart.asp)에 있는 소스를 최대한 참고하여 작업을 하면 작업량을 단축시킬 수 있다.

주문/결제 화면 일부분   장바구니 화면 일부분

③ **주문자 정보** : 비회원인 경우에는 전화, 주소와 같은 주문정보 입력란을 모두 빈칸으로 처리하겠지만, 로그인을 한 회원인 경우에는 주문자의 정보를 미리 알아내어 표시하는 것이 좋다. 이 처리는 회원이 로그인을 한 경우 저장하는 쿠키인 cookie_no를 이용하여 회원정보를 알아내어 처리하면 된다.

```
주문자정보를 위한 변수 초기화 (o_no="0" : o_name="" : o_tel="" : … ).
if request("cookie_no")<>"" then         ' 쿠키로 로그인했는지 조사
    개인정보 읽기 ( "select * from member where no=" & request("cookie_no") )
    주문자정보를 의한 변수에 알아낸 값 대입 (o_no=rs("no"), …)
end if
주문자정보 출력
```

④ **배송지 정보** : 배송지가 주문자와 동일한 경우에는 아래 그림과 같이 라디오버튼에서 "예"를 선택하는 경우 주문자정보가 복사되도록 하였다. 이 처리는 javascript SameCopy 함수를 이용하였다. "아니오"를 선택한 경우는 다시 빈칸으로 표시된다.

<table>
<tr><td>배송지 정보</td><td>주문자정보와 동일</td><td>:</td><td>◉ 예 ◉ 아니오</td></tr>
<tr><td></td><td>받으실 분 성명</td><td>:</td><td></td></tr>
<tr><td></td><td>전화번호</td><td>:</td><td></td></tr>
</table>

⑤ **우편번호 찾기** : zipcode.asp에서는 zip_kind 라는 변수를 이용하여 회원가입(zip_kind=0), 주문자 우편번호(zip_kind=1), 배송지 우편번호(zip_kind=2)에 대해 우편번호 찾기 기능이 동작하도록 javascript 프로그램이 되어있다. 따라서 우편번호 찾기 프로그램을 따로 만들 필요가 없으며, 회원 가입할 때 만들었던 zipcode.asp를 복사하여 그대로 이용하면 된다. 다만 각 경우에 대한 zip_kind값을 전달하기 위해서 다음과 같은 곳에 zip_kind값을 표시해야 한다.

```
...
<form  name="form" method="post" action="zipcode.asp">
<input type="hidden" name="zip_kind" value="<%=request("zip_kind") %>">
<table width="495" border="0" cellspacing="0" cellpadding="0" align="center">
...
<!-- 회원가입인 경우:SendZip(0), 주문지인 경우:SendZip(1), 배송지… -->
<tr height="55">
  <td align="center">
    <a href="javascript:SendZip(<%=request("zip_kind") %>)">
      <img src="images/b_ok1.gif" border="0">
    </a>
  </td>
...
```

STEP ◉

① **order.html ➜ order.asp로 만들기** : order.html의 일부분 + temp.asp를 이용하여 order.asp를 만든다.

② **cart.asp link 수정하기** : cart.asp에서 주문을 호출하는 link인 "order.html"을 "order.asp"로 수정한다.

```
<a href="order.asp"><img src="images/b_order1.gif" border="0"></a>
```

③ **product_detail.asp link 수정하기** : product_detail.asp에서 "바로구매"의 link를 수정한다. 일단 바로 구매하기 전에 장바구니에 담기위하여 자바스크립트 check_form2()에서 "order.html"을 "cart_edit.asp"로 수정한다.

```
form2.action = "cart_edit.asp";
```

④ **order.asp 프로그램 작성하기** : 실습이론을 참고하여 order.asp를 작성한다.
⑤ **실행 및 결과확인** : 아무 회원이나 로그인을 한 후, 장바구니에 구입할 제품을 담고 주
문처리 과정을 실행하여 결과를 확인한다.

13.1.5 결제정보

528

PHP, ASP 쇼핑몰 실무 따라하기

🔄 **실습목적**

아래 그림과 같이 카드와 무통장입금을 이용한 결제방법과 결제정보를 입력하는 프로그
램을 작성하여라.

결제정보 입력화면 (order_pay.html)

🔄 **실습이론**

① **결제방법** : 온라인상에서 결제를 하는 방법은 카드, 현금, 이체, 모바일, 포인트 등 다
양한 방법으로 결제를 한다. 여기서는 그중 가장 많이 사용하는 이체와 신용카드로
결제하는 2자지 방법만 이용하도록 하겠다.

1) **무통장이나 온라인 이체방법** : 보통 현금지불방법은 무통장이나 인터넷뱅킹을 이

용하여 현금을 이체시키는데, 이때 필요한 정보는 이체시킬 쇼핑몰의 거래은행의 통장번호(bank_kind), 그리고 누가 보냈는지를 구별할 수 있는 송금자의 정보(bank_sender)가 필요하다.

2) **신용카드 결제방법** : 보통 쇼핑몰은 신용카드 결제 대행서비스 업체와 계약을 맺어 해당 업체가 제공하는 결제프로그램을 이용한다. 이 프로그램은 결제에 필요한 카드정보와 할부, 금액 등을 입력하는 프로그램과 결제가 완료되었을 때 카드승인 번호를 알려주는 프로그램으로 되어 있다. 여기서는 이러한 신용카드 결제 프로그램을 사용할 수 없으므로, 앞의 그림과 같이 카드정보를 입력하는 화면을 만들어 필요한 정보를 저장하는 옛날 카드결제방식을 이용하도록 하겠다.

② **주문자/배송자 정보** : 이전 문서에서 입력한 주문자와 배송자에 대한 정보는 모든 결제처리가 완료될 때까지 계속 필요하므로 다음 문서에 반드시 저장해야 한다. 이 처리는 form의 hidden개체를 이용하여 이전 문서에서 입력한 정보를 저장함으로서 해결할 수 있다.

```
〈form name="form2" method="post" action="order_ok.html"〉

〈input type="hidden" name="o_name" value="홍길동"〉
〈input type="hidden" name="o_tel" value="02 111 1111"〉
〈input type="hidden" name="o_phone" value="010222 2222"〉
〈input type="hidden" name="o_email" value="aaa@aa.aa.aa"〉
〈input type="hidden" name="o_zip" value="11111"〉
〈input type="hidden" name="o_juso" value="서울 노원구 월계4동"〉

〈input type="hidden" name="r_name" value="홍길동"〉
〈input type="hidden" name="r_tel" value="02 111 1111"〉
〈input type="hidden" name="r_phone" value="0102222222"〉
〈input type="hidden" name="r_email" value="aaa@aa.aa.aa"〉
〈input type="hidden" name="r_zip" value="11111"〉
〈input type="hidden" name="r_juso" value="서울 노원구 월계4동"〉
〈input type="hidden" name="memo" value="빠른 배송 부탁."〉
```

STEP ○

① **order_pay.html ➜ order_pay.asp로 만들기** : order_pay.html의 일부분 + temp.asp를 이용하여 order_pay.asp를 만든다.

② **order.asp link 수정하기** : order.asp에서 다음 결제문서를 호출하는 link인

"order_pay.html"을 "order_pay.asp"로 수정한다.

〈form name="form2" method="post" action="order_pay.**asp**"〉

③ **order.asp 작성하기** : 실습이론을 참고하여 order.asp를 작성한다.
④ **실행 및 결과확인** : 회원인 경우와 비회원인 경우 모두 실행하여 결과를 확인한다.

13.1.6 주문완료

🔘 **실습목적**

결제과정에서 입력한 모든 정보를 실제 jumun, jumuns 테이블에 저장하고 다음 그림과 같이 결제완료 화면을 보여주는 프로그램을 작성하여라.

결제완료 화면 (order_ok.html)

🔘 **실습이론**

① **사용자 주문처리 파일구조** : 최종적인 사용자의 주문 및 결제 처리를 위한 파일구조는 다음과 같다. 따라서 마지막으로 처리할 프로그램은 order_insert.asp를 작성하여 모든 상품정보와 주문정보를 jumun과 jumuns테이블에 저장하는 프로그램을 만들어야 한다.

② **주문번호 형식** : 주문번호를 만드는 방법은 사이트마다 날짜, 제품정보, 순서 등을 조합하여 만드는데, 여기서는 간단하게 다음과 같이 날짜와 주문 순서번호를 이용하

여 표시하도록 하겠다.

주문번호 형식(10자리) : YYMMDD0000

새로운 주문번호는 다음과 같은 방식으로 프로그램을 작성하여 구하면 된다. 주문번호에서 "-"기호가 없으면서, 2자리 년도를 갖는 오늘 날짜(YYMMDD)는 다음과 같이 구할 수 있다.

오늘날짜 = right(Year(now),2) & right("0"&Month(now),2) & right("0"&Day(now),2)

따라서 새 주문번호는 오늘 날짜에서 가장 큰 주문번호를 알아내어 +1 한 값을 이용하면 된다. 가장 큰 주문번호는 오늘날짜 주문번호 중, 주문번호(no)를 내림차순으로 정렬했을 때 첫 번째 자료가 될 것이다. 첫 주문인 경우에는 단순히 오늘 날짜에 "0001"을 붙이면 되지만, 아닌 경우에는 right함수로 뒷 4자리를 뽑고 Cint함수를 이용해 정수로 변환한 후, 1을 더해야 한다. 그리고 LFill 사용자함수를 이용해 앞부분이 0으로 채워진 4자리 숫자로 만들어야 한다.

```
jumun 테이블에서 오늘 주문 중, 가장 큰 주문번호 값 조사.
( "select no from jumun where jumunday='" & date() & "' order by no desc;" )
if count>0 then        ' 주문번호가 있으면
    새주문번호 = 오늘날짜 & (가장 큰 주문번호 뒤 4자리 + 1)
else
    새주문번호 = 오늘날짜 & "0001"
end if
```

③ **주문한 제품정보 저장** : 장바구니에 저장된 제품에 대한 쿠키정보를 jumuns테이블에 저장하는 프로그램 처리는 다음과 같다.

```
새 주문번호 jumun_no를 알아낸다.
총금액=0
product_nums = 0
product_names = ""
for i=1 to n_cart
   if request("cart" & i)<>"" then        ' 제품정보가 있는 경우만
     • 장바구니 cookie에서 제품번호, 수량, 소옵션번호1, 2 알아내기
       tmp=split(request("cart" & I, "^")
```

```
            product_no=tmp(1) : num=tmp(2) : opts1=tmp(3) : opts2=tmp(4)
```
- 제품정보(제품번호, 단가, 할인여부, 할인율) 알아내기

  ("select * from product wher no=" & product_no)
- insert SQL문을 이용하여 jumuns테이블에 저장.

  (주문번호, 제품번호, 수량, 단가, 금액, 할인율, 소옵션번호1, 2)
- 장바구니 cookie에서 제품 정보 삭제.
- 총금액 = 총금액 + 금액
- product_nums = product_nums + 1
- if product_nums=1 then product_names = 제품이름

```
      end if
    next
    ' 제품수가 2개 이상인 경우만, "외 ?" 추가
    if product_nums>1 then product_names=product_names & " 외 " & product_num-1
```

product_nums, product_names는 주문한 제품의 개수와 주문한 "첫번째 제품이름 외 몇 개"와 같은 형식의 문자열로 저장하기 위한 변수로 사용한다. 예를 들어 브라우스, 반바지, 청바지를 구입했다면, product_nums=3이 되며, product_names="브라우스외 2"가 된다. 이 값은 전체주문정보 jumun테이블에 product_names 필드에 저장될 값들이다.

4 **배송비 처리** : 배송비가 발생하는 경우, 배송비도 하나의 제품정보로 취급하여 jumuns테이블에 저장한다.

```
    if 총금액 < 최대배송비 then      ' 배송비가 있는 경우
      • insert SQL문을 이용하여 jumuns테이블에 배송비 정보 저장.
        (주문_번호, 0, 1, 배송비, 배송비, 0, 0, 0,)
      • 총금액 = 총금액 + 배송비
    end if
```

5 **회원 및 비회원 구분하기** : 주문정보를 저장하기 전에 먼저 주문자가 회원인지 비회원인지를 먼저 조사한다. 이 처리는 아래와 같이 cookie_no 값을 이용하면 쉽게 처리할 수 있으며, 비회원인 경우에는 회원번호를 0으로 저장한다.

```
    주문자가 회원인지 비회원인지 조사 (cookie_no).
    if request("cookie_no")<>"" then
      회원번호=request("cookie_no")
```

```
        else
            회원번호=0
        end if
```

6 **전체 주문 정보 저장** : 주문번호, 주문지, 배송지, 결제 및 총금액에 대한 주문 전체에 대한 정보는 jumun테이블에 저장한다. 이때 주문상태 state는 주문신청이므로, 1을 저장해야 한다. 그리고 product_names은 실습이론 3에서 구한 값을 이용하여 저장하면 된다. 카드결제인 경우 카드승인번호 card_okno는 카드결제회사에서 제공하는 값이므로 여기에서는 처리할 수 없다. 따라서 주문번호와 같은 임의의 값을 저장하길 바란다.

> insert SQL문을 이용하여 jumun 테이블에 주문 전체정보 저장.
> (no, member_no, jumunday, product_names,
>   o_name, o_tel, o_phone, o_email, o_zip, o_juso,
>   r_name, r_tel, r_phone, r_email, r_zip, r_juso, memo,
>   pay_method, card_okno, card_halbu, card_kind, bank_kind, bank_sender,
>   total_cash, state)

여기서 주의할 점은 카드 결제인 경우 개인정보에 관련된 카드정보(카드번호, 카드기간, 카드암호)를 테이블에 저장하지 말아야 하며, 카드대행업체에 값을 전달하기만 해야 한다. 그리고 카드승인이 떨어졌을 때 카드승인번호와 할부정보만 저장하도록 프로그램처리를 해야 한다. 카드승인번호(card_okno)는 실제 구현할 수 없으므로 주문번호를 입력하거나 독자가 임의의 값을 입력하길 바라며, state는 주문신청인 1로 지정해야 한다.

STEP ◉

① **order_ok.html ➜ order_ok.asp로 만들기** : order_ok.html의 일부분 + temp.asp를 이용하여 order_ok.asp를 만든다.
② **order_pay.asp link 수정하기** : order_pay.asp에서 다음 결제문서를 호출하는 link인 "order_ok.html" 대신에 "order_insert.asp"로 수정한다.

> 〈form name="form2" method="post" action="**order_insert.asp**"〉

③ **order_insert.asp 프로그램 작성하기** : 실습이론을 참고하여 order_insert.asp를 작성한다.
④ **실행 및 결과확인** : 실행하여 결과를 확인한다.

13.2 관리자 주문관리

이번에는 관리자가 고객이 주문한 제품에 대한 관리를 할 수 있는 주문관리 프로그램에 대해 알아보자.

13.2.1 주문 목록

○ **실습목적**

아래 그림과 같이 관리자가 고객이 주문한 목록을 볼 수 있는 프로그램을 만들어라.

주문번호	주문일	상품명	제품수	총금액	주문자	결재	주문상태		삭제
0803050004	2008-03-05	파란 브라우스 외 1	2	35,000	홍길동	카드	주문신청 ∨	수정	삭제
0803030002	2008-03-03	실크 브라우스	1	120,000	이길동	무통장	주문완료 ∨	수정	삭제
0803010006	2008-03-01	하얀 브라우스	1	155,000	김미자	카드	주문취소 ∨	수정	삭제

주문 목록화면(jumun.html)

○ **실습이론**

① **주문목록 파일구조** : 관리자용 주문목록 프로그램 구성은 다음과 같다.

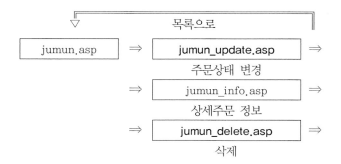

관리자 주문관리에서는 쇼핑몰에서 고객이 주문한 정보를 확인하고, 주문진행과정에

맞추어 주문상태를 변경하여 고객에게 주문 진행상황을 알릴 수 있어야 한다. 또한 주문한 제품에 대한 정보, 주문지, 배송지 등 주문정보를 쉽고 상세하게 볼 수 있는 기능이 필요하다.

2 **주문상태 전역변수 선언** : 주문상태를 나타내는 값들을 선언하기 위하여 common.asp 파일에 아래와 같이 전역변수로 선언한다.

```
a_state=array("전체","주문신청","주문확인","입금확인","배송중","주문완료","주문취소")
n_state=uBound(a_state)
```

3 **주문상태에 따른 글자색표시** : 주문상태에 따라 아래 그림과 같이 글자색을 다르게 표시하면 구분하기가 편리하다. 여기서는 주문완료는 파란색(blue), 주문취소는 빨 강색(red), 나머지는 검은색(black)으로 표시하였는데,

이 처리는 아래와 같이 콤보박스의 style에서 지정한 color 값을 주문상태에 따라 다르게 지정하면 쉽게 처리할 수 있다.

```
state=request("state")
color="black"
if state=5 then color="blue"
if state=6 then color="red"
response.write "<select name='state' style='font-size:9pt; color:" & color & "'>"
...
```

4 **기간 및 멀티검색** : 주문목록 상단의 멀티검색 기능은 제품목록에서 이용한 검색방법을 이용해야 하며, 시작날짜, 종료날짜를 지정하는 기간검색인 경우 시작날짜(day1_y, day1_m, day1_d)의 년, 월, 일, 그리고 종료날짜의 년, 월, 일(day2_y, day2_m, day2_d), 주문상태(sel1), 검색어(sel2, text1)들은 검색할 때 계속해서 가지고 가야 할 값들이다.

day1_y	day1_m	day1_d	day2_y	day2_m	day2_d	sel1	sel2	text1

기간 : [2008] [1 ▾] [1 ▾] - [2008] [1 ▾] [1 ▾] [전체 ▾] [주문번호▾] [ ] [검색]

⟨input type="text" name="**day1_y**" size="4" value="2008"⟩

⟨select name="**day1_m**"⟩

   ...

⟨input type="text" name="**day2_y**" size="4" value="2008"⟩

⟨select name="**day2_m**"⟩

   ...

그리고 정렬은 최근 주문이 먼저 나오도록 주문번호를 내림차순으로 정렬해야 한다.

q = "select ... **order by no desc;**"

STEP 01 jumun.asp 만들기

① **common.asp에 전역변수 선언하기** : 실습이론의 내용을 참고하여 common.asp에 전역변수를 선언한다.

② **jumun.asp 수정하기** : 주문 목록을 확인할 수 있는 jumun.asp를 작성한다.

③ **jumun.asp link 수정하기** : admin/include폴더의 common.js 파일을 읽어 A tag의 "jumun.html"을 "jumun.asp"로 수정한다.

④ **실행 및 결과확인** : 실행하여 결과를 확인한다.

13.2.2 주문 상세정보

○ **실습목적**

아래 그림과 같이 주문목록에서 주문번호를 클릭한 경우, 해당 주문의 상세내역을 확인하고 프린트할 수 있는 프로그램을 작성하여라.

주문번호	0807220001 (주문신청)		주문일	2008-07-22

주문자	홍길동 (비회원)	주문자전화	02 -123 -1234
주문자 E-Mail	aaa@aa.com	주문자핸드폰	011-123 -1234
주문자주소	(12323) 서울 노원구 월계2동		
수신자	홍길동	수신자전화	02 -123 -1234
수신자 E-Mail	aaa@aa.com	수신자핸드폰	011-123 -1234
수신자주소	(12323) 서울 노원구 월계2동		
메모	집에 없는 경우 수위실에 부탁.		

지불종류	카드	카드승인번호	12345678
카드 할부	일시불	카드종류	개인
무통장	국민은행:123-12-12345	입금자이름	홍길동

상품명	수량	단가	금액	할인	옵션1	옵션2
파란 브라우스	1	20,000	20,000	10 %	파랑	L
파란 티셔츠	1	10,000	10,000		파랑	S
택배비	1	5,000	5,000			
총금액						35,000 원

이전화면   프린트

주문 상세정보 화면(jumun_info.html)

🔄 실습이론

1 **주문 전체 내용** : 화면의 내용 중 주문번호부터 결제내역까지는 jumun테이블의 내용들이므로, char형인 주문번호 no를 이용하여 자료를 검색하여 출력하면 된다.

```
q="select * from jumun where no='" & request("no") & "';"
```

2 **as 절** : SQL문에서는 필드나 테이블이름, 그리고 계산식은 as절을 이용하면 다른 이름으로 사용할 수 있다. as 는 생략할 수 있다.

필드이름 혹은 테이블이름 혹은 계산식 **as 다른 이름**
필드이름 혹은 테이블이름 혹은 계산식 **다른 이름**

예제 1 필드 이름: select no, **name as aaa**, tel …
테이블이름: select * from **member as bbb** where …
계 산 식: select no, **num*price as ccc** where …
as생략경우: select no, **name ddd** where …

3 **관계 표시 방법** : SQL에서 관계형을 표현하는 문법은 where절을 이용하는 방법과 from절에서 join을 이용하는 2가지 방법이 있다. 아래 예제를 통하여 관계를 표현하는 2가지 방법에 대하여 알아보자.

예제 1 다음 그림과 같이 테이블 A와 B에서 a1칼럼과 b2칼럼이 관계를 맺은 경우, SQL문으로 표현하면 다음과 같이 쓸 수 있다.

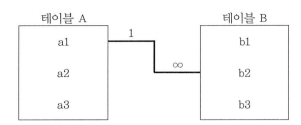

1) where 절인 경우 : from A, B where A.a1=B.b2
2) from 절인 경우 : from A join B on A.a1=B.b2

예제 2 테이블 A, B, C에서 다음과 같이 관계를 맺은 경우, SQL문으로 표현하면 다음과 같이 쓸 수 있다.

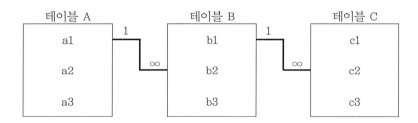

1) where 절인 경우 : from A, B, C where A.a1=B.b2 and B.b1=C.c1
2) from 절인 경우 : from (A join B on A.a1=B.b2) join C on B.b1=C.c2

예제 3 테이블 A, B에서 다음과 같이 B테이블이 A테이블에 2번 관계를 맺은 경우 SQL문으로 표현하면 다음과 같이 쓸 수 있다.

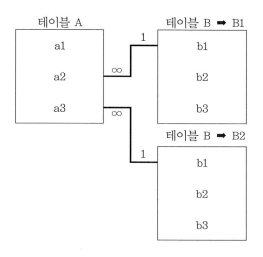

1) where 절인 경우 : from A, B as B1, B as B2

                   where A.a2=B1.b1 and A.a3=B2.b1

2) from 절인 경우 : from (A join B as B1 on A.a2=B1.b1)

                   join B as B2 on A.a3=B2.b2

MS-SQL에서 join에는 inner join, left outer join, right outer join, full outer join, cross join, self join이 있다. 여기서는 inner와 outer join에 대해서만 설명하겠으며, inner와 outer라는 단어는 생략할 수 있다. 다음과 같은 경우를 생각해보자.

관계 설정

번호	고객명	우편번호_번호	...
1	홍길동		...
2	이길동	1	...
...	...	...	...

고객 테이블

번호	우편번호	주소1	...
1	111-123	서울	...
2	111-124	서울	...
...	...	...	...

우편번호 테이블

이 경우 다음과 같은 SQL문을 실행하면 이길동의 자료는 나와도 홍길동의 자료는 표시되지 않는다.

select 고객.고객명, 우편번호.우편번호, 고객.주소

    from 우편번호 inner join 고객 on 우편번호.번호=고객.우편번호_번호;

그 이유는 inner join인 경우는 정확하게 관계가 일치하는 자료만 표시되기 때문에, 고객우편번호가 비어 있는 홍길동의 자료는 표시되지 않는다. 만약 이러한 자료를 표시하고 싶으면 고객테이블의 자료를 모두 포함시키는 관계형식을 지정해야 한다. 따라서 SQL문은 다음과 같이 수정되어야 한다.

```
select 고객.고객명, 우편번호.우편번호, 고객.주소
    from 우편번호 right outer join 고객 on 우편번호.번호=고객.우편번호_번호;
```

혹은

```
select 고객.고객명, 우편번호.우편번호, 고객.주소
    from 고객 left outer join 우편번호 on 우편번호.번호=고객.고객우편번호;
```

join 앞에 붙는 left와 right는 포함시킬 테이블의 위치에 따라 결정된다. 첫 번째 select문인 경우는 고객 테이블이 join을 기준으로 오른쪽에 있으므로 right join이라고 썼지만, 2번째 SQL문인 경우는 왼쪽에 있으므로 left join이라고 써야 한다. 양쪽 모두 포함시키는 경우는 full outer join이라고 지정하면 된다.

④ **주문 상세 내용** : 주문한 제품의 상세내역은 jumuns테이블에 내용이 있으므로, 주문번호 no를 이용하여 자료를 검색하면 된다. 그리고 제품명, 옵션명 등은 product테이블과 opts테이블에 내용들이므로, 실습이론 ②와 ③의 관계를 이용하면 원하는 값을 표시할 수 있다.

```
q="select … from jumuns, product, opts as opts1, opts as opts2
        where jumuns.product_no=product.no and
                jumuns.opts_no1=opts1.no and jumuns.opts_no2=opts2.no
                and jumuns.jumun_no='" & no & "';"
```

혹은

```
q="select … from ((jumuns left join product on jumuns.product_no=product.no)
        left join opts as opts1 on jumuns.opts_no1=opts1.no)
        left join opts as opts2 on jumuns.opts_no2=opts2.no
        where jumuns.jumun_no='" & no & "';"
```

주문제품을 출력할 때 주의할 점은 jumuns.product_no=0 인 경우는 택배비이므로

제품명 출력 할 때 "택배비"라고 출력해야 한다.

상품명	수량	단가	금액	할인	옵션1	옵션2
파란 브라우스	1	20,000	20,000	10 %	파랑	L
파란 티셔츠	1	10,000	10,000		파랑	S
택배비	1	5,000	5,000			
총금액						35,000 원

이전 화면   프린트

product_no=0인 경우, 택배비 표시

⑤ **상품의 소옵션 이름 표시** : 고객이 주문한 제품의 소옵션 이름을 표시하는 경우, ④를 이용하여 SQL문을 작성하면 다음과 같이 name이라는 같은 이름을 같게 된다.

```
q="select … , opts1.name, opts2.name, …    from jumuns, product,
        opts as opts1, opts as opts2 where …"
```

소옵션1의 이름은 rs("name")이며, 소옵션2의 이름도 rs("name")이 되어 잘못된 출력을 하게 된다. 따라서 이 경우는 as 절을 이용하여 다른 이름으로 지칭하는 방법이나 배열첨자를 이용하는 2가지 방법 중 하나를 이용하여 처리하면 된다.

1) 필드이름을 이용하는 방법 : as절을 이용하여 다른 이름으로 지정하여 사용하는 방법. 아래 예제의 경우, opts1.name, opts2.name은 rs("name1"), rs("name2")와 같이 사용할 수 있다.

```
q="select jumuns.no, opts1.name as name1, opts2.name as name2, …
        from jumuns, product, opts as opts1, opts as opts2 where …"
```

2) 배열첨자를 이용하는 방법 : rs에서 필드이름을 이용하는 것이 아니라, select문에서 표시한 순서에 따라 배열첨자로 사용하는 방법. 아래 예제의 경우, opts1.name, opts1.name은 rs(1), rs(2)로 사용할 수 있다.

```
              0          1          2
q="select jumuns.no, opts1.name, opts2.name, …
        from jumuns, product, opts as opts1, opts as opts2 where …"
```

① **jumun.asp link 수정하기** : jumun.asp를 읽어 A tag의 "jumun_update.html"를 "jumun_update.asp"로 수정한다.

② **jumun_update.asp 만들기** : 주문상태를 변경할 수 있는 jumun_update.asp를 작성한다.

③ **실행 및 결과확인** : 실행하여 결과를 확인한다.

13.2.2 주문상태 수정

○ 실습목적

아래 그림과 같이 주문목록에서 콤보박스에서 준문상태를 선택하고, 수정 버튼을 클릭하면, 주문상태를 변경할 수 있는 프로그램을 작성하여라.

○ 실습이론

① **주문상태 변경 파일구조 및 원리** : 주문상태를 변경하는 프로그램의 구성은 다음과 같다.

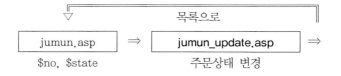

주문상태를 변경하려면 클릭한 줄의 주문번호(no)와 주문상태(state)를 알아내어 jumun_update.asp 파일에 넘겨주어 다음과 같은 update SQL문을 이용하여 변경처리를 하면 된다.

```
q="update jumun set state=" & state & " where no='" & no & "';"
```

2 **주문상태 state값 알아내기** : 아래 html 소스를 보면 알겠지만, 콤보박스의 state변수를 같은 이름으로 여러 번 사용한 것을 알 수 있다.

```
...
function go_update(no,pos)
{
    form1.state[pos].value;
    location.href="jumun_update.html?no="+no+"&state="+state+"&page="+
            form1.page.value+"&sel1="+form1.sel1.value+"&sel2=" ··· ;
}
...
<select name="state" style="font-size:9pt; color:blue">   ' 0번째 state
  <option value="1" selected>주문신청</option>
     ...
</select> 
<a href="javascript:go_update('0803030002',0);">
  <img src="images/b_edit1.gif" border="0">
</a>
...
<select name="state" style="font-size:9pt; color:blue">   ' 1번째 state
  <option value="1">주문신청</option>
     ...
</select> 
<a href="javascript:go_update('0803030006',1);">
  <img src="images/b_edit1.gif" border="0">
</a>
...
<select name="state" style="font-size:9pt; color:blue">   ' 2번째 state
  <option value="1">주문신청</option>
     ...
</select> 
<a href="javascript:go_update('0803030008',2);">
  <img src="images/b_edit1.gif" border="0">
</a>
...
```

Form tag에서 input 변수가 동일한 이름으로 여러 번 나오면, 자바스크립트에서 해당 변수의 값은 다음과 같이 배열첨자로 그 값을 알 수 있다.

form1.state[0].value ➜ 1번째 줄의 주문상태 값

따라서 자바스크립트 go_update(주문번호, 위치번호)함수는 jumun_update.asp에 주문번호 no, 위치번호를 전달하여 주문상태 state(=form1.state[위치번호].value)를 전달하여 처리하면 된다.

STEP ⊙

① **jumun.asp link 수정하기** : jumun.asp를 읽어 A tag의 "jumun_update.html"를 "jumun_update.asp"로 수정한다.
② **jumun_update.asp 만들기** : 주문상태를 변경할 수 있는 jumun_update.asp를 작성한다.
③ **실행 및 결과확인** : 실행하여 결과를 확인한다.

13.2.3 주문 삭제

⊙ **실습목적**

아래 그림과 같이 주문목록에서 삭제 버튼을 클릭하여 주문을 삭제하는 프로그램을 작성하여라.

⊙ **실습이론**

① **주문삭제 파일구조** : 주문을 삭제하는 프로그램의 구성은 다음과 같다.

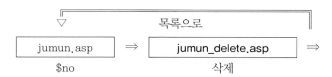

② **jumu, jumuns 삭제** : 주문에 관련된 테이블은 주문일반정보가 있는 jumun과 주문
상세정보가 있는 jumuns테이블이다. 따라서 주문을 삭제하려면 주문번호를 이용하
여 두 테이블에서 해당 주문내용을 모두 삭제해야 한다.

```
q="delete from jumun where no='" & request("no") & "';"
...
q="delete from jumuns where jumun_no='" & request("no") & "';"
```

STEP ●

① **jumun.asp link 수정하기** : jumun.asp 파일에서 주문 삭제에 관련된 A tag의
"jumun_delete.html"을 "jumun_delete.asp"로 수정한다.

② **jumun_delete.asp 작성하기** : 주문내용을 삭제할 수 있는 jumun_delete.asp 프로
그램을 작성한다.

③ **실행 및 결과확인** : 실행하여 결과를 확인한다.

13.3 고객용 주문조회

13.3.1 주문조회 개요

① **주문조회 메뉴** : 일반적으로 모든 쇼핑몰화면에는 주문정보를 확인하는 기능이 있다.
이 책의 쇼핑몰 화면에서도 상단 우측에 주문조회 메뉴가 있으며, 이 메뉴를 이용하
여 주문내용을 조회할 수 있다.

② **회원 및 비회원 주문 조회** : 주문자가 회원인 경우에는 고객번호를 이용하여 주문내
역을 쉽게 조회할 수 있지만, 비회원인 경우에는 회원번호가 없기 때문에 다른 방법
을 이용해야 한다. 물론 주문번호를 이용하여 검색이 가능하지만, 대부분 주문번호
를 기억하는 사람은 드물 것이다. 따라서 비회원인 경우에는 주문할 때 입력했던 내
용 중 고객이 항상 기억하고 있는 내용으로 조회를 할 수 있도록 만들어야 한다. 여
기서는 주문자의 이름과 주문자 E-Mail을 이용하도록 구성하였다. 아래 화면은 비
회원이거나 회원이 로그인을 하지 않은 경우에 주문조회를 위한 인증 화면이다.

546

주문조회용 로그인(jumun_login.html)

만약 회원이 로그인을 한 경우에는 바로 다음과 같이 주문정보를 표시하는 화면으로 전환되어야 한다. 이 화면에서 주문번호를 클릭하면 주문에 대한 자세한 내용을 볼 수 있다.

주문조회 목록(jumun.html)

주문 상세내역(jumun_info.html)

13.3.2 주문조회 로그인

🔘 **실습목적**

만약 로그인을 한 회원이 주문조회 메뉴를 클릭한 경우에는 바로 주문조회 화면인 jumun.asp로 이동되지만,

비회원이거나 로그인을 하지 않은 경우에는 주문자 확인 화면인 jumun_login.html로 이동되도록 프로그램을 작성하여라. 그리고 개인정보가 맞는 경우에는 주문조회 화면 jumun.asp로 이동시키는 프로그램을 작성하여라.

주문조회용 로그인(jumun_login.html)

🔘 **실습이론**

1️⃣ **주문 파일구조** : 주문조회 메뉴를 클릭한 경우, 만약 회원인 고객이 로그인을 한 경우에는 아래 그림과 같이 바로 주문조회 화면이 jumun.asp로 이동하면 된다.

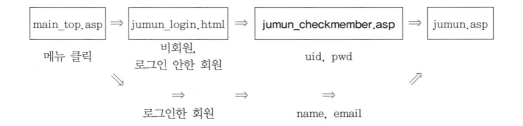

이 처리는 로그인을 한 경우 발생되는 cookie_no값을 조사하면 쉽게 처리할 수 있다. 그러나 비회원이거나 회원이 로그인을 하지 않은 경우에는 주문자확인을 위한 jumun_login.html을 호출해야 한다. 여기서 id와 암호를 입력한 회원인 경우는 jumun_checkmember.asp를 호출하여 회원 로그인처리와 jumun.asp 이동처리를 하면 된다. 비회원인 경우에는 주문자 이름(name)과 주문자 메일주소(email)를 입력한 후, jumun.asp로 이동하도록 처리하면 된다.

② **주문조회 메뉴 클릭 처리** : 앞에서 언급했듯이 회원이 로그인을 했는지에 따라 이동할 문서의 link에 대한 처리는 다음과 같이 하면 된다.

```
if request("cookie_no")<>"" then    ' cookie값이 있는 경우(회원)
    A tag에서 jumun.asp로 이동
else
    A tag에서 jumun_login.asp로 이동
end if
```

③ **주문확인용 로그인 처리(jumun_checkmember.asp)** : 이 처리는 회원이 로그인을 하는 처리와 동일하다. 따라서 member_check.asp 프로그램을 그대로 복사하여 작성하면 되며, 로그인을 한 후, jumun.asp로 이동처리 되도록 수정하면 된다.

```
if 로그인한 경우 then
    jumun.asp 로 이동.
else
    jumun_login.asp 로 이동.
end if
```

STEP ◦

① **main_top.asp에 수정하기** : 실습이론 ②의 내용을 참고하여 프로그램을 수정한다.

② **jumun_login.html ➜ jumun.login.asp로 만들기** : jumun_login.html의 일부분 + temp.asp를 이용하여 jumun_login.asp를 만든다.

③ **jumun.html ➜ jumun.asp로 만들기** : jumun.html의 일부분 + temp.asp를 이용하여 jumun.asp를 만든다.

④ **member_check.asp ➜ jumun_checkmember.asp로 복사 후, 수정하기** : member_check.asp를 jumun_checkmember.asp로 복사를 한 후, 실습이론 ③의

내용을 참고하여 프로그램을 수정한다.

⑤ **실행 및 결과확인** : 실행하여 결과를 확인한다.

13.3.3 주문 목록

〇 **실습목적**

다음 그림과 같이 고객이 주문한 전체 정보를 확인할 수 있는 프로그램을 작성하여라.

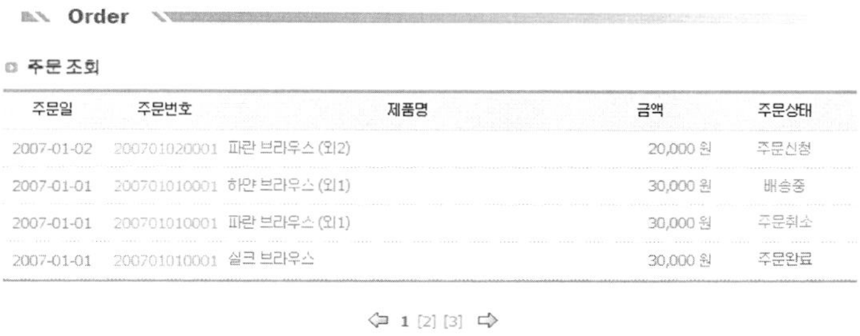

주문일	주문번호	제품명	금액	주문상태
2007-01-02	200701020001	파란 브라우스 (외2)	20,000 원	주문신청
2007-01-01	200701010001	하얀 브라우스 (외1)	30,000 원	배송중
2007-01-01	200701010001	파란 브라우스 (외1)	30,000 원	주문취소
2007-01-01	200701010001	실크 브라우스	30,000 원	주문완료

◁ 1 [2] [3] ▷

주문조회 목록(jumun.html)

〇 **실습이론**

① **회원/비회원 주문목록** : 목록화면에 표시된 jumun테이블에 있는 주문정보들이다. 이 주문정보는 아래와 같이 회원과 비회원인 경우 자료를 검색하는 방법이 다르다. 회원인 경우는 cookie_no와 주문테이블의 회원번호(member_no)를 이용하여 조건을 지정하면 되며, 비회원인 경우는 주문자이름(o_name)과 주문자 E-Mail(o_email)을 이용하여 검색하면 된다.

```
if request("cookie_no")<>"" then ' 로그인을 한 회원인 경우
    q="select * from jumun where member_no=" & cookie_no & " order by no desc"
else                ' 비회원이거나 로그인을 하지 않은 회원인 경우
    q="select * from jumun where o_name='" & name & "' and o_email='" &
        email & "' order by no desc"
end if
```

② **주문상태별 글자색** : 주문상태에 따라 글자를 각기 다른 색으로 지정하기 위해서는 다음과 같이 처리하면 된다.

```
state=rs("state")
color="black"
if state=5 then color="blue"     ' 주문완료인 경우
if state=6 then color="red"      ' 주문취소인 경우
...
<font color='<%=color %>'><%=a_state(state) %></font>
```

STEP ○

① **jumun.asp에 수정하기** : 실습이론 ①, ②의 내용을 참고하여 프로그램을 수정한다.
② **실행 및 결과확인** : 실행하여 결과를 확인한다.

13.3.4 주문 상세정보

○ **실습목적**

주문조회에서 주문번호를 클릭한 경우, 아래 그림과 같이 해당 주문에 대한 상세주문내역을 보여주는 프로그램을 작성하여라.

주문 상세내역(jumun_info.html)

1 **주문 상세내역** : 주문 상세내역을 표시하기위해서는 여러 테이블들의 관계를 이용하여 표시해야 한다. 주문한 제품에 대한 정보는 jumuns테이블에, 제품명, 제품사진과 같은 정보는 product 테이블, 옵션사항들은 opts테이블이 필요하다. 따라서 jumuns 테이블을 기준으로 다음과 같이 나머지 테이블의 관계를 정의하여 작성해야 한다.

```
q="select …
    from ((jumuns left join opts as opts1 on jumuns.opts_no1=opts1.no)
        left join opts as opts2 on jumuns.opts_no2=opts2.no)
        left join product on product.no=jumuns.product_no
    where jumuns.jumun_no='" & no & "';"
```

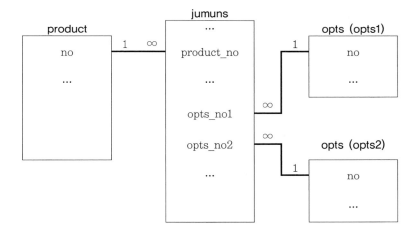

2 **결제방식** : pay_method를 이용하여 결제방식이 카드(=0)냐, 무통장(=1)이냐에 따라 결제내용을 다르게 출력해야 한다.

```
if rs("pay_method")=0 then
    카드 내용출력(카드승인번호, 할부, 카드종류).
else
    무통장 내용출력(계좌번호, 보낸 사람).
end if
```

① jumun_info.html ➔ jumun_info.asp로 만들기 : jumun_login.html의 일부분 + temp.asp를 이용하여 jumun_login.asp를 만든다.

② jumun_info.asp에 수정하기 : 실습이론 ①, ②의 내용을 참고하여 프로그램을 수정한다.

③ 실행 및 결과확인 : 실행하여 결과를 확인한다.

게시판

14.1 QA 게시판

14.1.1 응답형 게시판 개요

이번에는 쇼핑몰에서 고객과 관리자가 글로 대화를 할 수 있는 응답형 게시판을 만드는 방법에 대하여 알아보자.

1 **게시판 화면** : 게시판은 아래와 그림과 같이 크게 게시판 목록에서 글쓰기, 읽기, 수정하기와 읽은 글에 대한 답변하기와 같은 화면으로 구성되어 있다.

게시판 목록화면(qa.html)

새글 버튼을 클릭하면 새 글을 쓸 수 있는 화면으로 전환되며,

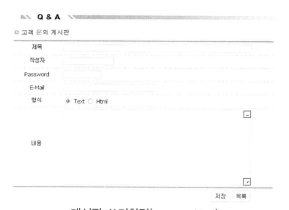

게시판 쓰기화면(qa_new.html)

글 제목을 클릭하면 아래 그림과 같은 읽기화면으로 전환된다.

게시판 읽기화면(qa_read.html)

읽기 화면에서는 수정, 삭제, 답글 버튼을 클릭함으로서 다음 그림과 같이 수정, 삭제, 답글 처리를 할 수 있는 화면으로 이동할 수 있다. 이때 수정과 삭제인 경우는 아무나 처리할 수 없도록 암호를 입력하여 본인의 글인지를 확인하는 처리를 해야 한다.

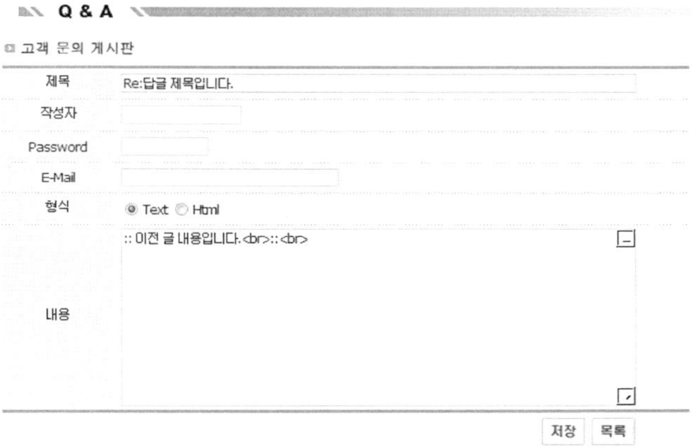

게시판 수정화면(qa_modify.html)

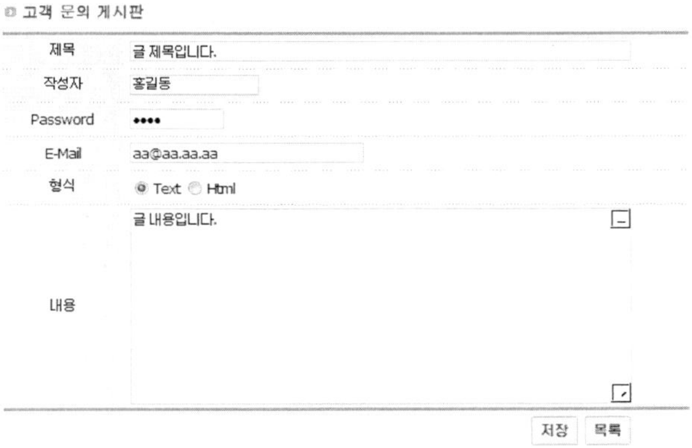

게시판 답변화면(qa_reply.html)

② **게시판 파일 구성** : 앞에서 본 게시판의 각 화면들을 처리할 파일들의 구성은 아래와 같다.

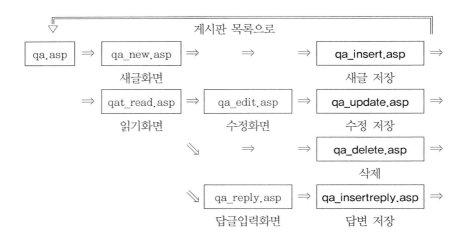

14.1.2 게시판 테이블

실습목적

게시판의 글 정보를 저장할 수 있는 qa테이블을 만들어라.

실습이론

① **qa 테이블 구조** : 게시판을 위한 테이블 구조는 다음과 같다.

		필드명	자료형	Null	비고
1	번호	no	int	☐	자동1증가 옵션, 기본키 🔑
2	위치1	pos1	int	☑	
3	위치2	pos2	varchar(20)	☑	
4	제목	title	varchar(255)	☑	
5	글쓴이	name	varchar(30)	☑	
6	E-Mail	email	varchar(50)	☑	
7	암호	passwd	varchar(20)	☑	
8	작성일	writeday	date	☑	

9	조회수	count	int	☑	
10	html	ishtml	bit	☑	0:text, 1:html
11	내용	contents	text	☑	

qa 테이블

1) **pos1** : 현재 글이 몇 번째 글의 답변인지를 표시하는 필드.
2) **pos2** : 현재 글이 답변 글 중 어느 위치에 있는 글인지를 저장하는 필드.
3) **ishtml** : 글 내용의 html기호를 사용할 것인지를 표시하는 필드.
4) **contents** : 글 내용은 많은 문자를 저장해야하므로, text 형을 이용해야 한다.

2 **응답형 게시판의 원리** : 응답형 게시판을 만들기 위해서는 답변글이 어떤 글에 대한 답변글인지를 표시하기 위한 2개의 pos1, pos2 필드가 필요하다. pos1 필드는 어떤 글에 대한 답변글인지를 표시해야 하는데, 이 문제는 글의 번호(no) 값을 해당 답변 글에 저장함으로서 해결할 수 있다. 다음 표를 보자.

no	title	pos1	pos2
6	**제목2**	6	A
7	⇨ 답변5	6	AA
8	⇨ 답변6	6	AB
9	⇨ 답변7	6	AC
10	⇨ 답변8	6	ACA
1	**제목1**	1	A
2	⇨ 답변1	1	AA
3	⇨ 답변2	1	AAA
4	⇨ 답변3	1	AAAA
5	⇨ 답변4	1	AB

응답 게시판 예

답변 1, 2, 3, 4가 제목1에 대한 답변임을 표시하는 방법은 pos1 필드에 제목1의 no 값인 1값을 저장함으로서 표시할 수 있다. 마찬가지로 답변 5, 6, 7, 8 역시 제목2의 답변임을 표시하기위하여 제목2의 no값인 6을 저장한 것을 알 수 있다.

그리고 답변에 대한 답변이 있는 경우 각 답변의 순서를 작성한 순서에 맞게 입체적으로 출력할 수 있도록 어떤 정보를 pos2 필드에 저장해야 한다는 점이다. 이 문제는 표와 같이 pos2 필드에 저장되는 문자열의 길이와 값의 종류(A, B, C⋯)를 이용하

14.1 QA 게시판

여 해결할 수 있다. 답변에 대한 답변의 위치 표시는 알파벳의 위치로 표시한다. 예를 들어 제목1의 pos2는 "A"이고, 제목1에 대한 첫 번째 답변인 답변1의 표시는 "AA"로 표시한다. 따라서 답변 1에 대한 답변 2는 "AAA"가 된다. 그러나 만약 답변4와 같이 제목글1에 대해 답변1(AA)이외에 또 다른 답변4가 있다면, 답변4는 제목1에 대한 2번째 답변이므로 "AB"가 된다. 이와 같은 방식으로 pos2를 저장한 후, 출력할 때 pos1은 내림차순, pos2는 오름차순으로 정렬하여 출력하고, pos2의 문자열 길이만큼 제목글을 뒤로 밀리게 출력하면, 표와 같은 출력을 얻을 수 있다. 설명이 잘 이해가 되지 않으면, 표의 pos1과 pos2의 값을 가지고 잘 생각해보길 바라며, 답글을 만드는 과정에서 다시 설명하도록 하겠다.

14.1.3 게시판 목록

⟳ 실습목적

아래 그림과 같이 게시판의 글 제목을 볼 수 있는 게시판 목록화면을 만들어라.

게시판 목록화면(qa.html)

⟳ 실습이론

1 **검색을 위한 쿼리** : 게시판 하단을 보면 글제목, 글내용, 작성자 중 하나를 선택할 수 있는 콤보박스 sel1과 텍스트박스 text1이 있다. 따라서 검색을 위한 쿼리 역시 전체 혹은 3가지 형식(제목, 내용, 글쓴이) 중 하나를 선택할 수 있도록 작성해야 하며, 검색단어 일부로 검색할 수 있도록 필드이름 like '%text1%' 형식으로 조건을 지정해야 한다.

```
if request("sel1")<>"" then sel1=request("sel1") else sel1=1
if request("text1")<>"" then text1=request("text1") else textl1=""

if text1="" then
  q="  전체자료 출력 SQL문  "
else
  if sel1=1 then          ' 제목
    q="… where title like '%" & text1 & "%' order by pos1 desc, pos2;"
  elseif sel1=2 then      ' 내용
    q="… where contents like '%" & text1 & "%' order by pos1 desc, pos2;"
  else                    ' 작성자
    q="… where name like '%" & text1 & "%' order by pos1 desc, pos2;"
  end if
end if
```

② **응답게시판을 위한 정렬** : 응답게시판인 경우 앞에서 설명했지만, 자료출력은 pos1, pos2에 의해 결정된다. 따라서 자료출력을 위한 정렬은 반드시 다음과 같이 pos1은 내림차순, pos2는 오름차순으로 복합정렬로 지정해야 한다.

```
…  order by pos1 desc, pos2
```

③ **글제목 출력** : 글제목이 출력되는 위치는 pos2의 문자열 길이에 따라 결정된다. 문자열 길이가 1인 경우는 답변글이 아니므로, 정상적으로 출력되어야 한다.

```
n=len(rs("pos2"))              ' 문자열길이 계산
if n=1 then                    ' 정상 글인 경우
   response.write "글제목 출력"
else                           ' 답변글인 경우
  for j=0 to n-1
     response.write "  "
  next
  response.write " ↳ 이미지 및 제목 출력"
end if
```

STEP ○

① **qa.html ➜ qa.asp로 만들기** : qa.html의 일부분 + temp.asp를 이용하여 qa.asp를

만든다.

② **qa.asp link 수정하기** : main_left.asp에서 게시판화면을 호출하는 A tag link의 "qa.html"을 "qa.asp"로 수정한다.

③ **qa.asp에 수정하기** : 실습이론 ①, ②, ③의 내용을 참고하여 프로그램을 작성한다.

④ **실행 및 결과확인** : 실행하여 결과를 확인한다.

14.1.4 게시판 새글

⟳ **실습목적**

아래 그림과 같이 게시판의 새 글을 작성할 수 있는 프로그램을 만들어라.

게시판 쓰기화면(qa_new.html)

⟳ **실습이론**

① **파일구조** : 새글을 추가하는 파일구조는 다음과 같다.

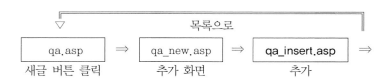

2 **pos1값 알아내기** : 새로 추가되는 새 글의 pos1값은 자신의 레코드 번호 no값과 같은 값으로 저장해야 한다. 그러나 no값은 자동으로 1증가하는 일련번호형으로 지정되어 있어, 일단 레코드를 저장해야 알 수 있다. 이 값을 알아내는 다른 방법은 insert SQL문을 실행하기 전에 먼저 가장 큰 no값(=max(no))을 구해 1을 더한 값을 이용하는 것이다. MS-SQL에서는 select문으로 구한 값을 바로 필드에 대입할 수 있는 기능과 최대값을 구하는 max함수를 이용하면 다음 SQL문과 같이 쉽게 처리할 수 있다. 그리고 pos2값은 새로 추가된 글이므로 항상 "A" 값을 대입하면 된다.

```
insert into qa (pos1, pos2, … )
        values ( (select max(no)+1 from qa), 'A', … );
```

3 **글 제목과 내용** : 글 제목 title 과 내용 contents에는 특수기호나 html문자가 포함되어 있을 수 있으므로, 사용자함수 addslashes()와 stripslashes()를 이용하여 처리해야 한다.

STEP ◌

① **qa_new.html ➜ qa_new.asp로 만들기** : qa_new.html의 일부분 + temp.asp를 이용하여 qa_new.asp를 만든다.
② **qa.asp link 수정하기** : qa.asp에서 새글 버튼의 A tag link의 "qa_new.html"을 "qa_new.asp"로 수정한다.
③ **qa_insert.asp 만들기** : 실습이론 내용을 참고하여 프로그램을 작성한다.
④ **실행 및 결과확인** : 실행하여 결과를 확인한다.

14.1.5 게시판 읽기

◌ **실습목적**

아래 그림과 같이 게시판의 글을 읽을 수 있는 프로그램을 만들어라.

제목	제목글입니다
작성자	홍길동
날짜	2007-01-01
조회	11
내용	글내용입니다.

Q & A

□ 고객 문의 게시판

Password : [   ]   답글 수정 삭제 목록

게시판 읽기화면(qa_read.html)

⟳ **실습이론**

1 **조회수** : 글을 읽을 때마다 읽은 회수를 1 증가하는 처리는 update SQL문에서 "update qa set count=count+1 …)을 이용하면 간단하게 처리할 수 있다.

2 **글 제목 및 내용 출력** : 글 목록에서 제목 표시할 때와 마찬가지로 글 내용에 특수문자나 html기호가 삽입되어 있을 수 있다. 따라서 글 저장할 때 사용자함수 addslashes() 로 코드화한 글제목과 내용을 stripslashes() 함수를 이용하여 원상복구하여야 한다. 그리고 입력된 글 내용 중에 줄바꿈 처리를 위해 contents는 사용자함수 replace함수를 이용해 줄바꿈기호를 "⟨br⟩"로 변경 처리해야하며, Text로 출력하는 경우에는 &, ', ", ⟨, ⟩기호를 출력시켜줄 수 있는 사용자함수 htmlspecialchars함수가 필요하다. 이 함수를 common.asp에 정의하면 다음과 같이 쓸 수 있다.

```
title = stripslashes(rs("title"))
contents = stripslashes(rs("contents"))
contents = nl2br(contents)
if rs("ishtml")=0 then contents=htmlspecialchars(contents)   ' text인 경우
```

562

PHP, ASP 쇼핑몰 실무 따라하기

[ASP] 사용자함수 htmlspecialchars(문자열)

APS에는 PHP처럼 문자열에서 html 태그에 관련된 특수기호들을 포함한 경우, html관련 기호를 변환시키는 htmlspecialchars 함수가 없다. 따라서 이 처리를 위해서는 PHP와 동일한 기능을 하는 사용자함수 htmlspecialchars를 common.asp에 선언하여 이용하면 된다.

```
Function htmlspecialchars(s)
    s=replace(s,"&","&amp;")        ' &   ➔ &amp;
    s=replace(s,"""","&quot;")      ' "   ➔ &quot;
    s=replace(s,"'","&#039;")       ' &   ➔ &#039;
    s=replace(s,"〈","&lt;")         ' 〈   ➔ &lt;
    s=replace(s,"〉","&gt;")         ' 〉   ➔ &gt;
    htmlspecialchars=s
End fucntion
```

[ASP] 사용자함수 nl2br(문자열)

ASP에는 PHP처럼 문자열에 줄바꿈이 있는 경우 줄 바꾸어 출력하는 nl2br 함수가 없다. 따라서 이 처리를 위해서는 PHP와 동일한 기능을 하는 사용자함수 nl2br을 common.asp에 선언하여 이용하면 된다.

```
Function nl2br(s)
    s=replace(s,VbNewLine,"〈br〉")    ' ₩n₩r
    s=replace(s,VbCrLf,"〈br〉")       ' ₩r₩n
    s=replace(s,VbCr,"〈br〉")         ' ₩r
    s=replace(s,VbLf,"〈br〉)          ' ₩n
    nl2br=s
End Function
```

STEP ◉

① **htmlspecialchars, nl2br 사용자함수 선언하기** : common.asp에 사용자함수 htmlspecialchars(), nl2br()을 선언한다.

② **qa_read.html ➔ qa_read.asp로 만들기** : qa_read.html의 일부분 + temp.asp를 이용하여 qa_read.asp를 만든다.

③ **qa.asp link 수정하기** : qa.asp에서 글 제목의 A tag link의 "qa_read.html"을 "qa_read.asp"로 수정한다.

④ **qa_read.asp 만들기** : 실습이론 ①, ②의 내용을 참고하여 프로그램을 작성한다.

⑤ **실행 및 결과확인** : 실행하여 결과를 확인한다.

14.1.6 게시판 수정 및 삭제

⟳ **실습목적**

아래 그림과 같이 게시판의 글을 수정 및 삭제할 수 있는 프로그램을 만들어라.

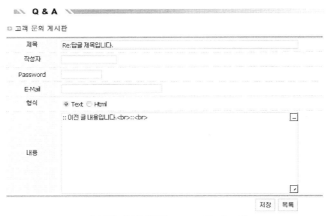

게시판 수정화면(qa_modify.html)

⟳ **실습이론**

① **파일구조** : 글을 수정 및 삭제하는 처리의 파일구조는 다음과 같다.

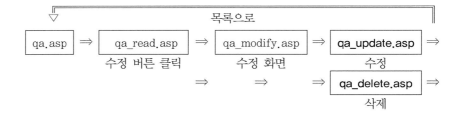

② **암호 확인** : 글을 수정하거나 삭제를 하는 경우는 아무나 수정, 삭제를 하지 못하도록 글을 쓸 때 입력했던 암호를 확인할 필요가 있다. 만약 틀리는 경우에는 다시 암호를 입력하도록 글 읽기화면을 보여주어야 한다.

번호 no가 request("no")인 자료에서 passwd 암호를 알아낸다.
if 입력한 암호<>알아낸 암호 then response.write "<script>history.back();</script>"

수정을 하는 경우에는 qa_modify.asp에 자료를 표시하기 전에 먼저 확인을 해야 하며, 글을 삭제하는 경우에는 qa_delete.asp에서 글을 삭제하기 전에 확인하도록 프로그램을 작성하여야 한다.

③ **글수정** : 글 수정의 경우 pos1, pos2, writeday, count 필드는 저장할 필요가 없으며, 수정프로그램은 no번째 자료를 Update SQL문을 이용하여 글 제목, 내용 등을 저장하는 처리를 하면 된다.

④ **글삭제** : 글삭제의 경우 역시 no번째 자료를 Delete SQL문을 이용하여 삭제하도록 프로그램을 작성하면 된다.

STEP 01 글 수정

① **qa_modify.html ➔ qa_modify.asp로 만들기** : qa_modify.html의 일부분 + temp.asp를 이용하여 qa_modify.asp를 만든다.
② **qa_read.asp link 수정하기** : qa_read.asp에서 수정 버튼의 A tag link의 "qa_update.html"을 "qa_update.asp"로 수정한다.
③ **qa_update.asp 만들기** : 실습이론의 내용을 참고하여 프로그램을 작성한다.
④ **실행 및 결과확인** : 실행하여 결과를 확인한다.

STEP 02 글 삭제

① **qa_delete.asp 만들기** : 실습이론의 내용을 참고하여 프로그램을 작성한다.
② **qa_read.asp link 수정하기** : qa_read.asp에서 삭제 버튼의 A tag link의 "qa_delete.html"을 "qa_delete.asp"로 수정한다.
③ **실행 및 결과확인** : 실행하여 결과를 확인한다.

14.1.7 게시판 답글

🔄 실습목적

아래 그림과 같이 게시판의 답글을 쓸 수 있는 프로그램을 만들어라.

게시판 답변화면(qa_reply.html)

⟳ 실습이론

① **파일구조** : 답글을 추가하는 파일구조는 다음과 같다.

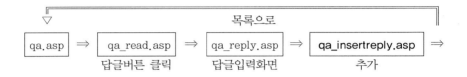

② **답변글 제목 및 내용** : 답변글인 경우에는 보통 글제목과 내용만 보아도 답변글이라는 것을 표시하기 위하여 글제목에는 "Re:" 라는 글자를, 글 내용에는 매 줄 앞에 "::"와 같은 문자를 붙여 표시한다. 이러한 처리는 아래와 같이 문자연결 연산자 . 과 replace함수를 이용하여 쉽게 처리할 수 있다.

```
title = "Re:" & stripslashes(rs("title"))
contents = stripslashes(rs("contents"))
```

' 원글과 답변글을 구분하기 위해 원 글의 각 줄 앞에 콜론 2개(::)를 추가한다.

```
contents=":: ++ " & rs("name") & " 님의 글 ++" & Chr(10) & "::" & Chr(10)
    & ":: " & replace("contents,Chr(10), Chr(10) & ":: ") & Chr(10) & "::" & Chr(10)
```

[ASP] replace(문자열1, 찾을 문자열2, 대치할 문자열3)

문자열1에서 문자열2을 찾아 문자열3으로 대치시키는 함수로서, 대소문자 구분을 하지 않는다.

③ **답변글 저장** : 답변글을 처리하기 위해서는 답변글에 대한 위치정보 pos1, pos2값을 결정해야 한다. 현재 읽은 글에 대한 pos1과 pos2 값은 qa_replay.asp문서에 hidden으로 저장되어 있다. 따라서 qa_insertreply.asp에서 이 값들은 pos1, pos2 값이 된다. 이 경우 아래의 그림과 같은 경우를 생각해보자.

no	title	pos1	pos2
1	제목1	1	A
...			

답변이 없는 경우

no	title	pos1	pos2
1	제목1	1	A
2	⇨ 답변1	1	AA
...			

답변이 있는 경우

먼저 현재 작성중인 글이 제목1에 대한 답글인 경우를 생각해보자. 이 경우 제목1에 대해 답변이 없는 경우(왼쪽 그림)와 있는 경우(오른쪽 그림)를 생각할 수 있다. 따라서 먼저 답변이 있는지 없는지를 조사할 필요가 있다. 이 조사는 제목1의 pos2의 문자열길이(길이:1)보다 1 더 긴 pos2(길이:2)값을 갖는 자료가 있는지를 조사하면 알 수 있다.

len(pos2) = len(답글1의 pos2)+1 인 자료 조사

왼쪽 그림인 경우는 답변이 없으므로, 답변1은 제목1에 대한 첫번째 답글(pos2=AA)이 된다. 반면에 오른쪽 그림과 같이 다른 답변(답변1)이 있는 경우에는 답변글 pos2(AA)에서 끝 자리값(A)을 다음 자리값(B)으로 바꾼 pos2 값(AB)을 저장해야 한다.

no	title	pos1	pos2
1	제목1	1	A
2	⇨ 답변1	1	AA
3			

답글이 없는 경우 결과

no	title	pos1	pos2
1	제목1	1	A
2	⇨ 답변1	1	AA
3	⇨ **답변2**	1	AB

답글이 있는 경우 결과

만약 아래와 같이 답글이 여러 개인 경우에는 pos2를 내림차순으로 정렬하여 가장 끝 pos2를 갖는 첫 번째 자료를 찾아 끝자리를 다음 알파벳으로 변경해야 할 것이다.

no	title	pos1	pos2
1	제목1	1	A
2	⇨ 답변1	1	AA
3	⇨ 답변2	1	AB
4	⇨ **답변3**	**1**	**AC**
	...		

제목1에 대해 답변이 여러 개인 경우

title	pos2
⇨ **답변3**	**AC**
⇨ 답변2	AB
⇨ 답변1	AA
제목1	A
...	

pos2 내림차순 정렬

마지막으로 고려해야 할 사항은 답변에 대한 답변인 경우이다. 아래 그림에서 답변7인 경우 답변9의 pos2값을 생각해보자. 답변7의 경우는 pos2가 "AB"로 시작된다. 이 말은 앞의 답변 중 "AB"로 시작하지 않는 답변은 아무 상관이 없다는 것을 의미한다.

no	title	pos1	pos2
6	제목2	6	A
7	⇨ 답변5	6	AA
8	⇨ 답변6	6	AAA
9	⇨ 답변7	6	AB
10	⇨ 답변8	6	ABA
11	⇨ **답변9**	**6**	**ABB**

응답 게시판 예

따라서 답변7의 pos2값으로 시작하는 자료만 추출하기 위해서는 다음과 같이 조건을 지정해야 한다.

    현재 글의 pos2 값 = pos2의 앞부분 값 인 자료

지금까지 모든 조건을 종합한 경우 최종적인 자료를 추출할 수 있는 select문은 다음과 같다.

```
pos1=request("pos1")
pos2=request("pos2")
```

```
q = "select top 1  pos2, right(pos2,1) from qa
     where pos1=" & pos1 & "and len(pos2)=len('" & pos2 & "')+1 and
           charindex('" & pos2 & "', pos2)=1
     order by pos2 desc;"
...
count=레코드개수
if count > 0 then
   new_pos2 = rs("pos2")의 맨 끝자리 값을 다음 알파벳으로 수정한 값
 else
   new_pos2 = pos2 & "A"
end if
```

이 과정에서 다음 알파벳을 알아내는 방법은 다음 프로그램과 같이 해당 문자의
ASCII 숫자 값을 asc함수를 이용해 알아낸 후, 1을 더한다. 그리고 다시 chr함수로
문자로 변환하면 된다.

```
a = "A"
b = Chr( Asc(a)+1 )          ' b ➜ "B"
```

[MS-SQL] left(문자열,길이) right(문자열,길이) mid(문자열,시작위치,길이)

문자열에서 left함수는 왼쪽에서 길이만큼의 문자열을, right함수는 오른쪽부터 길이만큼
의 문자열, mid함수는 시작위치에서 길이만큼 문자열을 추출해 돌려준다.

예〉 left('abcde',3) ➜ 'abc'   right('abcde',3) ➜ 'cde'
    mid('abcde',3,2) ➜ 'cd'   mid('abcde',3)   ➜ 'cde'

[MS-SQL] len(문자열)

문자열길이를 돌려주는 함수.

예〉 len('abcde') ➜ 5

[MS-SQL] charindex(문자열1,문자열2)

문자열1에서 문자열2가 몇 번째 위치에 있는지 돌려주는 함수

예〉 locate('abcde','bc') ➜ 2

[ASP] asc(문자) 와 chr(숫자)

asc함수는 문자에 해당하는 ASCII 코드값을 돌려주며, chr함수는 반대로 숫자에 해당하는 문자를 돌려준다..

예〉 asc("A") ➜ 65   chr(65) ➜ A

STEP ⊙

① **qa_reply.html ➜ qa_reply.asp로 만들기** : qa_reply.html의 일부분 + temp.asp를 이용하여 qa_reply.asp를 만든다.

② **qa_reply.asp link 수정하기** : qa_read.asp에서 답변 버튼의 A tag link의 qa_reply.html을 qa_reply.asp로 수정한다.

③ **qa_insertreply.asp 만들기** : 이론 ①, ②, ③의 내용을 참고하여 프로그램을 작성한다.

④ **실행 및 결과확인** : 실행하여 결과를 확인한다.

14.2 FAQ 게시판

14.2.1 FAQ 게시판

⊙ **실습목적**

지금까지 프로그램을 만드는 방법을 이용하여 다음과 같은 자주 묻는 질문들을 보고 관리할 수 있는 faq 테이블과 쇼핑몰 화면과 관리자용 화면들을 만들어라.

쇼핑몰용 FAQ 화면 (faq.html)

쇼핑몰용 FAQ 보기 화면 (faq_read.html)

관리자용 FAQ 목록화면 (faq.html)

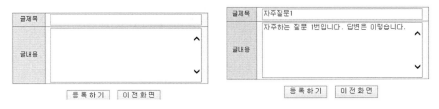

관리자용 FAQ 입력화면 (faq_new.html)　　관리자용 FAQ 수정화면 (faq_edit.html)

이번 예제는 마지막으로 독자들이 faq 테이블부터 모든 화면들을 직접 만들어 보길 바란다.

찾아보기

573

PHP, ASP 쇼핑몰 실무 따라하기

PHP, ASP 쇼핑몰 실무 따라하기의 부록 CD는 유클라우드(http://office.ucloud.com)
에서 내려 받을 수 있습니다.

http://office.ucloud.com **접속**

ID : pptsm@ucloud.com / PW : hp2274 **입력**

[My ucloud] → [게스트폴더] → [PHP, ASP 쇼핑몰 실무 따라하기]
PW : ISBN 뒤 8자리(56003618) 입력

윤 형 태

성균관대학교 전자과 학사
성균관대학교 전자과 석사
성균관대학교 전자과 공학박사
인덕대학 컴퓨터소프트웨어과 교수

관심분야
신호처리, 화상처리, 게임제작, 전자상거래

저 서
· 초보자를 위한 ACCESS 97 따라하기
· 예제로 배우는 ACCESS 2000 실무 따라하기
· ACCESS 2010 실무 따라하기
· 파워빌더 12.5 실무 따라하기

정가 29,000원

PHP, ASP 쇼핑몰 실무 따라하기

2015년 5월 11일 초판 인쇄
2015년 5월 20일 초판 발행
저 자 : 윤형태
발행자 : 우명찬·송 준
발행처 : 홍릉과학출판사
주 소 : 서울시 강북구 인수봉로 50길 10
          0 1 0 9 3
등 록 : 1976년 10월 21일 제5-66호
전 화 : (02) 999-2274~5, 903-7037
팩 스 : (02) 905-6729
e-mail: hongpub@hongpub.co.kr
http://www.hongpub.co.kr
ISBN: 979-11-5600-361-8

인 지
첨 부

낙장 및 파본은 구입처나 본사에서 교환하여 드립니다.
판권 소유에 위배되는 사항(인쇄, 복제, 제본)은 법에 저촉됩니다.